江苏省医药类院校信息技术系列课程规划教材
江苏省卓越医师药师（工程师）规划教材

Visual Basic 程序设计教程

主　编　胡俊峰
副主编　张昌明　郝　杰　陈秀清

南京大学出版社

内容简介

本书系统介绍了 Visual Basic 面向对象可视化程序设计的方法与技术。全书共分 8 章,分别介绍了 Visual Basic 程序开发环境、窗体及常用控件、Visual Basic 程序设计基础、控制结构、数组、过程、文件处理和数据库编程等内容。

本书以“工作场景导入”→“知识讲解”→“回到工作场景”为主线编写,内容系统全面。针对初学者,全书在编排上由简及繁、由浅入深和循序渐进,力求通俗易懂。本书还强调实用性和可操作性,尤其注重程序设计能力的培养。通过本书的学习,读者能快速熟悉 Visual Basic 的编程方法和技巧,得心应手地解决实际问题,可以全面掌握 Visual Basic 面向对象可视化程序设计方法和开发技术。

本教材内容适合作为普通高等院校尤其是医药类院校中非计算机专业 Visual Basic 程序设计课程的教学用书,也可作为工具书供从事计算机应用开发的各类人员使用,还可作为参加计算机等级考试二级 Visual Basic 考试的人员或编程初学者的自学用书。

图书在版编目(CIP)数据

Visual Basic 程序设计教程/胡俊峰主编. —南京:南京大学出版社,2018.12

江苏省医药类院校信息技术系列课程规划教材

ISBN 978-7-305-21206-2

Ⅰ.①V… Ⅱ.①胡… Ⅲ.①BASIC 语言-程序设计-医学院校-教材 Ⅳ.①TP312.8

中国版本图书馆 CIP 数据核字(2018)第 259842 号

出版发行 南京大学出版社
社　　址 南京市汉口路 22 号　　邮　　编 210093
出 版 人 金鑫荣

书　　名 Visual Basic 程序设计教程
主　　编 胡俊峰
责任编辑 吕家慧　钱梦菊　　编辑热线 025-83597482

照　　排 南京理工大学资产经营有限公司
印　　刷 丹阳市兴华印刷厂
开　　本 787×1092 1/16　印张 17　字数 420 千
版　　次 2018 年 12 月第 1 版　2018 年 12 月第 1 次印刷
ISBN 978-7-305-21206-2
定　　价 42.80 元

网　　址:http://www.njupco.com
官方微博:http://weibo.com/njupco
官方微信号:njupress
销售咨询热线:(025)83594756

* 版权所有,侵权必究
* 凡购买南大版图书,如有印装质量问题,请与所购图书销售部门联系调换

前　言

Visual Basic 是 Microsoft 公司最成功的软件开发工具之一，其功能强大，易学易用，可以快捷而简单地开发 Windows 应用软件，还可以用于开发数据库、多媒体和网络通信等复杂的应用软件。在编写本套书过程中，编者充分考虑了医药行业的特点，力图将医药行业的需求融入程序设计中，增强了教材的实用性和行业特点。本书系统介绍了 Visual Basic 面向对象可视化程序设计的方法与技术，全书共分 8 章，分别介绍了 Visual Basic 程序开发环境、窗体及常用控件、Visual Basic 程序设计基础、控制结构、数组、过程、文件处理和数据库编程等内容。

本书内容系统全面，图文并茂，实例丰富，文字叙述简明易懂，同时尽量将复杂的问题简单化，设计方法尽量简洁，程序功能力求完善。本书配套的实验指导书提供了与各章节对应的实验及练习，不但提出了对各章知识点的学习要求，还对各章中的重点和难点进行了归纳总结，使读者可以全面掌握 Visual Basic 面向对象可视化程序设计方法和开发技术。

本书在每一章的第一节会有一个工作场景导入，并提出一个与医学相关的引导问题，使读者带着问题学习各章内容。工作场景与医学专业相关，比较实用，这样能提高读者的学习兴趣。在相应章的后面，会给出工作场景的解决办法，读者可以在完成本章知识的学习后完成对工作场景的设计。每一章的工作场景都具有一定的综合性，可以培养读者思维能力、自学能力和操作能力。

参加本书编写工作的都是高校中有着多年丰富教学经验的老师，由胡俊峰主编，其中，第 1 章由朱红编写，第 2 章由郝杰编写，第 3 章由陈秀清编写，第 4 章、第 5 章由马金凤编写，第 6 章由朴雪编写，第 7 章、第 8 章由张昌明编写，胡俊峰对全书进行了统稿、整体策划及相关章节的修改和完善工作。由于各种因素，书中难免有不足之处，敬请读者批评指正。

编　者

2018 年 9 月 11 日

目　录

第 1 章

Visual Basic 程序设计概述

本章要点

- Visual Basic 的特点。
- Visual Basic 安装和启动的方法。
- Visual Basic 的集成开发环境。
- 对象及其属性等基本概念。
- 应用程序中的三种模块。
- 设计简单应用程序的大致流程。

1.1 Visual Basic 简介

1.1.1 Visual Basic 的发展

Visual Basic(VB)是在 BASIC 语言的基础上开发而成的,具有 BASIC 语言易学易用的优点,同时增加了结构化和可视化程序设计的功能。它是一种可视化的、面向对象的和采用事件驱动方式的结构化高级程序设计语言,可用于开发 Windows 环境下的各类应用程序。

在 Visual Basic 环境下,利用事件驱动的编程机制、新颖易用的可视化设计工具,借助 Windows 内部的应用程序编程接口(API)函数,以及动态链接库(DLL)、动态数据交换(DDE)、对象的链接与嵌入(OLE)、开放式数据库连接(ODBC)等技术,可以高效、快速地开发出 Windows 环境下功能强大、图形界面丰富的应用软件系统。

1.1.2 Visual Basic 的特点

Visual Basic 主要有以下两个特点。

1. 可视化界面设计

Visual Basic 提供了可视化设计工具,开发人员只需按设计要求的屏幕布局,用系统提供的工具,在屏幕上画出各种“部件”,即图形化对象,并设置这些图形化对象的属性。Visual Basic 会自动生成界面设计代码,程序设计人员只需要编写实现程序功能的那部分代码即可，这样可以提高程序设计的效率。

Visual Basic 支持面向对象的程序设计，但它与一般的面向对象的程序设计语言（如 C++）不完全相同。在一般的面向对象程序设计语言中，对象由程序代码和数据组成，是抽象的概念；而 Visual Basic 则是应用面向对象的程序设计方法（OOP），把程序设计和数据封装起来作为一个对象，并对每个对象赋予应有的属性，使对象成为实在的东西。在设计对象时，不必编写建立和描述每个对象的程序代码，而是直接用工具画在界面上，因此对象都是可视的。

2. 事件驱动的编程机制

Visual Basic 通过事件来执行对象的操作。一个对象可能会产生多个事件，每个事件都可以通过一段程序来响应。例如，命令按钮是一个对象，当用户单击该按钮时，将产生一个"单击"（Click）事件，而在产生该事件时，将执行一段程序，用来实现指定的操作。

在用 Visual Basic 设计大型应用软件时，不必建立具有明显开始和结束的程序，而是编写若干个微小的子程序，即过程，这些过程分别面向不同的对象，由用户操作引发某个事件来驱动执行某种特定的功能，或者由事件驱动程序调用通用过程来执行指定的操作。这样可以为编程人员带来很大的方便，从而提高工作效率。

1.1.3 Visual Basic 的版本

Microsoft 公司于 1991 年推出 Visual Basic 1.0 版，获得了巨大的成功，接着于 1992 年秋天推出 2.0 版，1993 年 4 月推出 3.0 版，1995 年 10 月推出 4.0 版，1997 年推出 5.0 版，1998 年推出 6.0 版，目前，微软公司又推出了全新的 Visual Basic .NET 版，它是微软最新的平台技术，版本号是 Visual Basic 7.0，直接建立在.NET 的框架结构上，支持可视化继承，并且包含了许多新的特性，成为真正面向对象以及支持继承性的语言。但是，Visual Basic .NET 是为建造基于因特网的分布式计算而设计的。

本书以 Visual Basic 6.0 为蓝本，包括三种版本：标准版、专业版和企业版。这三个版本的基础是一致的，只不过为了适应不同层次用户的需要，在工具提供方面有所不同。因此，大多数应用程序在三种版本中都通用，下面简要介绍这三个版本的各自特点。

标准版：为初学者了解基于 Windows 平台的应用程序开发而设计的。它是 Visual Basic 的基础版本，可以用来开发 Widows 应用程序。该版本包括所有的内部控件（标准控件）、网格控件、Tab 对象以及数据绑定控件。

专业版：为专业人员创建客户/服务器应用程序而设计的，为专业编程人员提供了一整套用于软件开发、功能完备的工具。它包括学习版中的全部功能，同时包括 ActiveX 控件、Internet 控件、Crystal Report Writer 和报表控件。

企业版：为创建更高级的公布式、高性能的客户/服务器或 Internet/Intranet 上的应用程序而设计的。该版本包括专业版的全部内容，同时具有自动化管理器、部件管理器、数据库管理工具、Microsoft Visual SourceSafe 面向工程版的控制系统等。

本书使用的是 Visual Basic 6.0 中文企业版，但其内容可用于专业版和标准版，所有程序均可以在专业版和标准版中运行。

1.2　Visual Basic 的集成开发环境介绍

通过开始菜单或桌面快捷图标启动 Visual Basic 6.0 后，将出现如图 1.1 所示的启动对话框。

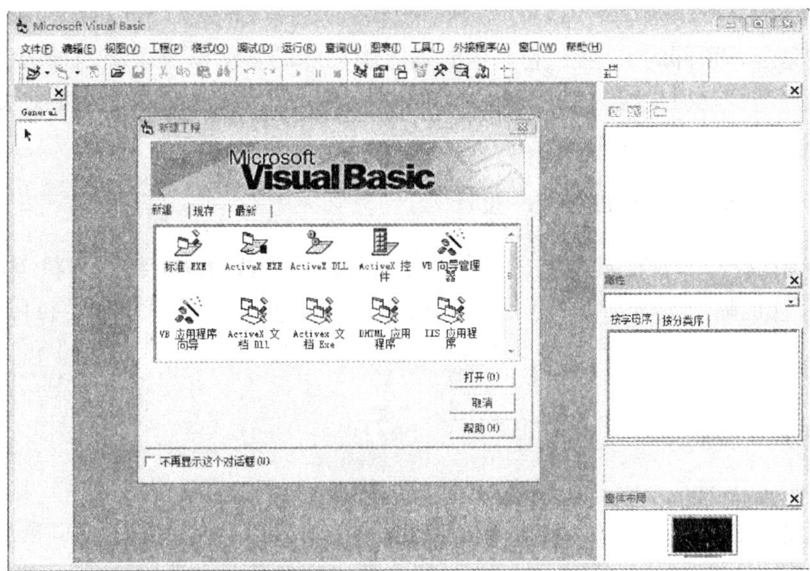

图 1.1　启动对话框

每次启动 Visual Basic 时，将弹出“新建工程”对话框，默认新建一个标准 EXE。单击“打开”按钮，将进入 Visual Basic 6.0 应用程序的集成开发环境主窗口，如图 1.2 所示。

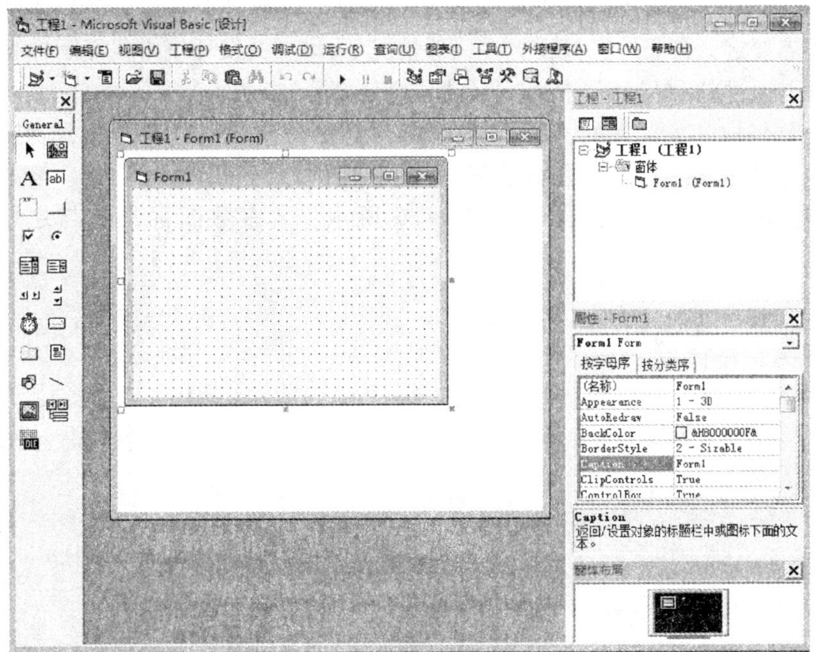

图 1.2　集成开发环境主窗口

1.2.1　标题栏、菜单栏和工具栏

启动 Visual Basic 6.0 后，在集成开发环境的顶部依次排列着标题栏、菜单栏和工具栏（如图 1.3 所示），下面将针对这三个栏的功能分别说明。

1. 标题栏

标题栏是屏幕顶部的水平条，它显示的是应用程序的名字以及系统当前的工作模式或者状态。用户与标题栏之间的交互关系由 Windows 来处理，而不是由应用程序处理。启动 Visual Basic 后，标题栏中显示的信息如下：

工程 1 - Microsoft Visual Basic［设计］

方括号中的“设计”表明当前的工作状态是“设计阶段”。随着工作状态的不同，方括号中的信息也随之改变，可能会是“运行”或是“Break”，分别代表“运行阶段”或“中断阶段”。这三个阶段也分别称为“设计模式阶段”“运行模式阶段”和“中断模式阶段”。

2. 菜单栏

在标题栏的下面是集成开发环境的菜单栏，共有 13 个主菜单，即“文件”“编辑”“视图”“工程”“格式”“调试”“运行”“查询”“图表”“工具”“外接程序”“窗口”和“帮助”，提供了开发、调试和保存应用程序所需要的工具。每个菜单含有若干个菜单项，用于执行不同的操作。用鼠标单击某个菜单，将弹出下拉菜单，然后选择其中的某一项就能执行相应的菜单命令。

3. 工具栏

Visual Basic 6.0 提供了四种工具栏，包括“编辑”“标准”“窗体编辑器”和“调试”，并且用户可根据需要定义自己的工具栏。在一般情况下，集成开发环境中只显示标准工具栏，其他工具栏可以通过“视图”菜单中的“工具栏”命令打开（或关闭）。

标准工具栏位于菜单栏的下面，它以图标按钮的形式提供了部分常用菜单命令的功能。只要单击代表某个命令的图标按钮，就能直接执行相应的菜单命令。标准工具栏中有 20 个图标按钮，代表 20 种操作，如图 1.3 所示。大多数图标都有与之相应的菜单命令。

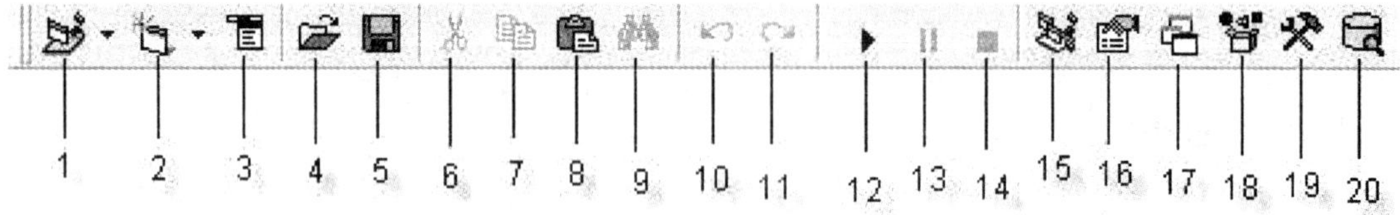

图 1.3　标准工具栏

表 1.1 列出了“标准”工具栏中各图标按钮的作用（表中的编号与图 1.3 中的图标按钮编号对应）。

表 1.1　"标准"工具栏图标及应用

编　号	名　称	作　用
1	添加工程	添加一个新工程,相当于"文件"菜单中的"添加工程"命令
2	添加窗体	在工程中添加一个新窗体,相当于"工程"菜单中的"添加窗体"命令
3	菜单编辑器	用来打开菜单编辑对话框,相当于"工具"菜单中的"菜单编辑器"命令
4	打开工程	用来打开一个已经存在的 Visual Basic 工程文件,相当于"文件"菜单中的"打开工程"命令
5	保存工程	用来保存当前的 Visual Basic 工程(组)文件,相当于"文件"菜单中的"保存工程"命令
6	剪切	把选择的内容剪切到剪贴板,相当于"编辑"菜单中的"剪切"命令
7	复制	把选择的内容复制到剪贴板,相当于"编辑"菜单中的"复制"命令
8	粘贴	把剪贴板的内容复制到当前插入位置,相当于"编辑"菜单中的"粘贴"命令
9	查找	用来打开"查找"对话框,相当于"编辑"菜单中的"查找"命令
10	撤销	用来撤销当前的修改
11	重复	对"撤销"的反操作
12	启动	用来运行一个应用程序,相当于"运行"菜单中的"启动"命令
13	中断	暂停正在运行的程序(可以用"启动"按钮或按 Shift + F5 组合键继续),相当于按 Ctrl + Break 组合键或"运行"菜单中的"中断"命令
14	结束	结束一个应用程序的运行并回到设计窗口,相当于"运行"菜单中的"结束"命令
15	工程资源管理器	用来打开工程资源管理器窗口,相当于"视图"菜单中的"工程资源管理器"命令
16	属性窗口	用来打开属性窗口,相当于"视图"菜单中的"属性窗口"命令
17	窗体布局窗口	用来打开窗体布局窗口,相当于"视图"菜单中的"窗体布局窗口"命令
18	对象浏览器	用来打开"对象浏览器"对话框,相当于"视图"菜单中的"对象浏览器"命令
19	工具箱	用来打开工具箱,相当于"视图"菜单中的"工具箱"命令
20	数据视图	用来打开数据视图窗口

1.2.2　工作窗口

除主窗口外,Visual Basic 6.0 的编程环境中还包含其他一些窗口,如窗体设计器窗口、属性窗口、工程资源管理器窗口、工具箱窗口、调色板窗口、代码窗口和立即窗口。

1. 窗体设计器和工程资源管理器

(1) 窗体设计器窗口

窗体设计器窗口也称对象窗口,如图 1.4 所示。

窗体设计窗口用于应用程序的用户界面设计,通过在窗体上画出各类控件并设置相应的属性来完成窗体的设计。每个窗体必须有一个名字,默认为 Form1,扩展名为. frm。用户可以通过选择"工程"|"添加窗体"命令来新建或添加窗体。

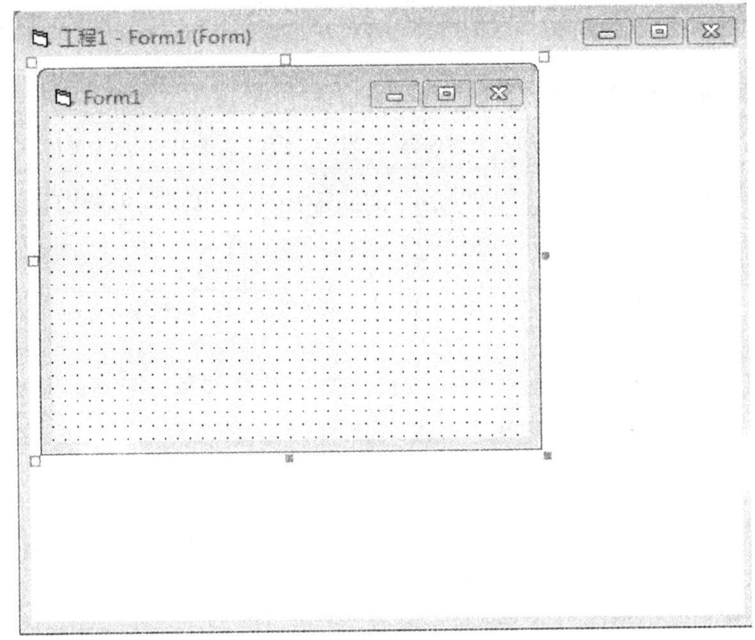

图 1.4 窗体设计器窗口

(2) 工程资源管理器窗口

Visual Basic 把一个应用程序称为一个工程,工程包含了一个应用程序的所有文件。工程资源管理器就是用来管理这些文件的,其窗口如图 1.5 所示。

在工程资源管理器窗口中,含有建立一个应用程序所需要的文件的清单。工程资源管理器窗口中的文件可以分为六类,即窗体文件(.frm)、标准模块文件(.bas)、类模块文件(.cls)、工程文件(.vbp)、工程组文件(.vbg)和资源文件(.res)。

① 窗体文件:窗体文件的扩展名为.frm,每个窗体对应一个窗体文件,窗体及其控件的属性和其他信息(包括代码)都存放在该窗体文件中。一个应用程序可以有多个窗体(最多可达 255 个),因此就可以有多个以.frm 为扩展名的窗体文件。

② 工程文件与工程组文件:工程文件的扩展名为.vbp,每个工程对应一个工程文件。当一个程序包括两个以上的工程时,这些工程构成一个工程组,工程组文件的扩展名为.vbg。选择"文件"菜单中的"新建工程"命令可以建立一个新的工程,选择"打开工程"命令可以打开一个已有的工程,而选择"添加工程"命令可以添加一个工程。

③ 标准模块文件:标准模块文件也称为程序模块文件,其扩展名为.bas,它是为合理组织程序而设计的。标准模块由程序代码组成,主要用来声明全局变量和定义一些通用的过程,可以被不同窗体的程序调用。

④ 类模块文件:Visual Basic 提供了大量预定义的类,同时也允许用户根据需要定义自己的类,用户通过类模块来定义自己的类,每个类都用一个文件来保存,其扩展名为.cls。

⑤ 资源文件:资源文件中存放的是各种"资源",是一种可以同时存放文本、图片、声音等多种资源的文件。资源文件由一系列独立的字符串、位图及声音文件(.wav、.mid)组成,其扩展名为.res。资源文件是一个纯文本文件,可以用简单的文字编辑器(如"记事本")编辑。

除上面几种文件外，在工程资源管理器窗口的顶部还有三个按钮，如图1.5所示，分别为“查看代码”“查看对象”和“切换文件夹”按钮。如果单击工程资源管理器窗口中的“查看代码”按钮，则相应文件的代码将在代码窗口中显示出来。当单击“查看对象”按钮时，Visual Basic 将显示相应的窗体。在一般情况下，工程资源管理器窗口中的项目不显示文件夹，如果单击“切换文件夹”按钮，则可显示各类文件所在的文件夹。如果再单击一次该按钮，则取消文件夹显示。

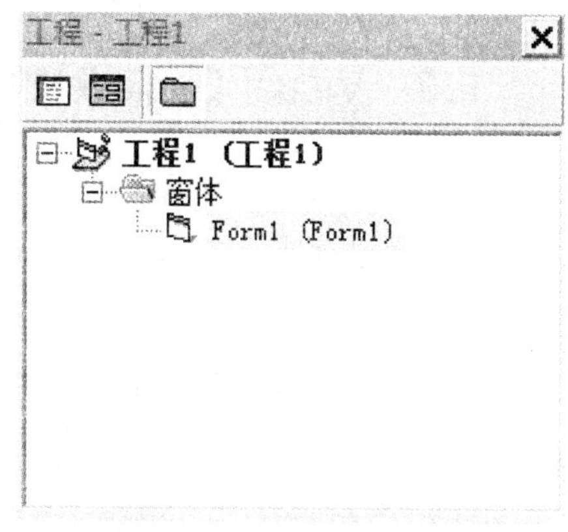

图1.5 工程资源管理器窗口

2. 属性窗口和工具箱窗口

(1) 属性窗口

属性窗口用于设置所选对象的属性，如大小、标题、颜色、字体等，如图1.6所示。它主要由以下四部分组成。

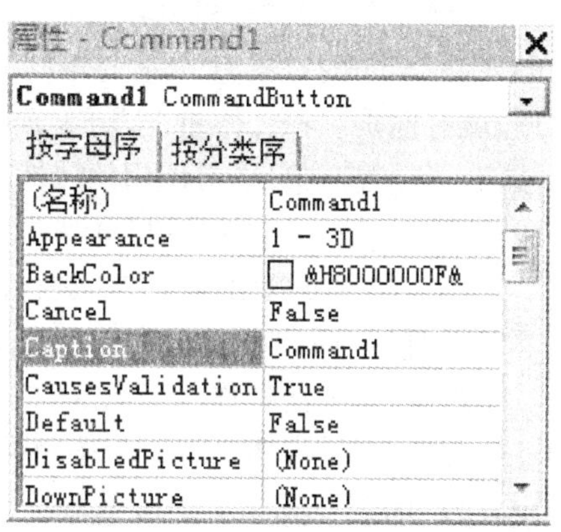

图1.6 属性窗口

① 对象列表框：位于属性窗口的顶部，可以通过单击其右端向下的箭头显示下拉列表，其内容为应用程序中每个对象的名字及对象的类型。

② 属性显示方式：分为两种，即按字母顺序和按分类顺序，分别通过单击相应的按钮来实现。

③ 属性列表框：可以显示当前活动对象的所有属性，以便观察或设置每项属性的当前值。属性的变化将改变相应对象的特征。

④ 属性说明：显示该属性名称并对其做功能说明。

(2) 工具箱窗口

Visual Basic 6.0 的工具箱窗口位于窗体的左侧，如图1.7所示。

工具箱窗口由工具图标组成，这些图标是 Visual Basic 应用程序的构件，称为图形对象或控件，每个控件由工具箱中的一个工具图标来表示。

工具箱中的工具分为两类，一类称为内部控件或标准控件；一类称为 ActiveX 控件。启动 Visual Basic 后，工具箱中只有内部控件。

工具箱主要用于应用程序的界面设计。在设计阶段，首先用工具箱中的工具(即控件)在窗体上建立用户界面，然后编写程序代码。界面的设计完全通过控件来实现，可以任意改变其大小，移动到窗体的任何位置。

除上述几种窗体外，在集成环境中还有其他一些窗口，包括窗体布局窗口、代码编辑器窗口、立即窗口、本地窗口和监视窗口等。

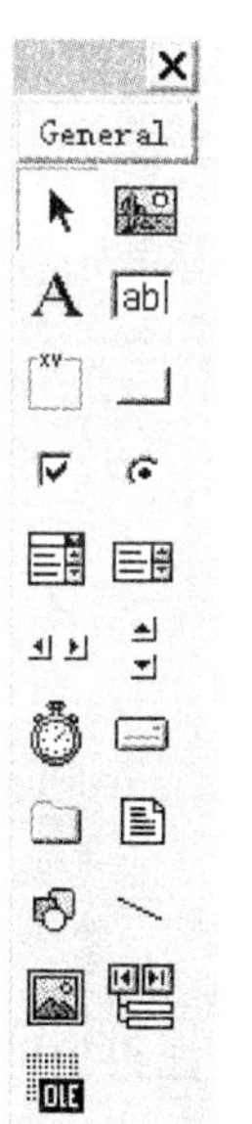

图1.7 工具箱窗口

1.3 Visual Basic 对象

Visual Basic 是一种以结构化 BASIC 语言为基础，以面向对象、事件驱动作为运行机制的可视化程序设计语言。因此，准确地理解和认识对象的概念，是设计 Visual Basic 应用程序的重要一步。

1.3.1 对象的属性、事件与方法

对象是指 Visual Basic 中可访问的实体，如窗体、控件、外部文件、变量等，整个应用程序也是对象，它包含有一定的属性、方法等，并能对外界的事件进行响应。

1. 对象属性

反映一个"对象"的基本特征、本质特征以及外观等方面的具体数据的集合，就是对象的属性，不同的对象有不完全相同的属性。例如：日常生活中，人作为"对象"所具有的特质，就有性别、身高、体重、学历等，这些就是人的属性。而在 Visual Basic 中，我们所见到的按钮、图标等对象，经常使用的属性有标题（Caption）、名称（Name）、颜色（Color）、字体大小（Fontsize）、是否可见（Visible）等。

属性通常可以用两种方法进行设置，即在属性窗口中直接设置和在程序代码中进行设置。下面我们主要讲通过程序代码设置的方法，在程序代码中设置属性的格式为：

对象名.属性名称 = 新设置的属性值

例如，假设窗体上有一个按钮控件，该控件名为 Command1，要将其标题属性（Caption）设置为"确定"，如图 1.8 所示，则程序中的代码是：

```
Command1.Caption ="选择"
```

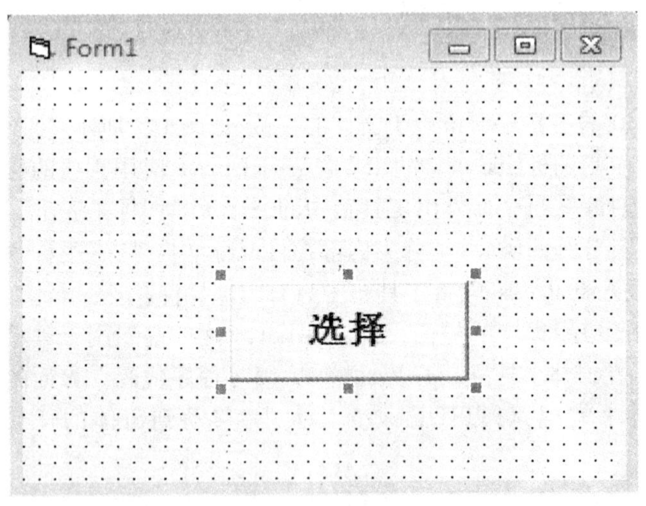

图 1.8 对象标题

如果想把 Name 为 Form1 的窗体的标题名改为"选择"，程序的代码是：

```
Form1.Caption ="选择"
```

2. 对象事件

所谓事件(Event),就是作用在对象上、由 Visual Basic 系统预先设置好的、能够被对象识别和响应的动作;或者说,能够发生在某个对象上的具体的事件。例如,发生在某个按钮上面的事件就有单击(Click)、双击(DblClick)、移动(Move)等事件。

在 Visual Basic 中,事件分为两类:系统事件和用户事件。系统事件是由计算机系统自动产生的、与用户的动作无关的或少有联系的事件,例如,定时信号;用户事件是用户完成某个动作时所发生的事件,例如,单击了某个按钮、双击了某个按钮或文本框等。

发生某个事件之后所产生的直接结果,叫作事件过程。所谓"事件过程",是指计算机系统响应了某个事件后所执行的操作。而这些操作是通过一段程序代码来实现的,所以"事件过程"的实质就是程序代码。

事件过程的一般格式如下:

```
Private Sub 对象名_事件名称( )
    …
    响应事件程序代码
    …
End Sub
```

这里的"对象名"是指该对象的"Name"属性;"事件名称"是由 Visual Basic 预先设定的、由用户根据实际需要选择的该对象能够识别的某个事件名称;"...响应事件程序代码段..."则是系统响应该事件时执行的代码,即"事件过程";格式中,Sub ... End Sub 成对出现。如想在单击 Command1 按钮后,窗体 Form1 的标题名变为"登录",框架 fra1 名称变为"请选择",则此事件的过程可通过以下编程实现:

```
Private Sub Command1_Click()            '事件为 Command1 的单击事件
    Form1.Caption = "登录"              'Form1 的标题名改为"登录"
    fra1.Caption = "请选择"             '框架 fra1 名称变为"请选择"
End Sub
```

3. 对象方法

所谓"对象方法",就是对象本身所具有的、反映该对象功能的内部函数或特有的过程,或者说是某些在系统内部已经规定好了的用来显示对象、显示图像以及移动、打印、绘画等特殊的过程。这里的"方法"就是该对象能够执行的操作。

方法是系统事先定义好的,用户只能使用它,不能修改它。如 Print、Hide、Show、Move 等,其调用的格式为:

对象名.方法名 [参数名表]

例如,在单击 Command1 按钮的事件中,直接在窗体上显示"医院信息系统"。只要在按钮的"Click"事件中加入"Form Print "医院信息系统""语句,这里的 Form1.Print 就是所谓的"方法",而"医院信息系统"可认为是"参数"。具体的实现方法见下面的程序段:

```
Private Sub Command1_Click()
    Form1.Print  "医院信息系统"
End Sub
```

Visual Basic 提供了大量的方法，有些方法可以适用于多种甚至所有类型的对象，而有些方法可能只适用于特定的少数几种对象。在以后的各章节中，将通过大量的实例来描述各种方法的使用，通过使用可以深切体会到“对象方法”给我们带来的好处和方便。

1.3.2 对象属性的设置

对象属性的设置方法有两种：第一、通过属性窗口设置；第二、通过程序代码设置。上面我们已经讲过通过程序代码设置属性值，下面我们主要讲通过属性窗口设置属性值。

1. 直接键入新的属性值

对于那些明确有意义的属性值，例如：Caption（标题）、Name（名称）等往往都需要用户通过属性窗口进行输入。例如，窗体中含有一个标签控件，需要将 Caption 属性设置为“用户名”，可选中此框架控件，直接在属性窗口中找到 Caption 项，将右侧的默认属性删除并输入“用户名”，如图 1.9 所示。

2. 在属性列表中选择所需要的属性值

对于那些属性值仅有几项，且不能由用户输入的，可以使用系统所提供的下拉式菜单选择所需要的属性值。例如，为了将窗体上的按钮的 Visible（可见性）属性设置为“False”，可以选中窗体上的按钮，在属性列表上找到 Visible 项，单击下拉列表，选中“False”选项，如图 1.10 所示。此时，运行程序，该按钮的“可见性”属性被设置为 False（不可见）。

属性 - Label1

Label1 Label

按字母序 | 按分类序

(名称)	Label1
Alignment	0 - Left Justify
Appearance	1 - 3D
AutoSize	False
BackColor	&H8000000F&
BackStyle	1 - Opaque
BorderStyle	0 - None
Caption	用户名
DataField	

Caption
返回/设置对象的标题栏中或图标下面的文本。

图 1.9 通过属性窗口设置控件属性 1

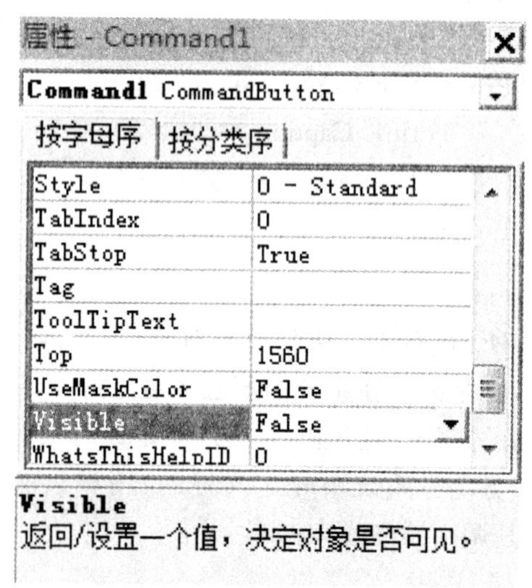

图 1.10 通过属性窗口设置控件属性 2

3. 利用对话框设置属性值

对于与图像（Picture）和字体（Font）有关的属性，在进行属性设置时，就不再有下拉菜单或可选项。在属性值的设置框中为省略号（...），单击“...”按钮后将弹出一个对话框，在对话框中选择所需要的内容即可。

1.4 创建Visual Basic应用程序

1.4.1 Visual Basic应用程序的组成

应用程序结构是组织指令的方法。对于一个复杂的应用程序来说，程序的指令繁多、控件的构成复杂，如何组织好指令便是一个重要的问题。程序的结构就是组织指令的具体方法。Visual Basic的应用程序一般由三个模块组成：窗体模块、标准模块和类模块。

1. 窗体模块

在Visual Basic中，窗体是最基本的对象，一个应用程序通常都包含一个或多个窗体对象。一个窗体对应一个窗体文件（扩展名为.frm），所以，一个应用程序包含一个或多个窗体模块。每个窗体模块分为两部分：一部分是作为用户界面的窗体；另一部分是执行具体操作的代码，如图1.11所示。

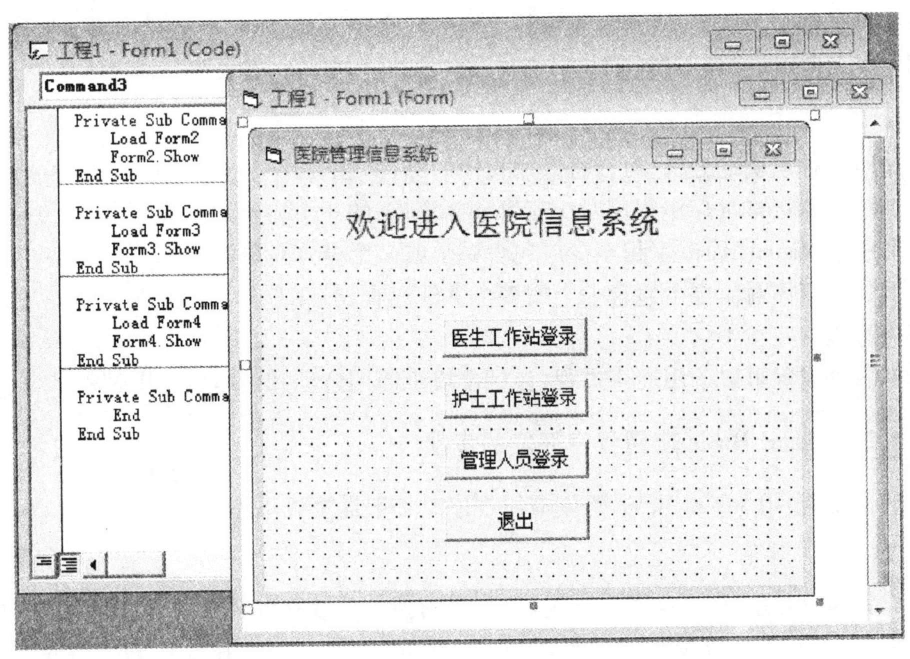

图1.11 窗体模块

每个窗体一般会有多个控件，每个控件都会对应一个或多个事件过程；窗体本身也会发生多种事件。此外，窗体模块中还可以包含通用过程，通用过程可以被窗体模块中的任何事件过程所调用。所以，窗体模块中包括了多个事件过程。

2. 标准模块

标准模块又称过程模块，其文件类型是.bas。标准模块完全由代码组成，它不属于任何窗体，标准模块中的代码可以被窗体模块中的任何事件所调用。可见，标准模块是公用的。标准模块通常是用于声明全局变量，或者建立通用过程。

可以使用一个独立的标准模块，在该模块中声明全局变量。这样的模块在所有基本指令开始执行之前被处理,以使这些全局变量起作用。在大型程序中,可以在标准模块中定义一些函数过程或子过程,用于执行主要操作,而窗体模块则用来实现与用户的通信。

一个工程中可以包含有多个标准模块,可以是新建的,也可以把原有的标准模块加入到工程中。但标准模块是可选的,如在只有一个窗体的应用程序中,就没有必要建立标准模块。标准模块通过"工程"菜单中的"添加模块"命令来建立。执行"添加模块"命令后,弹出"添加模块"对话框,单击"新建"标签,就可以建立新模块了,输入必要信息后,单击"打开"按钮,打开标准模块代码窗口,在该窗口中建立和编辑代码,存盘后,即生成扩展名为.bas的标准模块。

注意:与标准模块不同的是,类模块不仅包含代码,同时也包含数据。

3. 类模块

Visual Basic 中的每个对象都是用类定义的,每个类模块定义了一个类。例如,工具箱中的每个控件都是一个类,当用户在窗体上建立一个控件后,实际上是建立了该控件类的一个引用,这个建立的对象所属的类的名称显示在属性窗口上。

4. 应用程序结构总结

经过对三种模块的分析,可以将应用程序的结构归纳如下。

(1) 一个 Windows 应用程序对应着 Visual Basic 的一个完整的工程。

(2) 一个 Visual Basic 工程至少应包含一个或多个窗体对象。

(3) 一个窗体对象至少包含一个或多个事件过程,其中包括窗体内所有控件对象所对应的事件过程。

(4) 事件过程可以调用通用过程,包括模块级通用过程和窗体级通用过程。

1.4.2 Visual Basic 应用程序开发的步骤

一般来说,在用 Visual Basic 开发应用程序时一般需要以下三步。

1. 建立用户界面

用户界面由对象,即窗体和控件组成,所有的控件都放在窗体上(一个窗体最多可容纳 255 个控件),程序中的所有信息都要通过窗体显示出来,它是应用程序的最终界面。对于在应用程序中要用到的控件,都要在设计阶段添加到窗体上。在用户运行程序后,所出现的窗口以及窗口上的控件就是用户设计的结果。

在 Visual Basic 启动之后,屏幕上会出现一个窗体,Visual Basic 自动给这个窗体取一个默认的名字 Form1,用户可以在这个窗体上添加控件,设计需要的用户界面。

2. 设置属性

在将各种控件添加到窗体上之后,必须对窗体和控件的属性进行设置,使其达到用户所需要的效果。属性可以在摆放控件的同时进行设置,也可以在全部控件放置完毕之后再统一设置。在放置控件之前,对窗体及控件的属性设置要有一个总体构思,才能达到一个好的效果。

3. 编写代码

在建立了用户界面并设置了窗体及控件的各种属性之后，最重要的就是让界面上的这些控件完成相应的功能，这就需要编写程序代码，即编写事件过程。可以通过以下四种方式进入代码窗口，进行程序代码的编写。

(1) 双击已建立好的控件。

(2) 选择"视图"|"代码窗口"命令。

(3) 按F7键。

(4) 单击"工程资源管理器"窗口中的"查看代码"按钮。

进入代码窗口后，可以进行程序代码的编写。程序代码的好坏将直接影响到程序运行的效率。

1.4.3　编写Visual Basic应用程序

下面通过一个具体的实例介绍如何通过以上几步来实现应用程序的开发。

程序要求：窗体界面如图1.12所示，运行程序时，窗体标题为"医院管理信息系统"，出现一个标签，标题为"欢迎进入医院信息系统"，四个按钮标题分别为"医生工作站登录""护士工作站登录""管理人员登录"和"退出"，单击各按钮，分别进入医生工作站、护士工作站、管理人员界面和结束程序。

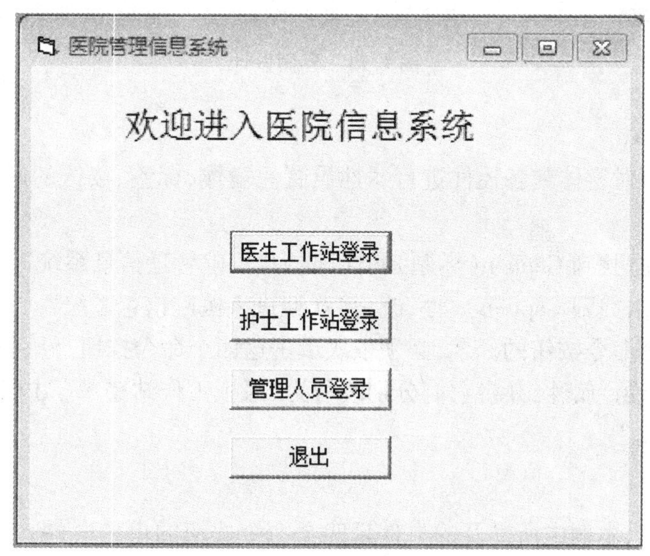

图1.12　程序界面

下面根据程序要求，介绍如何设计这个应用程序。

1. 建立用户界面

首先启动Visual Basic，选择"文件"|"新建工程"命令，在"新建工程"对话框中选择"标准EXE"选项，并单击"确定"按钮，自动添加一个窗体。根据程序要求，在窗体上添加五个控件：一个标签，四个命令按钮。可按下面步骤建立用户界面。

(1) 双击"工具箱"上的标签控件，得到一个标签控件。

(2) 三次双击命令按钮控件,得到三个命令按钮。

(3) 按要求摆放各控件。

(4) 利用"格式"菜单,为这些控件设好对齐方式、间距以及控件的大小等。

摆放好之后的窗体界面如图 1.13 所示。

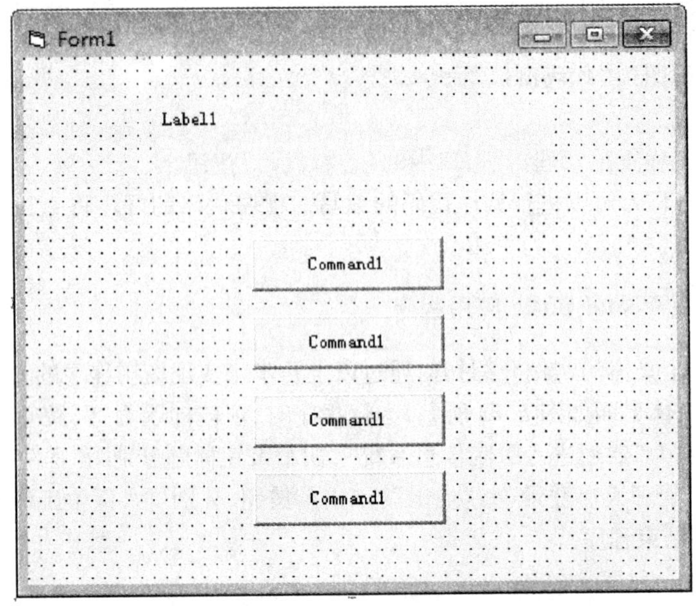

图 1.13 界面设计

2. 设置属性

通过属性窗口对窗体和各控件进行属性设置。窗体、标签、按钮的属性都需要更改,更改的方法如下。

(1) 选中窗体,找到 Caption(标题)属性,改为"医院管理信息系统"。

(2) 选中标签,找到 Caption 属性,改为"欢迎进入医院信息系统"。

(3) 对于四个命令按钮的标题,必须依次单击这四个命令按钮,分别在属性窗口中找到对应的 Caption(标题)属性,并将它们分别改写为"医生工作站登录""护士工作站登录""管理人员登录""退出"。

3. 编写程序

根据程序要求,本例中所涉及的事件是四个命令按钮的单击事件。下面对编写的四个事件相应程序代码分别介绍如下:

(1) 双击"医生工作站登录"按钮,自动进入代码窗口。系统自动为用户编好了按钮单击事件的开头和结尾,编写需要的程序如下:

```
Private Sub Command1_Click()
    Form1.Hide      '隐藏窗体 Form1
    Form2.Show      '显示窗体 Form2
End Sub
```

(2) 双击"护士工作站登录"按钮,编写如下程序:

```
Private Sub Command2_Click()
    Form1. Hide                 '隐藏窗体 Form1
    Form3. Show                 '显示窗体 Form3
End Sub
```

(3) 双击"管理人员登录"按钮,编写程序如下:

```
Private Sub Command3_Click()
    Form1. Hide                 '隐藏窗体 Form1
    Form4. Show                 '显示窗体 Form4
End Sub
```

注意: ""代表空字符。

(3) 单击"退出"按钮,编程如下:

```
Private Sub Command3_Click()
    End                                  '退出程序
End Sub
```

编写完四个单击事件的代码后,所有事件过程的程序代码如图 1.14 所示。

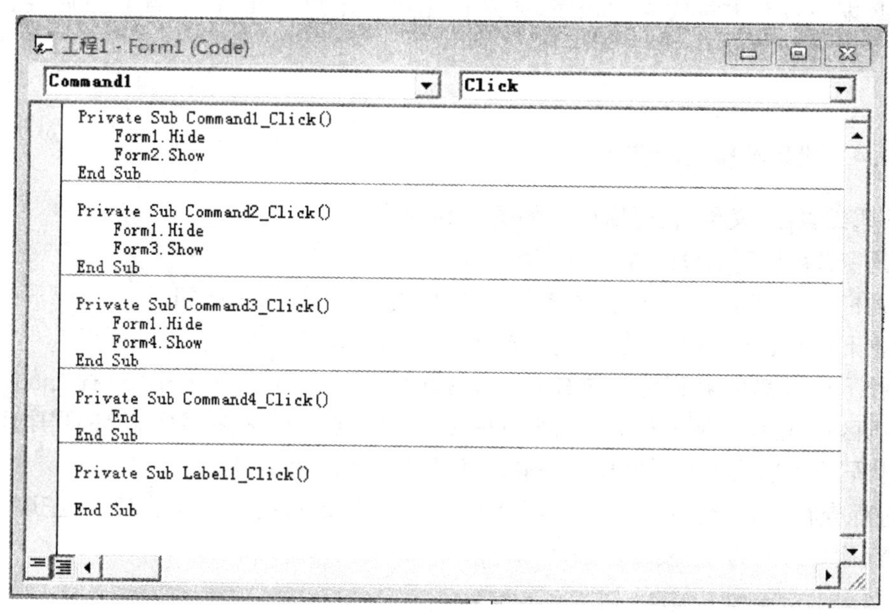

图 1.14　程序代码窗口

4. 建立其他三个窗体界面、控件属性设置及代码编写

建立医生工作站窗体,如图 1.15 所示,设置"医生工作站登录成功"标签和"退出"按钮的属性,并编写代码,如图 1.16 所示。

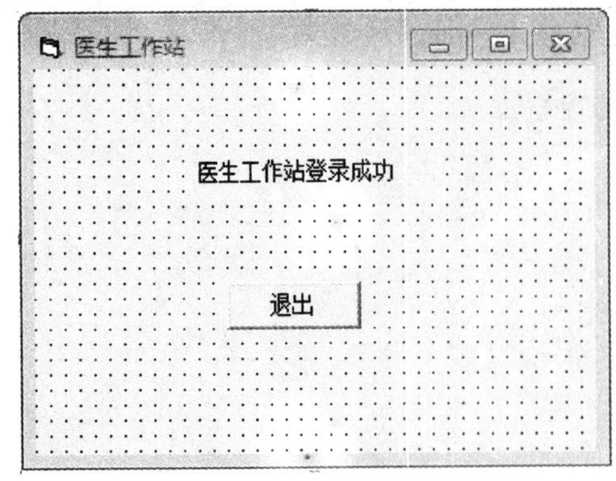

图 1.15 医生工作站窗体

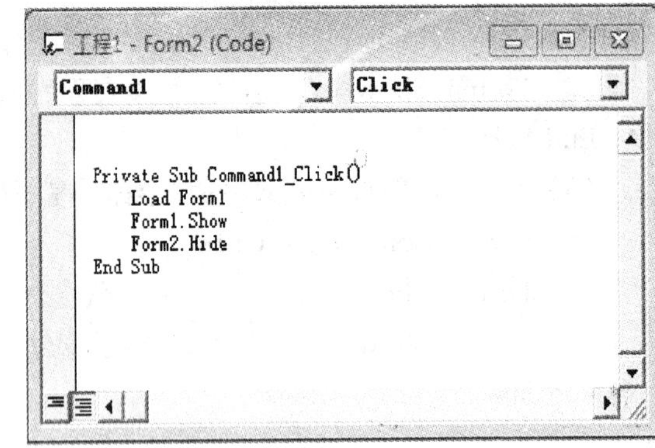

图 1.16 医生工作站代码编写窗口

依此过程创建护士工作站、管理人员窗体，设置相应控件属性，完成相应代码编写。

至此，程序设计工作全部结束。用户只要运行该程序，就会出现如图 1.12 所示的界面。单击相应的命令按钮，就会得到所需要的结果。

虽然这个程序比较简单，但展示了 Visual Basic 应用程序设计的全过程。可以看出，这一过程与传统的程序设计过程有着本质的区别，在使用 Visual Basic 设计程序时，通常不必编写含有大量代码的程序，而是首先建立用户界面，设置各对象属性，然后编写由用户启动的事件来激活若干个小程序，即事件过程，从而大大简化了程序开发过程。

1.4.4 代码编辑器的使用

“代码编辑器”又称“代码窗口”，如图 1.14 所示。

代码窗口由以下部分组成：

标题栏：显示工程的名称、窗体名称，及最小化、最大化、关闭按钮。

对象下拉列表框：在标题栏的左下方，包括窗体和窗体上所有控件的列表。

过程下拉列表框：在标题栏的右下方，包括所选对象的所有事件名或过程列表。

代码区：当选择了某个对象的某个事件后，就可以在代码区编写所需要的程序代码。不过程序代码也可以通过文字处理软件输入，然后复制粘贴到这里。

“过程查看”和“全模块查看”按钮：位于整个代码窗口的左下角。其中，左边为“单过程”查看，而右边的为“全模块”查看。

1. 代码窗口的环境设置

代码窗口的环境是系统预先设置的，Visual Basic 为用户提供了对代码窗口的环境重新进行设置的功能。下面以设置代码窗口的背景颜色为例，说明设置窗口环境的操作步骤。

(1) 选择“工具”|“选项”命令，弹出“选项”对话框。

(2) 单击对话框中的“编辑器格式”标签，出现如图 1.17 所示的界面。

(3) 在代码颜色列表框中选择“标准文本”。在前景色、背景色以及标识色下拉列表中可分别选择所需要的颜色,并选择字体和字号。

(4) 单击“确定”按钮。

此行以上步骤,代码窗口的背景颜色被设定。

另外,通过“选项”对话框还可以设置编辑器的一些环境,如“代码设置”中的“自动语法检查”“要求变量声明”等,用户可自行设定。

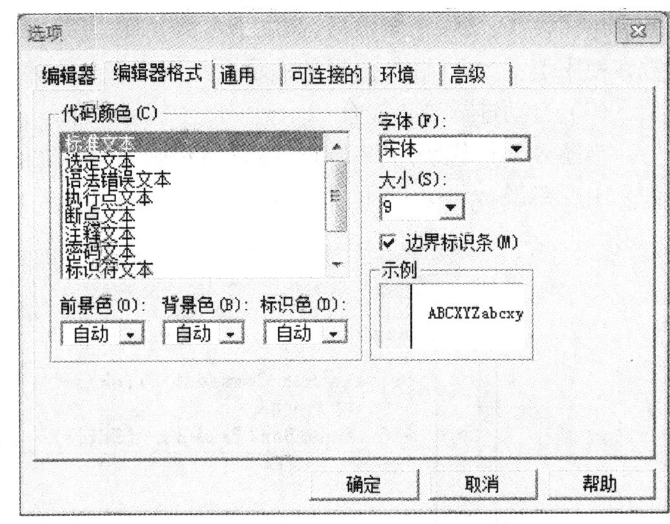

图1.17 “编辑器格式”选项卡

2. 代码编辑器的若干特性

在“选项”对话框的“编辑器”中适当地进行设置,可使代码编辑器具有一些常用的功能,使编写代码更加方便。

(1) 自动列出成员属性

在用代码设置控件的属性和方法时,可在输入控件名后输入小数点,则 Visual Basic 会自动弹出该控件的所有属性和方法的下拉列表框,用户可以通过该列表框选择所需要的属性或方法(先将光标条移到相应属性名上,再按空格键即可),如图1.18所示。

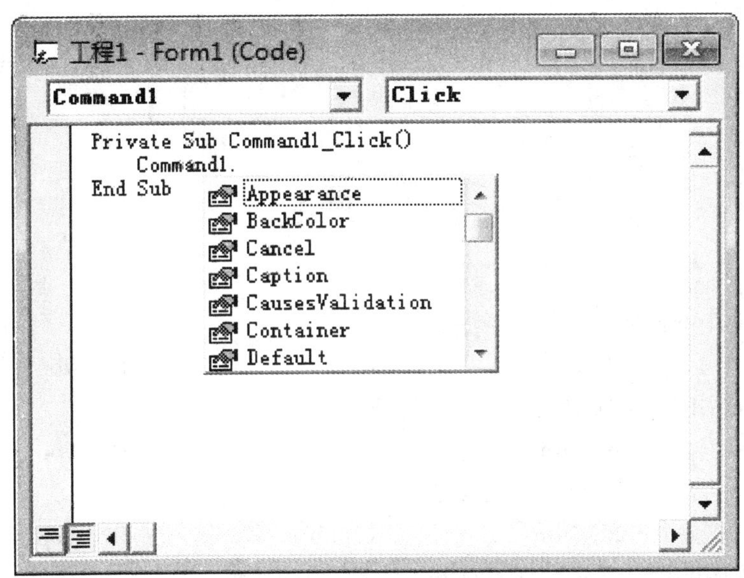

图1.18 自动列出成员特性

(2) 自动显示快速信息

该功能主要用于显示语句或函数的格式。当用户输入合法的 Visual Basic 语句或函数后,在当前行的下面会自动显示该语句或函数的语法格式,如图1.19所示。其中,第一个参数为黑体，输入第一个参数后，第二个参数又变为黑体，如此继续。这样，如果用户对某些参数在使用上不太熟练时，出现的提示会给用户带来许多方便。

(3) 自动进行语法检查

当输入某行代码后按 Enter 键时，Visual Basic 会自动检查该行语句的语法是否有错。如果出现错误，Visual Basic 会显示警告提示框，同时该语句变为红色。

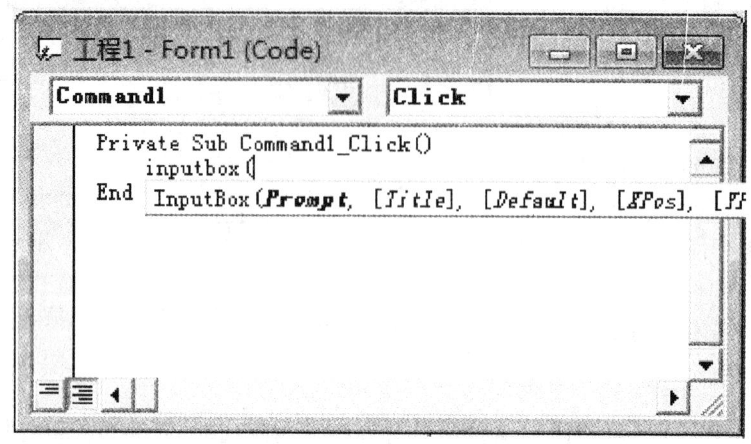

图 1.19　自动显示快速信息

(4) 要求变量声明

用户在使用变量时，可以在不声明变量名称、类型等情况下直接使用。但 Visual Basic 为了保证用户在使用变量时不会出现错误，可以在使用前，特地提示使用变量必须先声明，系统会自动检查，确保不出现错误。有两种方法要求进行变量声明：在代码窗口的起始部分加入语句 Option Explicit 或者在“选项”对话框中的“编辑器”标签下选中“要求变量声明”复选框。

习　题

一、选择题

1. Visual Basic 中的窗体文件的扩展名是________。

   A. .reg　　B. .frm　　C. .bas　　D. .vbp

2. Visual Basic 中的标准模块文件的扩展名是________。

   A. .reg　　B. .frm　　C. .bas　　D. .vbp

3. Visual Basic 中的工程文件的扩展名是________。

   A. .reg　　B. .frm　　C. .bas　　D. .vbp

4. 与传统的程序设计语言相比，Visual Basic 最突出的特点是________。

   A. 结构化程序设计　　B. 程序开发环境

   C. 事件驱动编程机制　　D. 程序调试技术

5. Visual Basic 窗体设计器的主要功能是________。

   A. 设计用户界面　　B. 编写源程序代码

C. 画图　　　　　　　　　　D. 显示文字

6. 事件过程是指________ 所执行的程序代码。

A. 运行程序　　　　　　　　B. 设置属性时

C. 使用控件时　　　　　　　D. 响应某个事件

二、填空题

1. 界面上没有调试工具栏,可通过选中“视图”菜单中的________中的“调试”命令把它显示出来。
2. 要运行 VB 程序可以按________键。
3. Visual Basic 有三种运行模式,分别是________、运行模式和中断模式,其中________模式可以监视表达式和变量的值。

【微信扫码】

参考答案 & 相关资源

第 2 章

常用控件及界面设计

本章要点

- 可视化界面的含义和设计内容。
- 窗体的结构、属性、方法和事件的含义、使用方法和应用。
- 各控件的属性、方法、事件的含义、使用方法和应用。
- 下拉式菜单和弹出式菜单的建立、使用方法和应用。
- 多窗体程序设计的建立、使用方法和应用。

工作场景导入

【工作场景】

门诊收费功能在医院信息管理系统中是很常见的，当输入病人单号，将自动显示相关病人的信息及就诊医生的信息。在相关的收费项目中输入金额，单击“收费”按钮就能把此病人花费的总额计算出来，并能显示一些统计信息，如图 2.1 所示。

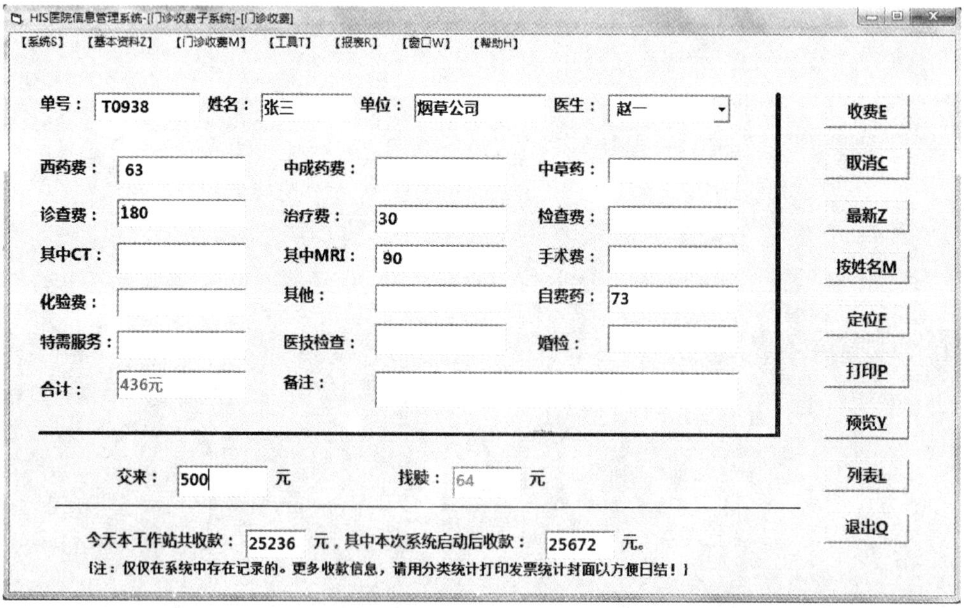

图 2.1　综合实例

【引导问题】

(1) 如何设计图2.1所示的软件界面?

(2) 如何设置窗体、各控件的属性值?

(3) 如何对列表框、滚动条、计时器、选择按钮等控件编程?

(4) 如何在程序中设置下拉式菜单和弹出式菜单?

(5) 如何设计多个窗体?

“可视化界面设计”是 Visual Basic 程序设计的重要特点之一,图形用户界面(GUI)操作系统的产生,使得“所见即所得”的可视化操作日益盛行并衍生。编程人员不需要考虑界面设计和编程的复杂性,只需要根据需求,使用 Visual Basic 提供的工具“画出”程序所需要的界面即可。

“可视化界面”即用户能看到的应用程序的“样子”,是用户与计算机交互的桥梁。Visual Basic 的可视化界面设计主要包括三个部分:① 窗体。即应用程序在屏幕上显示出来的窗口。可以是一个窗口,但大部分应用程序都是由多个窗口构成的。② 控件。即应用程序上的命令按钮、文本框、列表框、滚动条等基本组成部件。③ 菜单。即应用程序相关命令的“目录”。用户通过对这些窗体、控件、菜单的操作向计算机发出命令。

要建立应用程序,首先要明确这个应用程序执行后窗口上显示的形式,如有哪些控件、对控件进行操作发生哪些事件、控件间的关系等。然后通过“文件”菜单中的“新建工程”命令来建立新的工程,在新窗体上进行用户界面的设计。界面设计是应用程序的一个重要组成部分,一个应用程序的界面往往决定了该程序的易用性和可操作性。

2.1 窗体和常用控件

VB 的界面设计主要通过窗体及各类控件进行,掌握了常用控件的主要属性及设置方法后,其余控件的使用可触类旁通。以下介绍窗体和最基本的控件的属性、事件和方法。

2.1.1 窗体

用 VB 创建应用程序的第一步就是创建窗体。窗体既是类也是对象,同时也是所有控件的容器,用户可以根据自己的需要在窗体中添加控件来完成界面设计。

1. 主要属性

窗体的属性决定了窗体的外观和操作。窗体的大部分属性可以在“属性”窗口或代码窗口中设置,有少量属性只能在设计状态设置,或只能在窗体运行期间设置。表2.1列出了窗体的一些基本属性及其说明。

表2.1 窗体基本属性

属性名	描 述
(名称)Name	所创建对象的名称。所有对象都有的属性
Caption	对象的标题。对象标题栏上显示的内容,文本框没有此属性
Height	对象的高度

续表

属性名	描　述
Width	对象的宽度
Left	对象的左边界距容器坐标系纵轴的距离
Top	对象上边界距容器坐标系横轴的距离
BackColor	返回或设置对象中文本和图形的背景色
ForeColor	返回或设置对象中文本和图形的前景色
Enabled	决定对象是否活动
Visible	决定对象在程序运行时是否可见
Font	用于设置文本的外观,如字体、字号等
Moveable	决定窗体能否被移动
Picture	返回或设置对象中的图形

(1) Name

窗体名称。系统为应用程序的第一个窗体的缺省命名是 Form1。

该属性是每个对象都必不可少的属性。每当创建一个对象,VB 都会自动提供一个默认名称,用户可以在“属性”窗口的“名称”栏进行修改。Name 属性在程序代码中被作为对象的标识名,而不会显示在窗体上。由于在程序代码中要引用对象名称以识别不同的窗体或控件对象,所以在自行命名对象时,必须遵循一定的规则:对象名称必须以字母或汉字开头,由字母、汉字、数字组成,长度不超过 255 个字符,其中可以出现下划线(但最好不用,以免与代码中的续行符相混)。

(2) Caption

决定窗体标题栏显示的内容。缺省值为窗体名,特别注意,它和窗体名是不同的。

(3) Height、Width、Top 和 Left

当控件为窗体时,这四个属性是以屏幕为基准确定位置的:而窗体以外的其他控件的这个属性,都是以窗体为参照物的。窗体默认的坐标系(默认值)为:窗体左上角顶点、上边框和左边框分别为坐标原点、坐标横轴和纵轴,单位为 twip。1twip = 1/567cm。

如图 2.2 所示,在窗体上建立一个命令按钮,其 Caption 属性为“显示位置”。Height、Width、Top 和 Left 属性值根据控件在窗体上的位置决定。

(4) BackColor 与 ForeColor

窗体的背景色与前景色。用鼠标单击该属性右侧带有省略号的按钮,可从弹出的调色板上选定颜色。

(5) Borderstyle

窗体边框风格。设定值及相关的 VB 内部常量及不同风格见表 2.2。

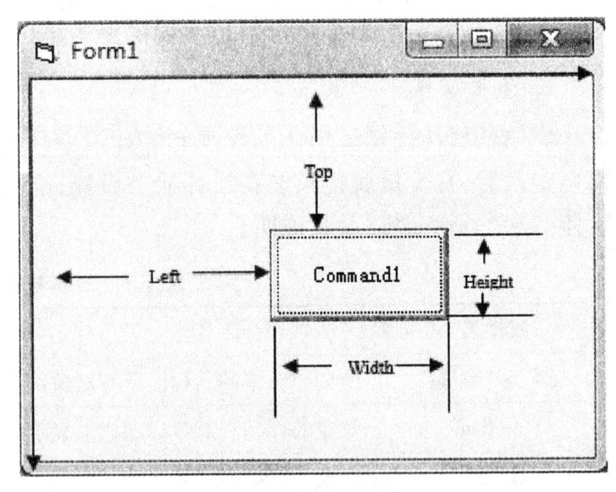

图 2.2　位置属性

表 2.2 窗体边框风格

设定值	常　量	风　格
0	vbBSNone	窗口无外框
1	vbFixedSingle	单线外框,运行时窗口大小不可改变
2	vbSizable	(缺省值)双线外框,运行时可改变窗口大小
3	vbFixedDouble	双线外框,运行时窗口大小不可改变
4	vbFixedToolWindow	包含一个"关闭"按钮,标题栏字体缩小,窗口大小不可改变
5	vbSizabeToolWindow	包含一个"关闭"按钮,标题栏字体缩小,窗口大小可以改变

(6) Enabled

该属性决定控件是否可操作。默认值为 True,表示允许用户操作,并对操作做出响应。当属性值为 False 时,表示禁止用户操作,控件呈暗淡色。

(7) Visible

该属性决定控件是否可见。默认值为 True,表示程序运行时控件可见。当属性值为 False 时,程序运行时控件不可见,但控件存在着。

(8) Font

Font 系列属性改变文本的外观。其属性对话框如图 2.3 所示。其中:FontName(字体)属性是字符类型;FontSize(字体大小)属性是整型;其余的为逻辑型。当值为 True 时,FontBold 为粗体、FontItalic 为斜体、FontUnderline 为带下划线等。

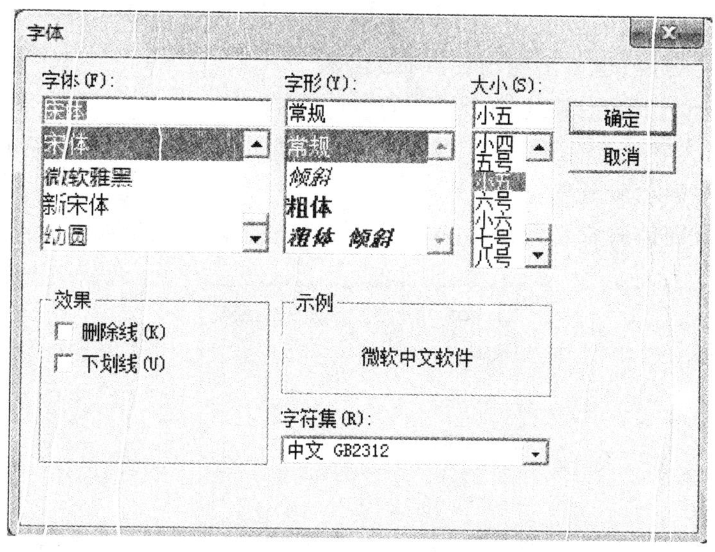

图 2.3 Font 属性

(9) Picture

该属性用于设置窗体中要显示的图片。在属性窗口中,可以单击 Picture 设置框右边的省略号,打开一个"加载图片"对话框,选择一个图形文件载入,也可以在代码窗口通过 LoadPicture 函数加载图形文件。

2. 方法

窗体可以调用多个方法,常用的方法见表2.3。

表 2.3 窗体常用方法

方法名	描 述
Hide	隐藏对象。用法:[对象名.]Hide
Show	显示对象。用法:[对象名.]Show
Print	打印方法。在窗体上显示文字,也可以在打印机上输出; 用法:[对象名.]Print [表达式列表1][;|,] [表达式列表2][;|,]…
Move	移动对象。是对象移动,同时也可以改变对象的尺寸; 用法:[对象名.]Move 左边距[,上边距[,宽度[,高度]]]
Refresh	刷新对象。用法:[对象名.]Refresh
Cls	清除由其他方法在窗体中显示的文本和图形,用法:[对象名.]Cls

说明:

(1) Print 方法的作用是在对象上输出信息。形式如下:

[对象名.]Print [表达式列表1][;|,] [表达式列表2][;|,]…

其中:

对象:可以是窗体(Form)、图形框(PictureBox)或打印机(Printer)。若省略了对象则在窗体上输出。

表达式列表:要输出的数值或字符串表达式,若省略,则输出一个空行,多个表达式之间用空格、逗号、分号分隔,也可出现 Spc 和 Tab 函数。

;(分号):表示光标定位在上一个显示的字符后。

,(逗号):表示光标定位在下一个打印去开始位置处,打印区每隔14行开始。

无“;”或“,”:表示输出后换行。

【例2.1】 设窗体对象名为frm1,执行下列语句后的运行结果如图2.4所示。

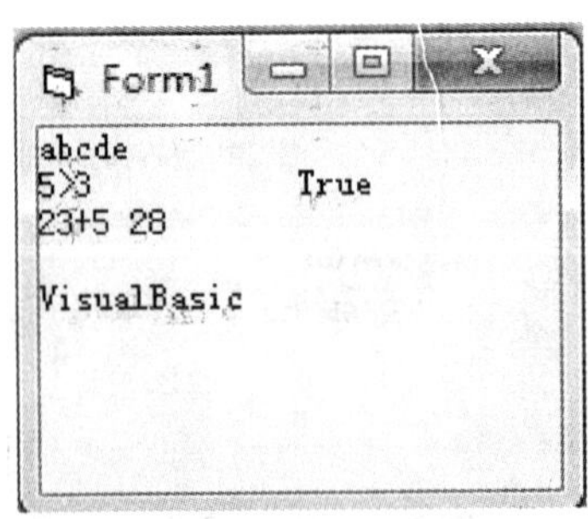

图2.4 Print 方法

```
Private Sub Form_Click()
    Frm1.Print "abcde"
    Frm1.Print "5 >3", 5 > 3
    Frm1.Print "23 +5"; 23 + 5
```

```
    Frm1.Print
    Frm1.Print "Visual" & "Basic"
End Sub
```

3. 事件

窗体可以响应的事件也有许多,常用的事件见表2.4。

表2.4　窗体常用事件

事件名	描　述
Click	单击事件
Initialize	初始化事件
DblClick	双击事件
Load	装载事件,窗体装入时触发此事件
Unload	卸载事件,如果关闭窗体,触发 Unload 事件
Resize	在窗体被改变大小时触发本事件
Activate	激活事件,当窗体变为当前活动窗体时触发本事件
Deactivate	失去激活事件,当窗体失去激活状态,即另一个窗体变为当前活动窗体时触发本事件

说明:

(1) 使用装载语句可以把窗体(或其他对象)载入内存,但并不显示它。装载窗体的格式如下:

Load Object

其中,Object 是对象名。由于 VB 程序在运行时会自动装载启动窗体,所以没必要对其使用 Load 语句。但系统自动装载窗体时,将引发窗体的 Load 事件。Load 事件是窗体最常用的事件之一,也是窗体的默认事件。该事件通常用来在启动应用程序时对窗件和变量进行初始化,当应用程序启动,就自动执行该事件,若无 Initialize 事件,启动窗体的 Load 事件就是程序的开头。

(2) 使用卸载语句可以把窗体(或其他对象)从内存中卸载。卸载窗体的格式如下:

Unload Object

其中,Object 是对象名。卸载将使该对象的所有属性全部恢复为设计态时设定的初始值,卸载还将引发对象的 Unload 事件。如果卸载对象是程序的唯一窗体,则将终止程序的运行。

(3) 在 VB 程序代码中,要退出应用程序的运行,通常使用 End 语句。End 语句的作用与用户通过使用菜单中的"关闭"命令或单击应用程序窗口上的"关闭"按钮关闭窗口的作用一致。

【例2.2】　窗体对象示例。设窗体对象名为 Form1,在窗体加载时,窗体标题栏显示"窗体加载";当用户单击窗体时,标题栏显示"单击窗体",并同时加载一幅图片到窗体;当用户双击窗体时,标题栏显示"双击窗体",并在窗体上显示"养生固本 健康人生""养生 -

坚持正确的生活方式”。程序运行界面如图2.5所示。代码如下：

```
Private Sub Form_Load()
    Form1.Caption = "窗体加载"
End Sub
Private Sub Form_Click()
    Form1.Caption = "单击窗体"
    Form1.Picture = LoadPicture(App.Path & "\img\pic1.jpg")
End Sub
Private Sub Form_DblClick()
    Form1.Caption = "双击窗体"
    Form1.Print "       养生固本 健康人生"
    Form1.Print "       养生-坚持正确的生活方式"
End Sub
```

(a) 登录窗口

(b) Click 事件运行效果

(c) DblClick 事件运行效果

图2.5 运行界面

说明：App.Path 表示与应用程序相同的文件路径。

4. 设置对象属性的方法

有两种设置对象属性的方法。一是在设计态通过属性窗口为其设定各种属性值；一是在程序代码中改变属性值。

在设计态设定对象属性值的方法是在属性窗口中完成的。应该注意的是:在属性窗口列出的属性中大多可采用系统缺省值。

在程序代码中采用以下格式的代码行来改变属性值:

[对象名.]属性名=值

缺省情况下对象名是指窗体名。

【例2.3】 在窗体上建立四个命令按钮,名称分别为Command1,Command2,Command3,Command4。属性设置用代码实现如下:

```
Private Sub Form_Click()
    Form1.Caption = "管理类别"
    Command1.Caption = "挂号退号"
    Command1.FontName = "黑体"
    Command1.FontBold = True
    Command1.FontSize = 10
    Command2.Caption = "收费管理"
    Command2.Enabled = False
    Command2.FontUnderline = True
    Command2.FontSize = 10
    Command3.Caption = "系统维护"
    Command3.FontName = "黑体"
    Command3.FontBold = True
    Command3.FontSize = 10
    Command4.Caption = "查询"
    Command4.FontName = "黑体"
    Command4.FontBold = True
    Command4.FontSize = 10
End Sub
```

运行后界面显示如图2.6所示。

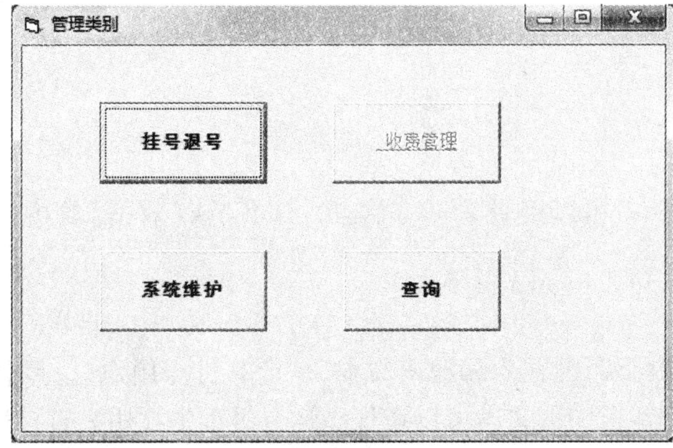

图2.6 按钮显示

2.1.2 常用控件

VB 通过控件工具箱提供了和用户进行交互的可视化部件,即控件。程序开发人员可以以最简单的操作在窗体中添加控件来完成界面设计。以下介绍常用控件的属性、事件和方法。

1. 标签(Label)

标签用来显示文本,但不作为输入信息的界面。通常用标签来标注本身不具有 Caption 属性的控件。例如,可用标签为文本框、列表框、组合框等控件添加描述性的文字,也可用它来表示窗体的对象。

(1) 主要属性

① Name

标签名称。系统为窗体上第一个标签的缺省命名是 Label1。

② Caption

标题属性。返回或设置标签的显示文本。

③ Alignment

对齐属性。返回或设置标签中文本的对齐方式,该属性决定控件上文字的对齐方式。属性值有:

0 – Left Justify:正文左对齐。这是默认值;

1 – Right Justify:正文左对齐;

2 – Center:正文居中。

④ AutoSize

大小自适应属性。返回或设置控件是否自动改变大小以显示所有内容。

标签的 AutoSize 属性值为 False(默认值),则保持标签的大小不变,超出部分的文本不予显示;若标签的 AutoSize 属性值为 True,则自动增加标签的宽度以显示全部内容。

⑤ BackStyle

背景风格属性。返回或设置控件的背景样式是否透明。当属性值为 0 时,标签的背景是透明的;当属性值为 1(默认值)时,标签的背景不透明,背景色即 BackColor 属性所设置的颜色。

(2) 方法

① Refresh:刷新。

② Move:移动。

(3) 事件

提供文字说明的标签可以接受 Click(单击)、DblClick(双击)等事件,但这些事件不经常使用。

2. 文本框(Text)

文本框通常用于在运行时输入和输出文本,是计算机与用户进行信息交互的控件。与标签控件不同的是,文本框中的文本可以在程序运行过程中让用户直接进行编辑修改,除非将文本框的 Locked 属性设为 True,使文本框的 Text 属性成为只读属性。

（1）主要属性

① Name

文本框名称。系统为窗体上第一个文本框的缺省命名是 Text1。

② Text

文本属性。返问或设置文本框中的文本。可以在设计时设置 Text 属性，也可以在运行时直接在文本框内输入，或通过程序代码对 Text 属性重新赋值来改变 Text 属性的值。

③ PasswordChar

口令属性。该属性的缺省值为空字符串，表示用户可以看到输入的字符；如果该属性的值为某个字符（例如，*），则表示本文本框用于输入口令，用户输入的字符显示时将被替换为设定的字符，但系统仍然可以正确地获取用户实际输入的内容。

④ MaxLength

最大长度属性。MaxLength 属性返回或设置在文本框控件中能够输入字符的最大数。MaxLength 属性的取值范围是 0～65535。

⑤ MultiLine

多行属性。当 MultiLine 属性值为 False（默认值）时，文本框中的字符只能在一行中显示；当 MultiLine 属性值为 True 时，则可以在文本框的 Text 属性中加入换行符使文本多行显示。该属性不能在程序中改变。

⑥ ScrollBars

滚动条属性。返回或设置文本框是否有垂直或水平的滚动条。当 ScrollBars 属性值为 0（默认值）时，无滚动条；若 ScrollBars 属性值为 1 时，加水平滚动条；ScrollBars 属性值为 2 时，加垂直滚动条；ScrollBars 属性值为 3 时，同时加水平、垂直滚动条。需要注意的是，只有在文本框的 MultiLine 属性设置为 True 时，该属性才有效。

⑦ Alignment

对齐属性。返回或设置文本框中文本的对齐方式。

（2）方法

① Refresh：刷新。

② SetFocus：设置焦点。该方法可将光标移到指定的文本框中，使之成为焦点（即当前活动文本框）。

（3）事件

① Change

一旦文本框中的 Text 属性发生改变时，将触发文本框的 Change 事件。程序运行后，在文本框中每键入一个字符，就会引发一次 Change 事件。如果要对文本框中内容的变化随时做出反应，可以编写文本框的 Change 事件程序代码。

② LostFocus

当光标离开文本框，即失去焦点时，就触发本事件。

③ KeyPress

该事件在文本框获得焦点并且用户按下了键盘上的按键后触发。KeyPress 事件过程在截取文本框中所输入的击键时是非常有用的，它可立即测试击键的有效性或在字符输入时对其进行格式处理。

【例2.4】 设计如图2.7所示的界面，窗体上有两个标签和两个文本框。当程序执行后，左文本框摄氏温度值发生变化时，即触发文本框的Change事件，继而计算出的对应的华氏温度值并显示在右文本框中。代码如下：

```
Private Sub Form_Load( )      '在启动窗体时，清除文本框中原有的内容
    Text1.Text = ""
    Text2.Text = ""
    Text2.Enabled = False     '使Text2只能显示数据，不能输入数据
End Sub
Private Sub Text1_Change()
    Dim C As Single, F As Single
    C = Val(Text1.Text)
    F = 9 * C / 5 + 32
    Text2.Text = Str(F)
End Sub
```

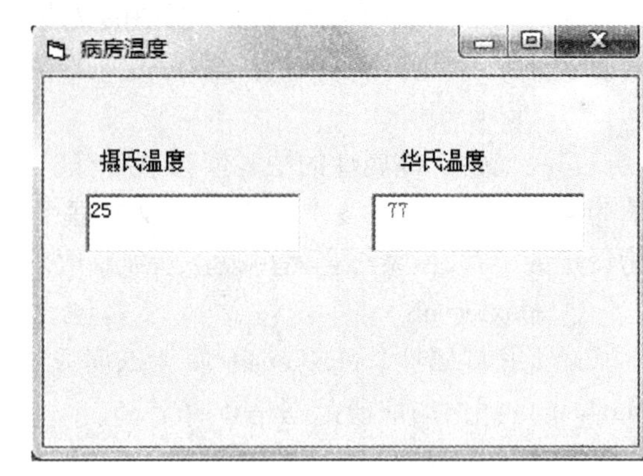

图2.7 温度转换

3. 命令按钮(CommandButton)

命令按钮是VB中最常用的控件，它提供了用户与应用程序交互的最简便方法。用户通过单击相应的命令按钮，触发相应的事件过程，去执行指定的操作。

(1) 主要属性

① Name

命令按钮名称。系统为窗体上第一个命令按钮的缺省命名是Command1。

② Caption

标题属性。返回或设置按钮上显示的文本。

③ Default

默认属性。将该按钮设置为默认命令按钮，当用户按回车时，自动激活该按钮。

④ Cancel

取消属性。当该属性值设为True时，按Esc键等同于单击本按钮。

⑤ Style

风格属性。用来设置或返回命令按钮的外观风格。该属性值为0(默认值)时，为标准按钮风格；为1时，为图形按钮风格。

⑥ Picture

图形属性。只有当按钮的Style属性值为1时，可以用Picture属性为其装入一幅显示图形。

⑦ ToolTipText

提示文本属性。设置当鼠标悬停在控件上时显示的提示性文字。

(2) 方法

SetFocus：设置焦点。设置为焦点的按钮将有一个边框(如图 2.8 所示)，可直接按回车键，执行该按钮代表的动作。

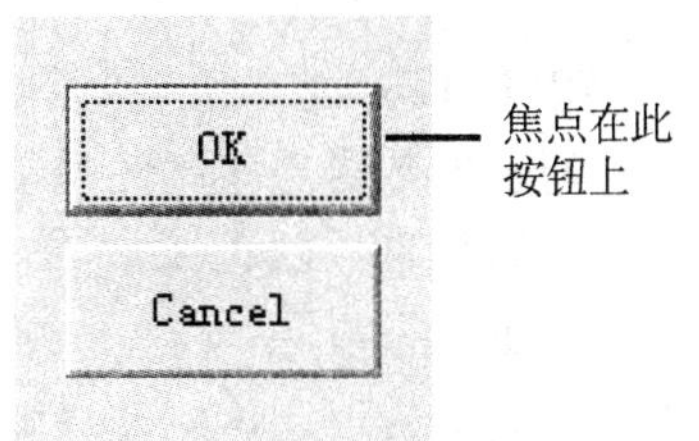

图 2.8　SetFocus 方法

(3) 事件

命令按钮最常用的事件是 Click( )，当鼠标单击命令按钮时发生。

4. 列表框(ListBox)和组合框(ComboBox)

列表框(如图 2.9 所示)通过列表形式为用户提供选项，当列表项的内容超出列表框的大小时，列表框会自动提供滚动条供用户进行列表项的定位选择。列表框最主要的特点是只能从其中选择，而不能直接修改其中的内容。

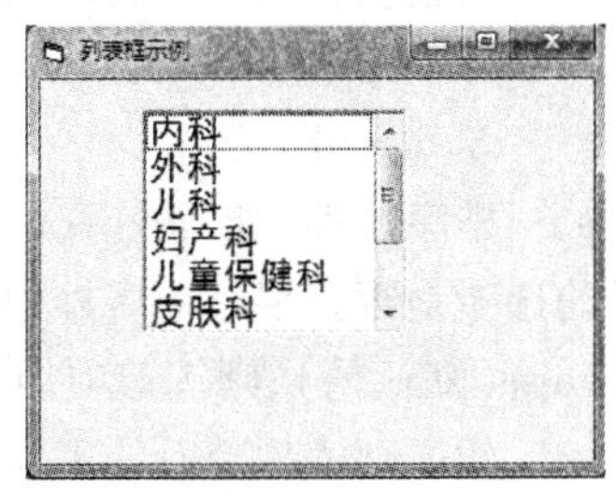

图 2.9　列表框

组合框(如图 2.10 所示)是组合了文本框和列表框的特性而形成的一种控件。组合框在其列表框部分理出可供用户选择的选项，当用户选定某项后，该项内容自动装入文本框。组合框有三种不同的风格(Style)，体现出不同的类型和行为。具体如下：

VBCOMBODROPDOWN –0: 下拉式组合框, 包括一个下拉列表和一个文本框, 可以选择也可输入文字;

VBCOMBOSIMPLE –1: 简单组合框, 包括一个文本框和一个不会下拉的列表;

VBCOMBODROPDOW NLIST –2: 只选组合框.

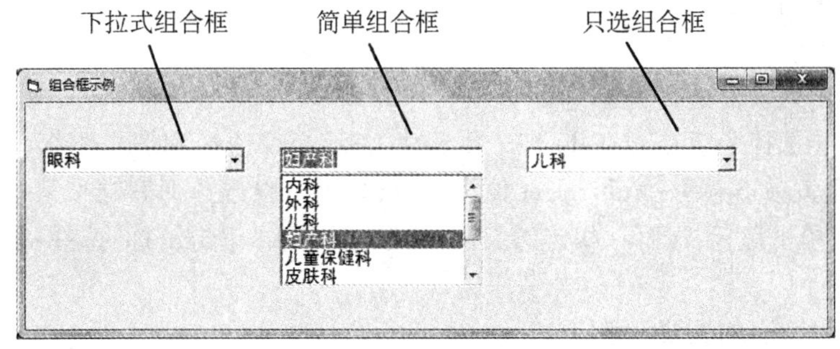

图 2.10　组合框

(1) 列表框和组合框共有的主要属性

① List

列表属性。该属性是一个字符型数组，用来列出列表框或组合框的选项内容。List 数组的下标值从 0 开始，即由上到下第一个项目的下标为 0。语法格式为：

[对象名.] List (列表项序号)

其中，对象名即为列表框的 Name 属性值；列表项序号即为下标，由上到下依次为 0、1、

2、3 等。

例如：S = List1. List(2)，该语句的作用是将列表框 L1st1 的第三项的内容赋值给 S 变量。

② ListCount

列表项数目。该属性只能在程序中设置或引用。ListCount 的值表示列表框或组合框中项目的数量。ListCount - 1 表示最后一项的序号。

③ ListIndex

列表项索引。该属性只能在程序中设置或引用。ListIndex 的值表示程序运行时被选定的选项的序号。如果未选中任何选项，则 ListIndex 值为 -1。

④ Text

列表项正文。该属性只能在程序中设置或引用。其值为最后选中的列表项的文本，它与 List(Object. ListIndex)的返回值相同。

⑤ Sorted

排序属性。该属性只能在设计状态设置。该属性决定在程序运行期间列表框或组合框的选项是否按字母顺序排列显示。如果 Sorted 值为 True，则项目按字母顺序显示；如果值为 False(默认值)，则按选项加入的先后顺序排列。

(2) 列表框特有的主要属性

① Selected

选择属性。该属性只能在程序中设置或引用。该属性返回或设置列表框控件中的一个项目的选择状态。当某一列表项被选中时，该列表项的 Selected 属性值为 True，否则为 False。Selected 属性的表示方法同 List 属性。

② Columns

列表框显示的列数。取值为 0 时，逐行显示列表框，可能有垂直滚动条；取值大于 0 时，则列表项可占多列显示。

③ MultiSelect

该属性确定列表框是否允许选择多项。MultiSelect 属性值为 0(默认值)时，表示在一个列表框中只能选择一项；MultiSelect 值为 1 时，表示允许选择列表框中多个项，每用鼠标单击一个项，则该项被选中；MultiSelect 值为 2 时，表示可以选择列表框中某个范围内的项，即可以用 Shift 单击鼠标，选择一组连续排列的项，或用 Ctrl 单击鼠标，选择一组不连续排列的项。

(3) 组合框特有的主要属性

Style

风格属性。

当 Style 属性为 0(默认值)时，组合框为下拉式组合框，包括一个下拉式列表和一个文本框，在结构上只占一行，可以从列表中选择或在文本框中输入。在下拉式组合框中选中的项目显示在文本框中。

当 Style 属性为 1 时，组合框为简单组合框。包括一个文本框和一个固定的列表框。可以从列表中选择或在文本框中输入列表中没有的选项。整个大小如同列表框一样在设计时可以指定，当项目数超过可显示的限度时，将自动插入一个垂直的滚动条。

当 Style 属性为 1 时,组合框为下拉式列表框。其功能与下拉式组合框类似,区别是不能输入列表框中没有的选项。

(4) 方法

① AddItem

添加列表项。语法格式为:

[Object.] AddItem <列表项正文>[,插入位置序号]

若不指定插入位置,则插入到列表末尾。

② RemoveItem

删除列表项。语法格式为:

[Object.] RemoveItem 删除项序号

③ Clear

删除列表中所有项目。

(5) 事件

虽然列表框能响应 Click(单击)和 DblClick(双击)事件,但很少使用双击事件。所有类型的组合框都能响应 Click(单击)事件,但是只有简单组合框(Style 属性为 1)才能接受 DblClick 事件。

【例 2.5】 编写一个能对列表框进行项目添加、删除、清空、选取操作的应用程序。如图 2.11 所示,窗体上有一个列表框和一个文本框以及四个命令按钮。其中文本框(Text1)用于输入要添加到列表框(List1)的内容。代码如下:

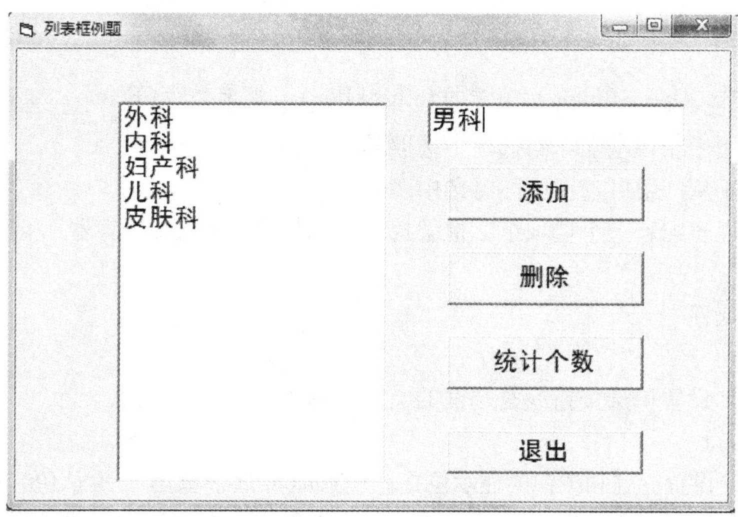

图 2.11　列表框例题

```
Private Sub Form_Load()
    List1.AddItem "外科"
    List1.AddItem "内科"
    List1.AddItem "妇产科"
    List1.AddItem "儿科"
```

```
        List1.AddItem "皮肤科"
    End Sub
    Private Sub Command1_Click()
        List1.AddItem Text1
        Text1 = ""
    End Sub
    Private Sub Command2_Click()
        List1.RemoveItem List1.ListIndex
    End Sub
    Private Sub Command3_Click()
        Text1.Text = List1.ListCount
    End Sub
    Private Sub Command4_Click()
        End
    End Sub
    Private Sub List1_Click()
        Text1.Text = List1.List(List1.ListIndex)
    End Sub
    Private Sub List1_DblClick()
        List1.Clear
    End Sub
```

5. 单选按钮(OptionButton)、复选框(CheckBox)与框架控件(Frame)

单选按钮用于在一组互斥的选项中选取其一。

复选框用于从一组可选项中同时选中多个选项。

窗体上可以容纳若干个选项组。框架控件可以作为选项组的“容器”,把各个选项组区分开来(如图 2.12 所示)。

(1) 主要属性

① Caption

标题属性。设置单选按钮或复选框的文本注释内容。

② Alignment

对齐属性。设置标题和按钮的显示位置。Alignment 属性值为 0(默认值)时,表示控件按钮在左边,标题显示在右边;若 Alignment 属性值为 1,表示控件按钮在左边,标题显示在右边。

③ Value

该属性是默认属性,表示单选按钮或复选框的状态。

当单选按钮被选中时,Value 取值为 True;未被选中时,取值为 False。

复选框的 Value 属性有三个可能的取值:0—未选中(默认值);1—选中;2—变灰,禁止选择。

（2）方法

① Move：移动

② Refresh：刷新。

（3）事件

单选按钮或复选框都能接受 Click 事件。

【例2.6】　编写一个能对文本框中文字风格进行设置的应用程序。文本框用于输入示例文字，大小、字体和字形三个框架形成三个选项组，其中字形可复选，如图2.12所示。表示"14号"和"宋体"的两个单选按钮的 Value 属性值设为 True；表示字形的"斜体"和"粗体"两个复选框的 Value 属性值均设为0。代码如下：

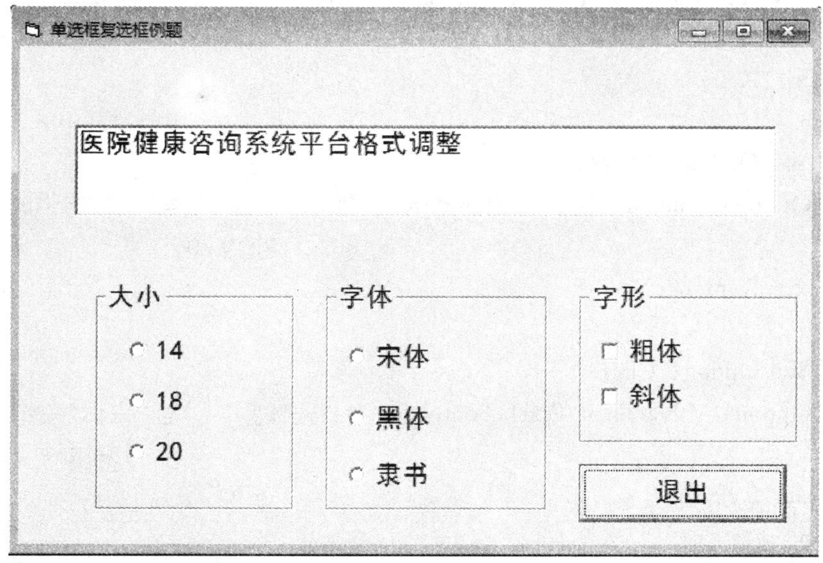

图2.12　单选框、复选框

```
Private Sub Check1_Click()
    If Check1.Value = 1 Then
        Text1.FontBold = True
    ElseIf Check1.Value = 0 Then
        Text1.FontBold = False
    End If
End Sub
Private Sub Check2_Click()
    If Check2.Value = 1 Then
        Text1.FontItalic = True
    ElseIf Check2.Value = 0 Then
        Text1.FontItalic = False
    End If
End Sub
```

```
Private Sub Command1_Click()
    End
End Sub
Private Sub Option1_Click()
    If Option1.Value Then Text1.FontSize = 14      '当“14 号”字被选中时,设文字大小为 14
    Text1.Refresh
End Sub
Private Sub Option2_Click()
    If Option2.Value Then Text1.FontSize = 18      '当“18 号”字被选中时,设文字大小为 18
    Text1.Refresh
End Sub
Private Sub Option3_Click()
    If Option3.Value Then Text1.FontSize = 20      '当“20 号”字被选中时,设文字大小为 20
    Text1.Refresh
End Sub
Private Sub Option4_Click()
    If Option4.Value Then Text1.FontName = "宋体"      '当“宋体”被选中时,设文字为宋体
    Text1.Refresh
End Sub
Private Sub Option5_Click()
    If Option5.Value Then Text1.FontName = "黑体"      '当“黑体”被选中时,设文字为黑体
    Text1.Refresh
End Sub
Private Sub Option6_Click()
    If Option6.Value Then Text1.FontName = "隶书"      '当“隶书”被选中时,设文字为隶书
    Text1.Refresh
End Sub
```

6. 滚动条(ScrollBar)

滚动条分为水平滚动条(HScrollBar)和垂直滚动条(VScrollBar)。两种滚动条除方向不同外,其功能是相同的,都用来滚动内容或用于平滑地选择数据。

(1) 主要属性

① Max 和 Min

Max 用于设置滚动块处于水平滚动条的最右端或垂直滚动条的最下端时对应的 Value

值,取值范围是-32768~32767,缺省值为32767。

Min用于设置滚动块处于水平滚动条的最左端或垂直滚动条的最上端时对应的Value值,取值范围是-32768~32767,缺省值为0。

② LargeChange 最大变动值属性

该属性用于返回或设置当用户用鼠标单击滚动区域时,滚动块每次移动的距离,表示Value值的改变量。

③ SmallChange 最小变动值属性

该属性用于返回或设置当用户用鼠标单击滚动箭头时,滚动块每次移动的距离,表示Value值的改变量。为了精确地度量滚动条的值,一般设置SmallChange的值为1。

对SmallChange和LargeChange两个属性,均可指定1~32767之间的整数。缺省值为1。

④ Value 值属性

表示滚动块的当前位置值。Value值随滚动块的位置改变而改变,其值介于Min和Max之间。

(2) 方法

① SetFocus:获取焦点。

② Refresh:刷新

(3) 事件

① Change

当滚动块的位置被改变时引发Change事件,也可在代码中修改滚动条的Value属性值触发该事件。

② Scroll

当在滚动区域中拖动滚动块时引发Scroll事件。

【例2.7】 编写程序,利用三个水平滚动条配置文本框的背景色。程序界面如图2.13所示。代码如下:

```
Private Sub Form_Load()
    Text1.BackColor = RGB(H1, H2, H3)
    Label4 = H3
    Label5 = H2
    Label6 = H1
End Sub
Private Sub H1_Scroll()
    Text1.BackColor = RGB(H1, H2, H3)
    Label6 = H1
End Sub
Private Sub H2_Scroll()
    Text1.BackColor = RGB(H1, H2, H3)
    Label5 = H2
End Sub
```

```
Private Sub H3_Scroll()
    Text1.BackColor = RGB(H1, H2, H3)
    Label4 = H3
End Sub
```

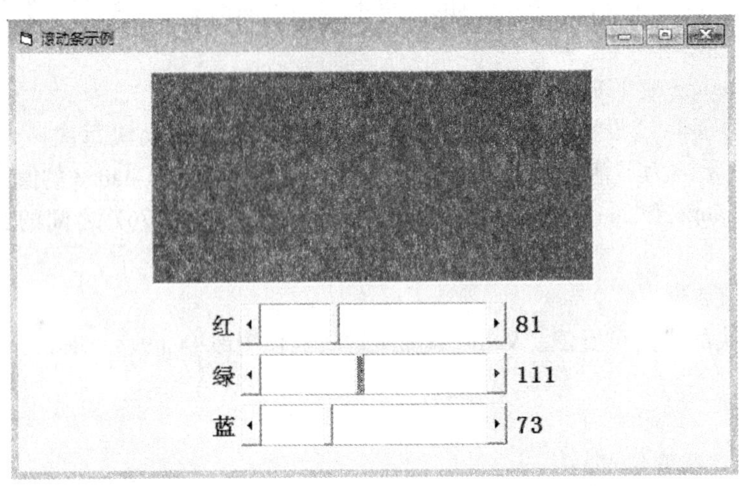

图 2.13　滚动条

7. 图片框(PictureBox)和图像框(Image)

图片框(PictureBox)和图像框(Image)都是用来在窗体上显示图形的基本控件,支持的图形文件格式有:位图文件(.bmp)、Windows 元文件(.wmf)、增强型元文件(.emf)、图标文件(.ico)和以.jpg、.gif 为扩展名的图形文件。两者都可以通过 Picture 属性加载图片,但图片框比图像框作用更大、更灵活。图片框和图像框的主要区别是:

① 图片框可以作为其他控件的父控件,而图像框不可以。

② 图片框可以使用 Print 方法输出文字,而图像框无法输出文字,只能加载图片。

③ 图像框占用内存小,图片显示更快。

(1) 主要属性

图片框和图像框的 Name、Width、Height、Top、Left、BackColor、ForeColor、Enabled、Visible 等属性与窗体相同,因此,这些属性将不再介绍。

① BorderStyle 属性

BorderStyle 属性用于设置图片框或图像框的边框类型。有两个取值:0—无边框;1—有边框。

② AutoSize 属性和 Stretch 属性

这两个属性都是逻辑值,作用也大致相同。

AutoSize 用于图片框,取值为 True 时,当控件加载的图片大小与控件大小不同时,会自动改变控件的大小来与图片的大小保持一致;取值为 False(默认值)时,不会自动调整控件大小。

Stretch 属性用于图像框,取值为 True 时,图片要调整大小以与图像框相适应;取值为 False(默认值)时,图片会以原始大小显示,如果控件比图片小,会使图片显示不完整。

③ Picture 属性

Picture 属性用于图片框或图像框中显示图片文件，这些图片以文件的形式存储在磁盘中。将图片显示在图片框或图像框中就是图片的装入。图片的装入包括在设计阶段通过属性窗口装入和在运行阶段用 LoadPicture 函数装入。

在设计阶段通过属性窗口装入：在 Picture 属性的值单元格中打开“加载图片”对话框来指定要显示的图片文件。该属性用于设置图片框加载的图片文件。单击属性窗口中的 Picture 属性项右端带省略号的按钮，就会打开如图 2.14 所示的对话框，用户根据需要选取相应的图片文件即可。

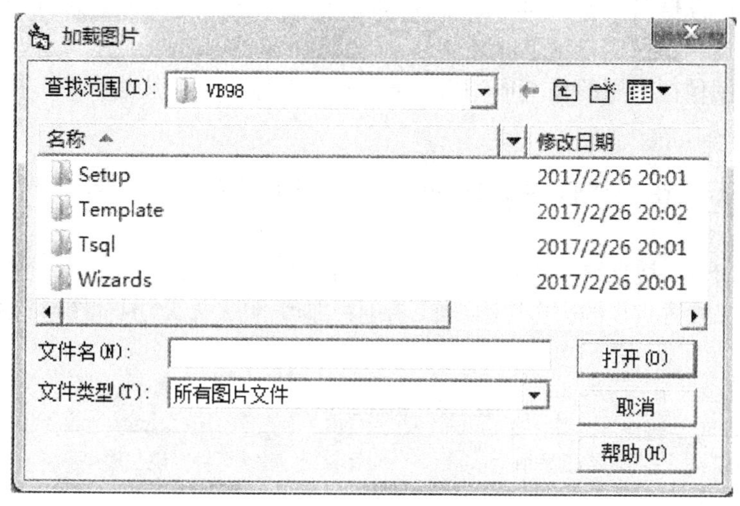

图 2.14　加载图片对话框

当使用 Picture 属性加载图片之后，在 Picture 属性设置栏中根据文件的种类将出现“(Bitmap)”“(icon)”“(metafile)(元文件)”等设置值。如需要在图片框中另加载一个文件，则需要把该设置值用 Del 删除，这时设置值将变为“(None)”。

用户也可以从其他绘图软件中把一个图形或一幅图片剪切/复制、再粘贴到图片框中，其效果与通过 Picture 属性加载完全相同。

在运行阶段通过 LoadPicture 函数装入：LoadPicture 函数用于将磁盘空间的图片文件加载到图片框或图像框中。该函数的格式为：

图片框名称 | 图像框名称. Picture = LoadPicture("文件名")

“文件名”是指要装入的图片在磁盘空间中的路径和名称。

“文件名”中的路径有两种情况，绝对路径和相对路径。当图片与此应用程序文件不在同一个文件夹中，要使用绝对路径；当图片与此应用程序文件在同一个文件夹，则使用相对路径。例如：

要将 C:\Visual Basic\Pic\MyPic.jpg 装入到图片框 Picture1 中的语句是：

```
Picture1.Picture = LoadPicture("C:\Visual Basic\Pic\MyPic.jpg")
```

如果 MyPic.jpg 与应用程序文件位于同一个文件夹，则装入图片的语句可以写成：

```
Picture1.Picture = LoadPicture("MyPic.jpg") 或
Picture1.Picture = LoadPicture(App.Path + "\MyPic.jpg")
```

LoadPicture 函数如果不指定“文件名”,则可以清除对象中的图片。函数格式为:

Picture1. Picture = LoadPicture("") '将 Picture1 中装入的图片删除

如果要实现图片的复制,使用赋值语句即可。

Picture2. Picture = Picture1. Picture '将 Picture1 中的图片复制到 Picture2 中

(2) 图片框和图像框常用方法

① Print 方法

图片框可以使用 Print 方法输出文字。具体用法与其他控件相同。

② Move 方法

图片框和图像框可以使用 Move 方式移动和改变大小。具体用法与其他控件相同。

(3) 图片框和图像框常用事件

图片框和图像框常用的是 Click、DblClick 事件,具体用法与其他控件相同。

8. 直线控件 Line

直线 Line 控件作为一种图形控件,可以在窗体上画出简单的水平线、垂直线和对角线。主要属性如下。

(1) BorderStyle 属性

该属性用来设置直线的边界线的线形,有七种取值,见表 2.5。具体图形示例如图 2.15 所示。

表 2.5 BorderStyle 属性

边框线类型	设置值	说　明
TransPrant	0	透明,边框不可见
Solid	1	默认值,实线
Dash	2	虚线
Dot	3	点线
Dash - Dot	4	点化线
Dash - Dot - Dot	5	双点化线
Inside Solid	6	内实线

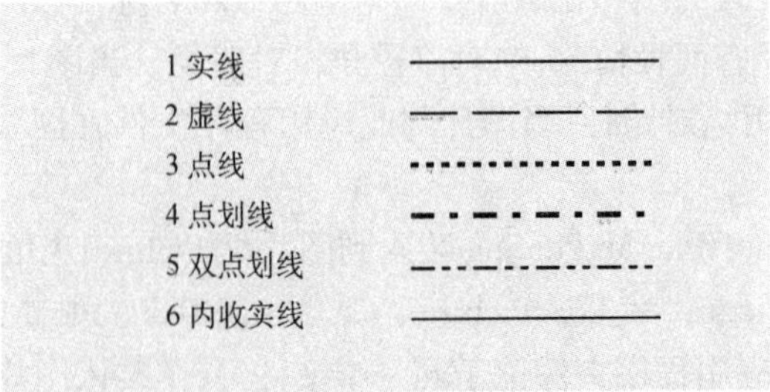

1 实线
2 虚线
3 点线
4 点划线
5 双点划线
6 内收实线

图 2.15 BorderStyle 属性取值示例

(2) BorderWidth 属性

该属性用来指定直线的宽度,默认时以像素为单位。

(3) x1、x2、y1、y2 位置属性

该属性用来设置直线的起点和终点。程序运行阶段可以使用 x1、x2、y1、y2 属性的值来调整 Line 控件的位置和尺寸。

9. 形状控件 Shape

形状控件用来在窗体或图片框中绘制图形。它可以绘制出矩形、正方形、椭圆、圆形、圆角矩形、圆角正方形等基本图形,并可以通过设置形状控件的属性来改变形状的颜色与填充图案等。Shape 控件的主要属性如下。

(1) Shape 属性

该属性用来确定所画形状的几何特性,见表 2.6。Shape 属性取值及对应的形状如图 2.16 所示。

表 2.6 Shape 属性

常 数	值	说 明
VBShapeRectangle	0	默认值,矩形
VBShapeSquare	1	正方形
VBShapeOval	2	椭圆形
VBShapeCircle	3	圆形
VBShapeRoundedRectangle	4	圆角矩形
VBShapeRoundedSquare	5	圆角正方形

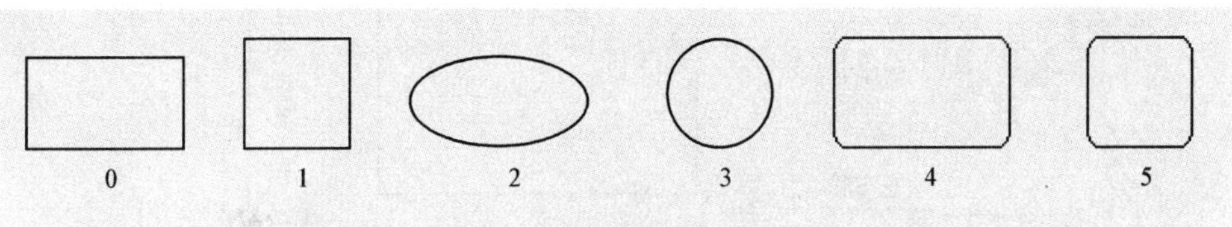

图 2.16 Shape 属性取值示例

(2) FillStyle 属性

该属性提供了若干预定义的形状控件内部的填充样式,FillStyle 属性有八种取值,见表 2.7 所示。具体填充图案如图 2.17 所示。

表 2.7 FillStyle 属性

常 数	值	说 明
VBFSSolid	0	实线
VBFSTransparent	1	缺省值,透明
VBHorizontalLine	2	水平直线

续表

常　数	值	说　明
VBVerticalLine	3	垂直直线
VBUpwardDiagonal	4	上斜对角线
VBDownwardDiagonal	5	下斜对角线
VBCross	6	十字线
VBDiagonalCross	7	交叉对角线

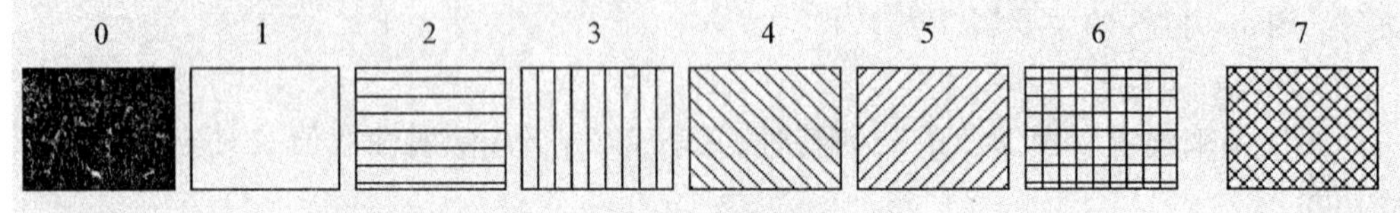

图 2.17　FillStyle 属性取值示例

(3) BorderStyle 属性

该属性用于设置几何图形的边框类型,具体设置与 Line 控件相同。

【例 2.8】　编写程序,通过窗体上的命令按钮和列表框选项,在窗体上绘制相应图形并且设置填充样式和边框样式。

(1) 向窗体上添加控件,如图 2.18 所示。控件的属性设置见表 2.8。

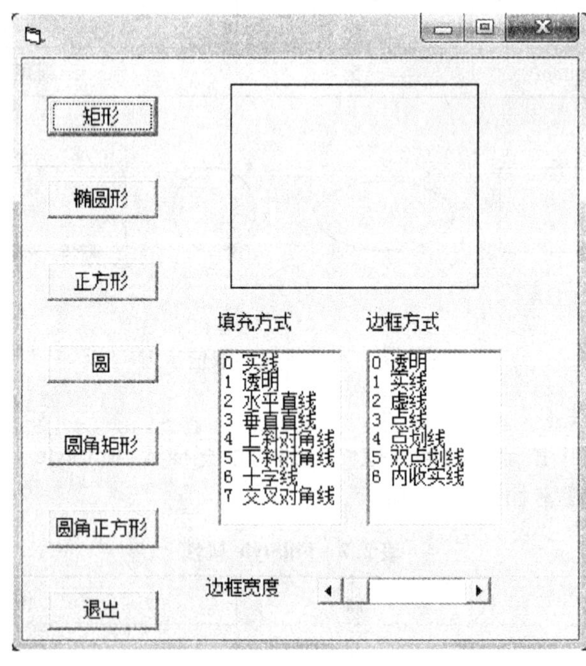

图 2.18　Shape 示例

表 2.8　控件的属性设置

控　件		属　性	设置值
Command1 控件数组	Command1(0)	Caption	矩形
	Command1(1)	Caption	正方形
	Command1(2)	Caption	椭圆形
	Command1(3)	Caption	圆
	Command1(4)	Caption	圆角矩形
	Command1(5)	Caption	圆角正方形
	Command1(6)	Caption	退出
Shape1		Name	Shape1
Listbox1		Name	fills
Listbox2		Name	borders
Label1		Caption	填充方式
Label2		Caption	边框方式
Label3		Caption	边框宽度

(2) 编写代码：

```
Private Sub Command1_Click(Index As Integer)
    Select Case Index
        Case 0      '绘制矩形
        Shape1.Shape = 0
        Case 1      '绘制正方形
        Shape1.Shape = 1
        Case 2      '绘制椭圆
        Shape1.Shape = 2
        Case 3      '绘制圆
        Shape1.Shape = 3
        Case 4      '绘制圆角矩形
        Shape1.Shape = 4
        Case 5      '绘制圆角正方形
        Shape1.Shape = 5
        Case 6      '退出
        End
    End Select
End Sub
Private Sub Borders_Click()
```

```
        If borders.ListIndex <> -1 Then
            Shape1.BorderStyle = borders.ListIndex          '设置边框样式
        End If
    End Sub
    Private Sub FillS_Click()
        If fills.ListIndex <> -1 Then
            Shape1.FillStyle = fills.ListIndex      '设置填充方式
        End If
    End Sub
    Private Sub HScroll1_Change()
        Shape1.BorderWidth = HScroll1.Value         '设置边框宽度
    End Sub
    '初始化列表框选项
    Private Sub Form_Load()
        With fills
            .AddItem "0 实线"
            .AddItem "1 透明"
            .AddItem "2 水平直线"
            .AddItem "3 垂直直线"
            .AddItem "4 上斜对角线"
            .AddItem "5 下斜对角线"
            .AddItem "6 十字线"
            .AddItem "7 交叉对角线"
        End With
        With borders
            .AddItem "0 透明"
            .AddItem "1 实线"
            .AddItem "2 虚线"
            .AddItem "3 点线"
            .AddItem "4 点划线"
            .AddItem "5 双点划线"
            .AddItem "6 内收实线"
        End With
    End Sub
```

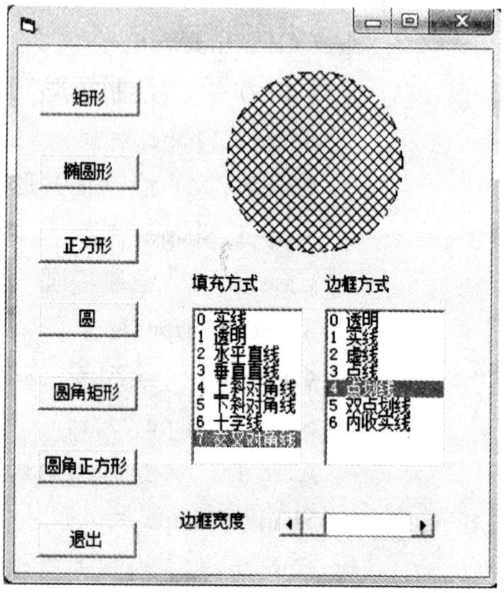

图 2.19 运行效果

运行效果如图 2.19 所示。

10. 时钟控件(Timer)

一个时钟控件能有规律地以一定的时间间隔激发计时器事件(Timer)而执行相应的程序代码。与其他控件不同,加入窗体的时钟控件,在程序运行时是不可见的。

时钟控件属性很少,最主要属性如下:

Inerval

事件间隔属性,单位为千分之一秒。

时钟控件没有方法,可响应的时间仅有 Timer。

11. 控件默认属性

VB 中把反映某个控件最重要的属性称为该控件属性的默认属性。所谓默认属性是程序运行时,不用指定控件的属性名就可以改变其值的属性。表 2.9 列出了一些控件的默认属性。

例如,有某文本框 Name 属性为 Text1,其默认属性为 Text,若要改变其 Text 的属性值为"Visual Basic",下面两个语句是等价的。

```
Text1. Text = "Visual Basic"
Text1 = "Visual Basic"
```

表 2.9 控件默认属性

控 件	属 性	控 件	属 性
文本框	Text	单选按钮	Value
标签	Caption	复选框	Value
命令按钮	Default	图形、图像框	Picture

2.2 菜单设计

菜单界面是 Windows 应用程序窗口的基本组成部分之一。菜单是一系列命令组成的列表,以特殊的窗口方式显示,其中的每个菜单项对应一条命令或一个子菜单。菜单的主要作用是为程序使用者提供一个方便操纵和控制程序功能的运行途径,使用户可以用交互的方式完成操作。菜单的作用类似于按钮,但它只有一个事件——Click 事件。

菜单按使用形式分为下拉式和弹出式两种。下拉式菜单位于窗口的顶部,弹出式菜单是独立于窗体菜单栏而显示在窗体内的浮动菜单。

2.2.1 菜单编辑器的使用

VB 提供了一个"菜单编辑器",专门用来制作各式各样的菜单。在设计状态下,单击"工具|菜单编辑器"命令,可得到如图 2.20 所示的菜单编辑器对话框。

菜单编辑器分为上、下两部分,上半部分用来设置属性;下半部分是菜单显示区,用来显示用户输入的菜单内容。

"标题"框:供输入标题,也会同时显示在菜单显示区。菜单项的访问热键用"& 字符"格式。

"名称"框:指菜单在程序中的名称,主要用于程序调用,名称最好用英文名。

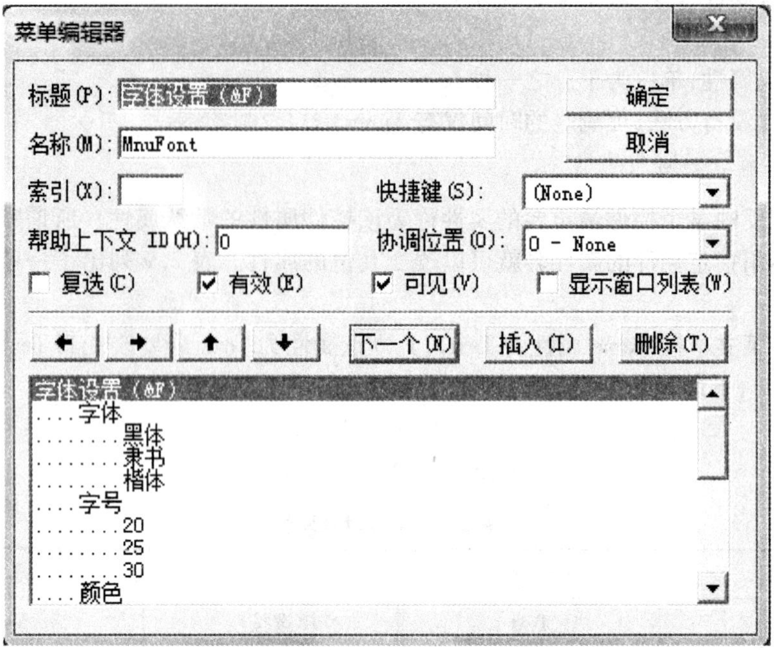

图 2.20　菜单设计

1. 创建菜单项

创建菜单项的步骤如下：

（1）在标题栏输入该菜单项的文本。

（2）在名称栏输入程序中要引用该菜单项的名称（类似于控件的 Name）。

（3）单击“下一个”按钮或者“插入”按钮，建立下一个菜单项。

（4）单击“确定”按钮，关闭菜单编辑器。

菜单项的属性设置与控件的属性设置类似。“复选（Checked）”框可使菜单项左边加上标记“√”；“有效（Enabled）”检查框用于控制菜单项是否可被选择；“可见（Visible）”检查框决定菜单项是否可见。

菜单操作按钮中的上下箭头按钮可调整菜单项的排列位置，左右箭头按钮可调整菜单项的层次。在菜单列表框中，下级菜单项标题前比上一级菜单项多“….”标志。

2. 分隔菜单项

在菜单中可以使用水平线将菜单项分为一些逻辑组。在菜单编辑器中建立菜单分割线的步骤与建立菜单项的步骤类似，唯一的区别就是在标题栏输入一个连字符“_”。

3. 热键与快捷键

如果需要通过键盘来访问菜单项，可以为菜单定义热键与快捷键。热键指使用 Alt 键和菜单项标题中的一个字符来打开菜单。建立热键的方法是在菜单标题的某个字符前加上一个“&”符号，在菜单中这一字符会自动加上下划线，表示该字符是一个热键字符。

快捷键与热键类似，只是它不是打开菜单，而是直接执行相应菜单项的操作。要为菜单项指定快捷键，只要打开快捷键（Shortcut）下拉式列表框并选择一个键，则菜单项标题的右边会显示快捷键名称。

2.2.2　弹出式菜单

一般来说,菜单都在窗口的顶部,但用户如果不希望菜单出现在窗口的顶部,只需将菜单名的 Visible 属性设置为 False,即在菜单编辑器内不选中可见复选框。然后应用 PopupMenu 方法来显示弹出菜单。PopupMenu 方法的语法格式为:

[对象名.] PopupMenu 菜单名[, 标志, x, y]

其中,菜单名是必需的,其他参数可选。x、y 参数指定弹出菜单显示的位置。标志参数用于进一步定义弹出菜单的位置和性能,可以采用表 2.10 中的数值。

表 2.10　弹出菜单的位置和性能取值

分　类	常　数	值	说　明
位置	vbPopupMenuLeftAlign	0	X 位置确定弹出菜单的左边界(默认值)
	vbPopupMenuCenterAlign	4	弹出菜单以 x 为中心
	vbPopupMenuRightAlign	8	X 位置确定弹出菜单的右边界
性能	vbPopupMenuLeftButton	9	只能用鼠标左键触发弹出菜单(默认值)
	vbPopupMenuRightButton	2	能用鼠标左键和右键触发弹出菜单

可以选用位置值和性能值,将其用“或”运算符结合。结合 MouseDown 或 MouseUp 事件过程使用 PopupMenu 方法。

2.3　多窗体界面设计

一般简单的应用程序大多只使用一个窗体界面,称为单窗体程序。但一个大型工程,对应不同的操作,往往需要多个不同的窗体。具有多个窗体界面的程序,每个窗体都可以有自己的界面元素和相应的程序代码,可以完成不同的操作。

2.3.1　多重窗体

多重窗体是指在一个工程中同时存放有多个并列的普通窗体,每个普通窗体都有自己的设计界面和相对应的程序代码,它们各自执行着自己的功能。

1. 添加窗体

用户可以通过菜单栏中的“工程|添加窗体”命令或工具栏上的“添加窗体”按钮来打开“添加窗体”对话框,然后选择“新建”选项卡新建一个窗体,或者选择“现存”选项卡把一个已有的窗体添加到当前工程。

需要注意的是,添加已有的窗体到当前工程时:

- 加载的窗体不能和工程中已存在的窗体同名。
- 如果在该工程内添加进来的现存窗体已在多个工程中共享存在,则当改变加载的窗体时会影响到所有共享窗体的所有工程。

2. 设置启动对象

当一个工程中有多个窗体时,程序运行时首先执行的对象称为启动对象,默认情况下第一个创建的窗体被指定为启动对象,即启动窗体。在 VB 中启动对象既可以是窗体,也可以是 Main 子过程。

用户设置启动对象时可以通过菜单栏中的“工程|工程属性”命令,打开“工程属性”对话框,在“通用”选项卡,“启动对象”下拉列表框中(如图 2.21 所示),选择指定的对象作为启动对象。

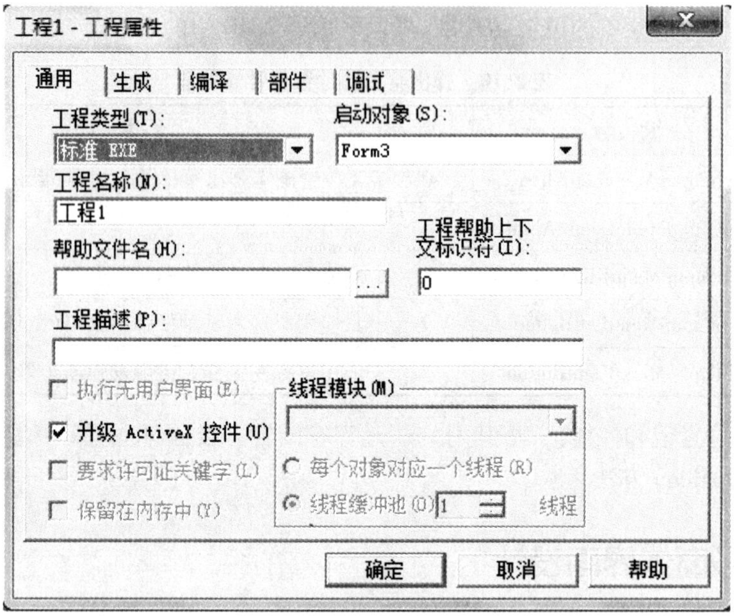

图 2.21 工程属性

若在列表框中选择了“Sub Main”,表示设置的启动对象是 Main 子过程,这时程序启动时不加载任何窗体,以后由该过程根据不同情况决定是否加载和加载哪一个窗体。注意:Main 子过程必须放在标准模块中,绝对不能放在窗体模块中。

【例2.9】 多重窗体的程序示例。如图 2.22 所示,三个窗体 Form1、Form2 和 Form3,分别作为主窗体、输入体温窗体和计算结果显示窗体。

窗体 Form1 程序代码如下:

```
Private Sub Command1_Click()
    Me. Hide
    Form2. Show
End Sub
Private Sub Command2_Click()
    Me. Hide
    Form3. Show
    Form3. Text1 =(Val(Form2. Text1) + Val(Form2. Text2) +Val(Form2. Text3) +_
    Val(Form2. Text4)) / 4
```

```
End Sub
Private Sub Command3_Click()
    Unload Form1: Unload Form2: Unload Form3
    End
End Sub
```

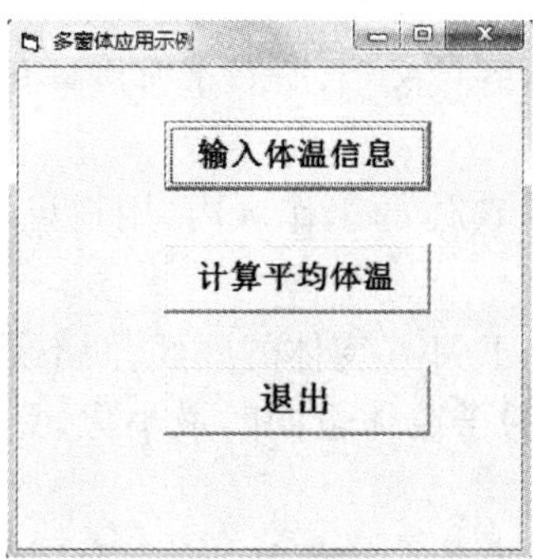

（a）主窗体

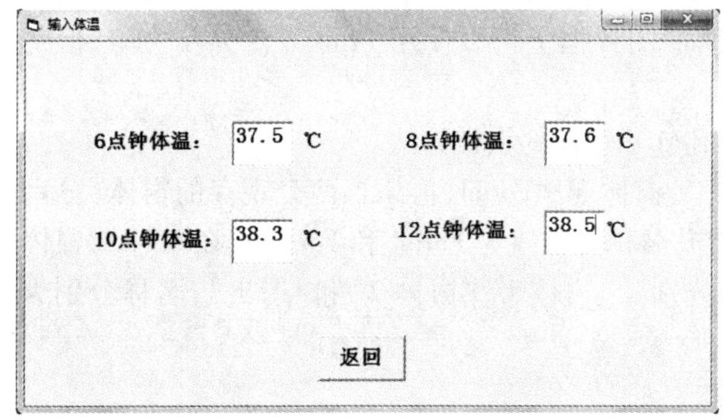

（b）输入体温窗体

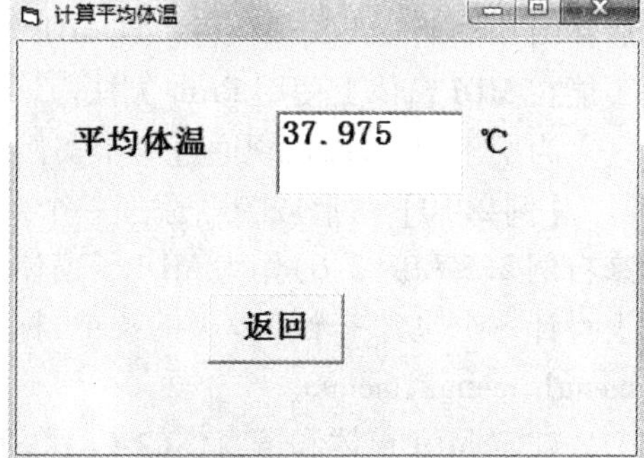

（c）计算平均体温窗体

图 2.22　多窗体示例

窗体 Form2 程序代码如下：

```
Private Sub Command1_Click()
    Me.Hide
    Form1.Show
End Sub
```

窗体 Form3 程序代码如下：

```
Private Sub Command1_Click()
    Unload Me
    Form1.Show
End Sub
```

2.3.2 多文档界面*

在 Windows 中,文档分为单文档(SDI)和多文档(MDI)两种,如“记事本”就是一个典型的单文档程序,它的特点是同时只能打开一个文件,当新建一个文件时,当前文件自动被替换。而 Office 套装软件,如 Word、Excel 等,是多文档界面,允许用户同时打开多个文件。

多文档界面由一个父窗口和多个子窗口组成,父窗口又被称为 MDI 窗体,是子窗口的容器。子窗口或称文档窗口显示各自文档,所有子窗口具有相同功能。

多文档界面具有如下特性:

- 所有子窗体都显示在 MDI 窗体的工作区内,用户可以收变、移动子窗体的大小但被限制在 MDI 窗体中。
- 子窗体最小化后的图标位于 MDI 窗体的底部,而不是在任务栏上。
- MDI 窗体最小化时,所有的子窗体也同时最小化,只有 MDI 窗体的图标出现在任务栏上。
- MDI 窗体和子窗体都可以有各自的菜单,当子窗体加载时覆盖 MDI 窗体的菜单。

MDI 窗体只能包含 Menu 和 PictureBox 控件、具有 Align 属性的自定义控件,或者具有不可见界面(如 Timer)的控件。为把其他控件放入 MDI 窗体,可在窗体上放入一个图片框,然后在图片框上放入其他控件。在 MDI 窗体的图片框上可以使用 Print 方法显示文本,但是不能在 MDI 窗体上使用 Print 方法。

为便于用户理解,现通过一个实例介绍 MDI 窗体的设计方法。

【例 2.10】 新建工程,添加一个 MDI 父窗体 MDIForml,再添加两个现存的窗体(分别来自例 2.5 和例 2.6)作为 MDI 子窗体,将其名称分别改为 Forml 和 Form2。在 MDI 父窗体上设计一个包含三个菜单项的菜单,标题分别为“窗体 1”“窗体 2”和“退出”,名称分别为 menu1、menu2、menu3。

建定 MDI 窗体和子窗体的步骤如下:

(1) 建立 MDI 窗体。启动 VB,执行“工程”菜单中的“添加 MDI 窗体”命令,即可建立名为 MDIForm1 的窗体,此时工程管理器窗体有了 Forml 和 MDIForm1 两个窗体。

(2) 建立子窗体。对工程窗口的 Forml 和 Form2,分别设置其 MDIChild 属性为 True,使之成为 MDIForm1 的子窗体。此时工程管理器窗口的工程 1 有了 3 个窗体,如图 2.23 所示。

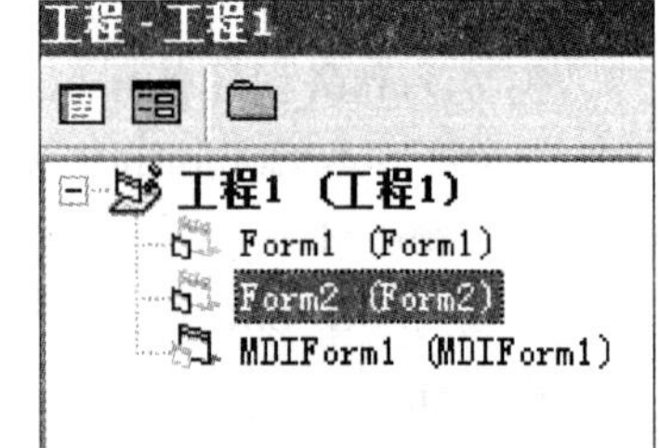

图 2.23 添加窗体

(3) 建立菜单。双击工程窗口的 MDIForm1,使之成为当前窗口,执行“工具”菜单的“菜单编辑器”,按要求设计如图 2.24 菜单栏所示菜单。

(4) 编写程序代码。在 MDIForml 窗体上设计如下事件过程:

```
Private Sub menu1_Click()
    Form1.Show
End Sub
Private Sub menu2_Click()
```

```
        Form2.Show
    End Sub
    Private Sub menu3_Click()
        End
    End Sub
```

程序运行界面如图 2.24 所示。

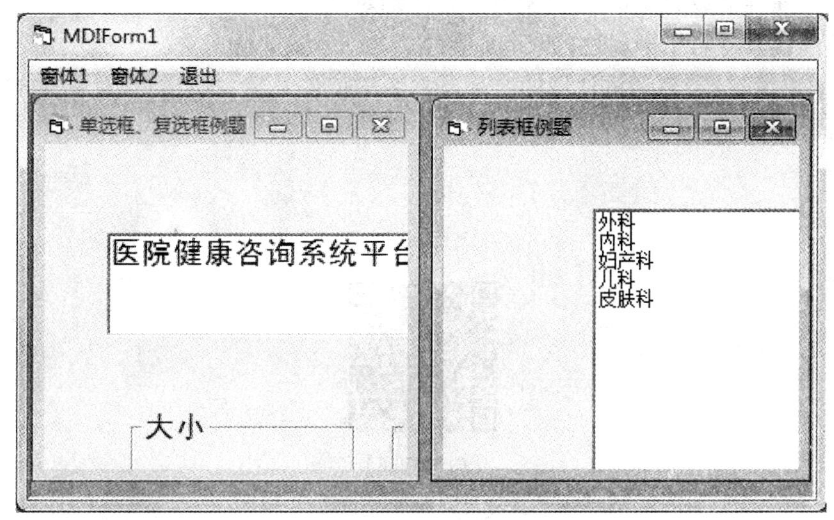

图 2.24　MDI 窗体示例

习　题

1. 创建应用程序的界面时,在窗体上设置了一个命令按钮,运行程序后,命令按钮没有出现在窗体上,可能的原因是 ________ 。
   A. 该命令按钮的 Value 属性被设置为 False
   B. 该命令按钮的 Enabled 属性被设置为 False
   C. 该命令按钮的 Visible 属性被设置为 False
   D. 该命令按钮的 Default 属性被设置为 True
2. 若需要在同一窗口内安排两组相互独立的单选按钮(OptionButton),可使用________对象将它们分隔开。
3. 以下所列的控件中,具有 Caption 属性的有哪些?
   CheckBox(复选框)、ComboBox(组合框)、Frame(框架)、Label(标签)、TextBox(文本框)、Commandbutton(按钮)、Timer(时钟)
4. 若窗体有列表框 List1,则 List1.List(List1.ListIndex)的值等于 List1 的________属性值。
5. 如果窗体上有命令按钮"确定",在代码编辑窗口有与之相对应的 OK_Click()事件过程,则命令按钮控件的名称属性和 Caption 属性分别为________。
   A. "OK"和"确定"　　　　B. "确定"和"OK"
   C. "Command1"和"确定"　　　　D. "Command1"和"OK"

6. 以下所列项目不属于窗体事件的是________。

A. Initialize　　B. SetFocus

C. GotFocus　　D. LostFocus

7. 以下有关对象属性的说法错误的是________。

A. 对象的 Name(名称)属性值在程序代码中,作为对象的标识名

B. 只能在运行时设置或改变的属性不会出现在属性窗口中

C. Visible 属性值设为 True 的对象肯定是活动对象

D. 某些属性具有若干子属性,如 Font 属性

8. VB 的“菜单编辑器”对话框使用的全部是常用的控件对象,试自行设计一个类似于它的窗口界面。

【微信扫码】
参考答案 & 相关资源

第 3 章

Visual Basic 程序设计基础

本章要点

- Visual Basic 系统中的数据类型。
- 常量、变量的声明。
- 常用的系统内部函数。
- 运算符和表达式。
- 利用 Print 方法实现数据输出。
- 与 Print 方法有关的函数、方法及格式输出。
- 利用 InputBox 函数实现数据输入。
- MsgBox 函数的应用。

工作场景导入

【工作场景】

当人体收缩压小于 90 mmHg 或者大于 140 mmHg 时(最大值为 200mmHg),显示“输出舒张压数值不在正常范围”。当舒张压大于 60 mmHg 或者大于 90 mmHg 时(最大值为 130 mmHg),显示“输出舒张压数值不在正常范围”。

统计三天收缩压和舒张压的平均值:使用 InputBox 对话框输入收缩压值和舒张压值,自动得出风险提示。一个人连续 3 天测量自己的血压值,设计系统统计三天收缩压和舒张压的平均值。

风险提示判断依据:正常成年人的平均血压范围是收缩压在 90 ~ 140 mmHg,舒张压在 60 ~ 90 mmHg,高于这个范围内就是高血压,相反低于此范围就是低血压。

设计如图 3.1 所示界面。当点击“输入数据”按钮时,系统自动转入如图 3.2 所示的第二个界面,求收缩压和舒张压平均值并显示风险提示内容。

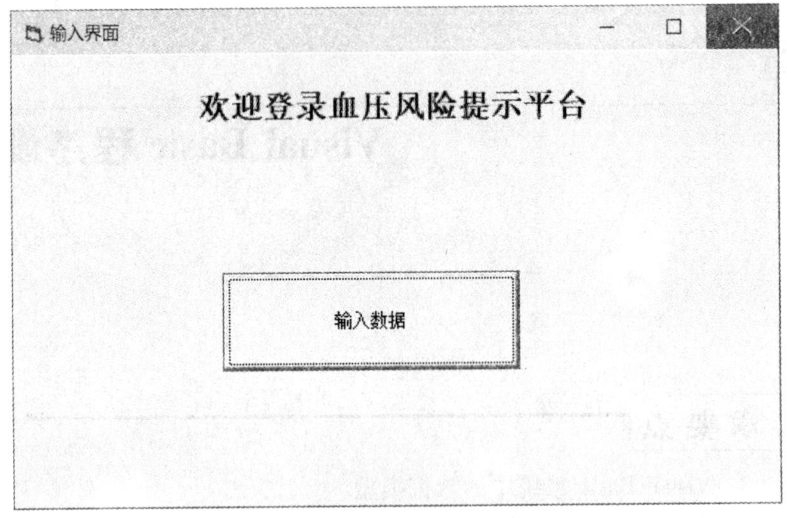

图 3.1 “输入数据”按钮界面

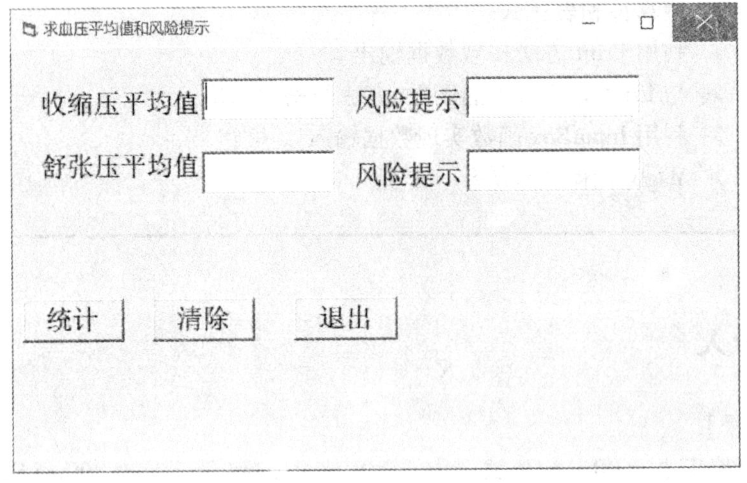

图 3.2 求收缩压和舒张压平均值和风险提示界面

运行界面说明：

(1) 文本框 1 和文本框 2 分别显示收缩压和舒张压的平均值，文本框 3 和文本框 4 分别显示风险提示的内容。

(2) 单击“统计”按钮后，显示 InputBox 对话框，如图 3.3 和图 3.4 所示，直到血压数据值输完为止。

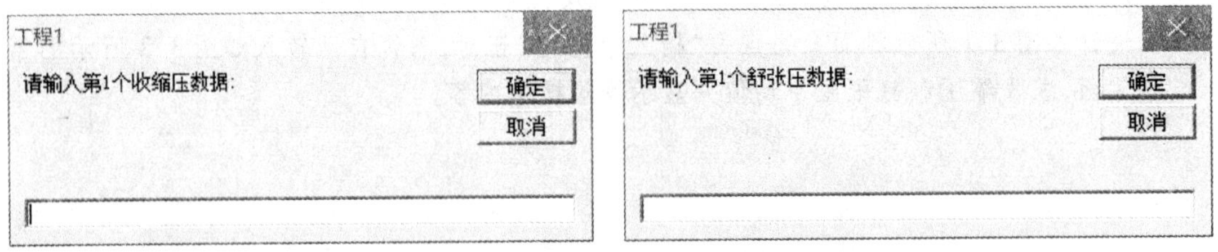

图 3.3 输入收缩压对话框

图 3.4 输入舒张压对话框

3. 当输出的值不是正常范围内时,MsgBox 显示"输出舒张压数值不在正常范围",如图3.5所示。

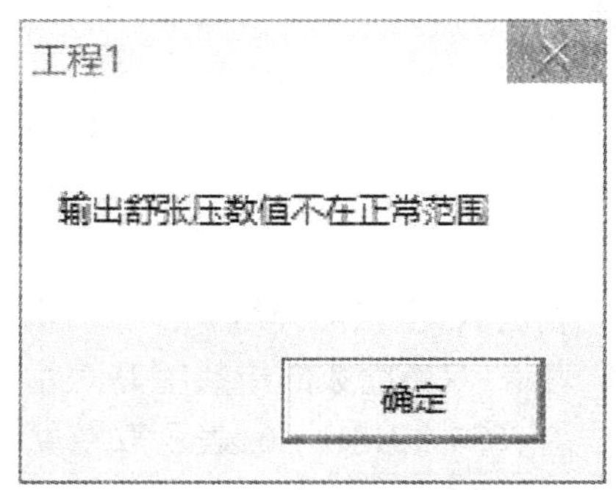

图3.5 输出舒张压数值不在正常范围界面

【引导问题】

(1) 如何通过设置属性值来建立如图3.1所示的界面?

(2) 如何在程序设计中显示 InputBox 对话框,直到血压数值输完为止?

(3) 如何在程序设计中求取收缩压和舒张压的平均值,怎样写判断表达式?

(4) 如何利用程序统计收缩压和舒张压并显示风险提示?

3.1 数据类型

数据是程序的重要组成部分,没有数据就失去了需要处理的对象。在程序设计语言,特别是在高级语言中,数据往往是通过"数据类型"体现的。在不同的应用程序中,可能使用到不同的数据类型,不同的数据类型体现了数据结构的不同特点。Visual Basic 为用户提供了多种数据类型,并允许用户定义自己所需的类型。

3.1.1 基本数据类型

基本数据类型(简单数据类型或标准数据类型)有字符串、数值型、字节、货币、对象、日期、布尔和变体数据类型。

1. 字符串型

字符串(String)也称字符串型数据。标准 ASCII 字符和扩展 ASCII 字符组成了字符串。字符型数据必须用双引号括起来,且双引号必须为英文状态下半角的双引号。例如:

"急救!"

"You are a bad boy."

定长字符串:长度确定,其长度不能超过 2^{16} 个字符,即65536;

变长字符串:长度不确定,其长度可从0到约21亿个字符(即 $0\sim2^{31}$)。

2. 数值型

数值型数据有两大类:整型数和浮点型数。

（1）整型数

整型数包括整数和长整数。整数和长整数不带小数点和指数符号。

整数(Integer)：整数以两个字节(16 位)的二进制码表示和参与运算，其取值范围为 -32768 ~ +32767。

长整型(Long)：长整型以四个字节(32 位)的二进制码表示和参与运算，其取值范围为 -2147483648 ~ +2147483647。

（2）浮点型数

浮点数包括单精度数和双精度数，由三部分组成：符号、指数及尾数。在用科学计数法表示时，单精度数的指数用 E 表示，双精度数的指数用 D 表示。例如：456.79E+8，表示单精度数 456.79 乘以 10 的 8 次幂；520.1314D+6，表示双精度数 520.1314 乘以 10 的 6 次幂。其中 456.79 或 520.1314 是尾数部分，而 E+8、D+6 则是指数部分。

单精度数和双精度数的区别如下：

① 单精度数(Single)：1 个单精度数为 4 个字节，有效数字精确到 7 位十进制数。其负数取值范围为 -3.402823E+38 ~ -1.401298E-45；正数取值范围为1.401298E-45 ~ 3.402823E+38。

② 双精度数(Double)：1 个双精度数为 8 个字节，有效数字精确到 15 位或 16 位十进制数。其负数的取值范围是：-1.79769313486232E308 ~ -4.94065645841247E-324；正数的取值范围是：4.94065645841247E-324 ~ 1.79769313486232E+308。

3. 货币型

货币型数据是专门用来表示货币数量的数据类型，其特点是小数点后的有效数位是固定的 4 位。计算结果舍去小数点后 4 位以下的数字。货币型数据占用的内存为 8 个字节，其取值范围是 -922337203685477.5808 ~ 922337203685477.5807。

注意：货币型数据与浮点型数据都是带小数点的数，但两者之间的区别是：货币型数据的小数点是固定的，而浮点型数据中的小数点是“浮动”的。有时又称货币型数据为“固定数据类型”。

4. 字节型

字节存储形式为以 1 个字节的无符号二进制数，取值范围为 0 ~ 255。

5. 对象型

对象型数据表示图形、OLE 对象或其他对象，为 4 个字节。

6. 布尔型

布尔型数据(逻辑型数据)占用 2 个字节，取值仅有 True(真)、False(假)。

7. 日期型

日期型数据可表示的信息为由年、月、日组成的日期信息或由时、分、秒组成的时间信息。占用的内存为 8 个字节。书写格式为：aa/bb/cccc 或 aa - bb - cccc，或是可以辨认的文本日期。取值范围为 1/1/100 到 12/31/9999，即日期范围是从公元 100 年 1 月 1 日到 9999 年 12 月 31 日。

日期数据必须用#号将数据括起来。例如:#12/10/2018#、#13:11:34#

表3.1归纳了 Visual Basic 数据类型。

表3.1 Visual Basic 基本数据类型

类型名称	存储空间(字节)	取值范围
Integer(整型)	2	-32768 ~ +32767,小数部分四舍五入
Long(长整型)	4	-2147483648 ~ +2147483647,小数部分四舍五入
Single(单精度浮点数)	4	负数:-3.402823E+38 ~ -1.401298E-45 正数:1.401298E-45 ~ 3.402823E+38
Double(双精度浮点数)	8	负数:-1.79769313486232E308 ~ -4.94065645841247E-324 正数:4.94065645841247E-324 ~ 1.79769313486232E308
Currency(货币型)	8	-922337203685477.5808 ~ 922337203685477.5807
Byte(字节型)	1	0 ~ 255
String(变长)	字符串长度	0 ~ 约20亿
String(定长)	字符串长度	1 ~ 65536字节(64KB)
Boolean(布尔型)	2	True 或 False
Date(日期型)	8	100年1月1日 ~ 9999年12月31日
Object(对象型)	4	任何对象的引用
Variant(数值)	16	任何数值,最大可达 Double 的范围
Variant(字符)	字符串长度	与变长型字符串有相同的范围

3.1.2 用户定义的数据类型

用户自定义的数据类型可用 Type 语句,定义格式如下:

```
Type <数据类型名>
        成员名1 As 类型名
        成员名2 As 类型名
    …
        成员名n As 类型名
End Type
```

关键字 Type 用于定义类型,Type...End Type 需要成对出现,“数据类型名”要定义的数据类型的名字,“数据类型名”和“成员名”命名规则与变量的命名规则相同,且“成员名”不能是数组名。常用的基本数据类型是“类型名”,例如:

```
Type patient
    Num As Long
    Name As String * 10
    Sex As String * 5
End Type
```

上例中的 patient 定义了三个成员及其类型，在使用自定义数据类型时，需要声明自定义类型的变量。

```
Private Sub Command1_Click()
    Dim intavs As Integer
    Dim first As patient              '声明自定义变量
    first. Num = 125                  '给变量的每个成员赋值
    first. Name = "陈雅"
    first. Sex = "男"
  End Sub
```

存取一个自定义类型变量中的成员的值可用"自定义类型变量名. 成员名"的形式。

3.1.3 枚举类型

枚举类型只有若干种且数值之间关系相对固定。校举类型一一列举出变量的值，且只限于列举出来的值。例如：一年有 12 个月，一周有 7 天。枚举类型数据语句开头是 Enum，定义如下：

```
[Public |Private]  Enum  <类型名称>
            成员名 1[ =常数表达式]
            成员名 2[ =常数表达式]
...
            成员名 n[ =常数表达式]
End Enum
```

下例是定义一个名为 Year 的枚举类型：

```
Public Enum Year
    January
    February
    March
    April
    May
    June
    July
    August
    September
    October
    November
    December
End Enum
```

上例定义了一个枚举类型 Year，其包括 12 个成员，"常数表达式"都被省略，因此常数 January 的值为 0，常数 February 的值为 1……。

下例代码使用了定义的枚举类型：

```
Private Sub Form_Click()
Dim Myyear As Year                                ' 定义Myyear为枚举变量
    For  Myyear =January  To  December
        Print Myyear;
    Next Myyear
End Sub
```

上述代码打印的结果为0、1、2、3……。

3.2 常量和变量

不同类型的数据既可以以常量形式出现,也可以以变量形式出现。常量在程序执行过程中值是不变的,相反变量的值是可变的。

3.2.1 常量

常量指在程序运行过程中其值保持不变的数据,包含直接常量和符号常量。

1. 直接常量

直接常量包含数值常量、字符串常量、日期常量和布尔常量。

(1) 数值常量

① 整型数三种形式:十进制、十六进制和八进制整数。

十进制整型数:是由一个或几个十进制数字(0~9)组成的,可以带有正号或负号,它的取值范围为-32768~32767,例如523、-879、+736等。

十六进制整型数:是由一个或几个十六进制数字(0~9)及A~F或a~f组成的。在数的前面冠以&H(或&h),它的取值(绝对值)范围为&H0~&HFFFF。如&H465、&H79F等。

八进制整数:是由一个或几个八进制数字(0~7)组成的。在数的前面冠以&(或&0),其取值范围为&00~&0177777。如&0136、&0452等。

② 长整型数:也包含上述的十进制、十六进制和八进制整数三种。

十进制长整型数:取值范围是-2147483648~ +2147483647。

十六进制长整型数:由十六进制数字组成的。用&H(或&h)开头,用&结尾。取值范围是&H0&~&HFFFFFFFF&。

八进制长整型数:由八进制数字组成的。用&(或&0)开头,用&结尾。取值范围是&0&~&37777777777。

③ 货币型常量:定点数,小数点保留4位,多余自动截断。

④ 浮点数:单精度用E表示指数、双精度用D表示指数。

浮点数包括三部分:尾数、指数符号和指数,其中尾数可以含有小数点。

(2) 字符串常量

字符串常量由任何ASCII字符组成的,但不包含双引号和回车符。当表示字符串常量时,必须使用双引号括起来。其长度范围不可以超过65535个字符(定长字符串)或2^{31}(约21亿)个字符(变长字符串)。在常数的后面加上类型说明符。数值常量的类型说明符(在数值的后面加上相应的符号)如下:

% 整型。

& 长整型。

! 单精度。

双精度。

@ 货币型。

$ 字符串。

如78.66#为双精度型,但78.66@为货币型。

(3) 日期常量

日期常量用一对#号括起来的字符串。如#11/17/2015#。

(4) 布尔常量

布尔常量(逻辑常量),仅有True(真)和False(假)。

2. 符号常量

符号常量包含系统常量和用户自定义常量。

(1) 系统常量是系统内部定义和使用的常量。例如,MsgBox()函数中,按钮组合中的常量,通常用VB开头,如VBOkOnly等。

(2) 用户自定义常量

用Const语句给常量分配名字、值和类型等。格式为:

[Public |Private] Const <常量名> [As <数据类型>] = 表达式...

在Const前面的关键字表示常量是全局的或是私有的,在缺省情况下常数是私有的;常量名的命名规则与变量名的命名规则一样;表达式是数值常量、字符常量及运算符组成的。

3.2.2 变量

变量也可以是一个有名称的内存位置。变量包含变量名、类型和存储类别等。每个变量唯一对应一个变量名,可以通过名字来引用一个变量。

1. 变量的命名规则

变量是一个名字,当给变量命名时应该遵循下面几个规则。

(1) 由字母开头,用字母、数字、下划线组成。

(2) 中间不能有空格,最后一个字符可以为类型说明符。

(3) 长度不可以超过255个字符。

(4) 不能用系统保留字或类型说明符。

(5) 不区分字母大小写,就是ABC与abc同名,视作同一个变量名。

注意:VB虽然不允许把保留字用作变量名,但是可以将保留字嵌在变量名中。

2. 变量的类型与定义

变量包含基本的数据类型和用户定义的数据类型,需要指定它的类型,定义变量格式:

Declare 变量名 As 类型

Declare可以是Dim、Static、Private、Public,As是关键字,"类型"可以为基本的数据类型或用户定义的数据类型。

（1）用 Dim 声明普通局部变量，在声明过程中不能够跨越过程使用，并且在过程真正执行时才可以分配给它内存空间，该过程执行完毕时，释放空间，变量值不保存。在这种情况下，声名的变量在标准模块、窗体模块定义变量或数组中等。例如：

```
Dim t1 As Integer            '把 t1 定义为整型变量
Dim t2 As Double             '把 t2 定义为双精度变量
Dim r1 As String             '把 r1 定义为变长字符串变量
Dim r2 As String * 10        '把 r2 定义为定长字符串变量，长度是 10 个字节
```

也可以在一个 Dim 定义多个变量，例如：

```
Dim s1 As String, t As Double        '定义 s1 为字符串变量，t 为双精度变量
Dim t3, t4 As Integer                '定义 t3 为变体类型，t4 为整型变量
```

（2）Static 声明静态局部变量，仅能在声明它的过程中使用。静态变量是指在过程运行结束后，其值继续保留的变量。其特点是只要在程序运行期间均有效，而且过程执行结束后，这个变量的值依然有效，该变量所占空间没有被释放。静态变量主要作用：需要把它作为累计情况，或每次的数值需要保留的情况。如下面的过程：

```
Sub test()
    Static num As Integer            '声明静态局部变量
    num = num + 2
End Sub
```

每调用一次上面的过程时，num 这个变量就会加 2。

（3）Private 用于在窗体模块或过程中声明的局部变量是私有变量，不能够跨模块使用。

（4）Public 用于声明全局变量，在某个模块的声明部分进行预先声明，适用于该模块和其他模块内的全部过程，在整个程序内都有效，也可用于在标准模块中定义的全局变量或数组。

3.2.3　变体类型变量

一个变量没有定义就直接使用，Visual Basic 就会把它看成变体类型的变量。变体类型的变量不是无类型的变量，而是类型可以自由转换的变量。变体类型的变量给用户带来了便利。定义变体变量必须用参数 Variant 完成，其方法为：

```
Dim Var1 As Variant
```

Dim Var1 就是没有说明具体类型的变量自动为变体变量。

变体变量的类型随着所赋值的改变而改变，并且能够自动转化成相对应的类型，它的类型可以是数值、字符串、日期、时间等。例如：

```
Dim Var1 As Variant
Var1 = "医生"                '字符串型，值为“医生”
Varl = 124                   '数值类型，值为 124
```

如果一个变量未加定义就被赋值，那么这个变量隐含类型就是变体数据类型，并且用最紧凑（最小存储空间）的方式保存该值，并且可以根据需要自动改变其数据类型。变体变量中包含下面几个特定值。

（1）空值（Empty）：当一个变量定义成变体变量时，首先预先赋一个“空值”，事实上表

示该变量并没有被赋值,据具体情况而定,可以解释成 0 或者空字符串。并且可以用测试函数 IsEmpty 来测试,如设 D 为变体变量,那么就可以用如下的语句:

```
If IsEmpty(D) Then D = 10          '若 D 为空,则将数值 10 赋给 D
```

(2) Null 值:通常用于数据库应用程序,指未知数据或者丢失的数据。可以用 IsNull 函数来判断一个变体变量的值是否为 Null。

(3) Error 值:指出已发生的过程中的错误状态。根据错误类型的不同,其错误级别和处理方式也会不同。

3.2.4 关于强制显式声明变量

强制声明的办法有两种。

(1) 用"工具"|"选项"菜单设置,在"选项"对话框里面的"编辑器"标签下设置。

(2) 用声明语句强制声明。它的语句为 Option Explicit。这个声明必须要放在程序代码窗口的通用声明部分。

在通过以上设置后,在使用变量时,要求必须声明变量,否则会被认为出错;相反,如果不要求声明,直接使用时就会按变体类型处理。

3.3 常用的内部函数

内部函数是程序设计语言预定义的函数,可以在应用程序中直接调用。

3.3.1 数学函数

数学函数包括三角函数、求平方根、绝对值及对数、指数等,表 3.2 是数学函数。

表 3.2 数学函数

函数名称	函数功能
Sin(x)	计算角度(弧度)的正弦值
Cos(x)	计算角度(弧度)的余弦值
Tan(x)	计算角度(弧度)的正切值
Act(x)	计算角度(弧度)的反正切值
Abs(x)	计算某数的绝对值
Exp(x)	计算 e 的指定次幂
Log(x)	得到某数的自然对数
Sgn(x)	返回数的符号值,即 1(正数)、-1(负数)、0(零)
Sqr(x)	得到某数的平方根

3.3.2 常用转化函数

转化函数用于数据类型或形式的转换,包括整型、浮点型、字符串之间以及数值与 ASCII 字符之间的转换,表 3.3 介绍常用的转换函数。

表 3.3　转换函数

函数名称	函数功能
Int(x)	将浮点数或货币型数转换成为不大于给定数的最大整数
Fix(x)	返回某数的整数部分,小数部分自动舍去
Asc(String)	将字符串转换成 ASCII 代码值
Chr(x)	将 ASCII 代码值转换成字符串
Cint(x)	将某数取整,小数部分四舍五入
Format(Number, Fmt)	将数值量转换为字符型量,将序数值转换为日期或时间
Str(Number)	将数值型量转换为字符型量
Val(String)	将字符型量转换为数值型量
CDbl(x)	将某数转换为双精度数
CLng(x)	将某数的小数部分四舍五入后转换为长整型数
Csng(x)	将某数转换为单精度数

3.3.3　常用字符串函数

字符串函数用于字符串处理,常用的字符串函数见表 3.4。

表 3.4　字符串函数

函数名称	函数功能
Ltrim(String)	删除字符串左边的空格符
Rtrim(String)	删除字符串右边的空格符
Trim(String)	删除字符串前导和尾随的空格
Left(String, n)	从字符串的左边取出一个字符串
Right(String, n)	从字符串的右边取出一个字符串
Mid(String, n[, m])	取出字符串中的一部分连续字符组成新的字符串
Len(String)	计算字符串的长度
Space(x)	产生一个指定数目空格字符组成的字符串
Lcase(String)	返回以小写字母组成的字符串
Ucase(String)	返回以大写字母组成的字符串

3.3.4　日期时间函数及随机函数

日期时间函数用于返回系统当前的日期和时间,常用的日期时间函数见表 3.5。

表 3.5 日期时间函数

函数名称	函数功能
Date	返回计算机系统当前的日期(月-日-年)
Day	返回月中第几天(1~31)
Hour	返回小时(0~23)
Month	返回月份(1~12)
Now	返回计算机系统的当前日期和时间
Time	返回计算机系统的当前时间(hh:mm:ss)
Timer	返回从午夜算起已过的秒数
Weekday	返回星期几(1~7)
Year	返回年份(yyyy)

随机函数 Rnd 返回一个小于 1 并且大于或等于 0 的 Singlc 类型的随机数。要生成一个随机数,在同一个“种子”下,生成的随机数相同。调用此函数的格式为:

```
Rnd[(x)]                  'x 是一个整型数,它是“种子”,可以将它省略
a + Rnd * (b - a + 1)     ' 生成[a,b]区间的随机数
```

3.4 运算符和表达式

运算是对数据处理、加工的具体方法和过程。最基本的运算形式经常可以使用一些简洁的符号来描述,这些符号被称为运算符或操作符。被运算的对象及数据被称为运算量或者操作数。表达式由运算符和运算量组成,描述了对哪些数据、以哪一种顺序进行怎样的操作,能够构成许多不同的表达式。

3.4.1 算术运算符及其表达式

Visual Basic 提供了九种算术运算符。

1. 指数运算(^)

指数运算符计算乘方和方根,如果指数部分是表达式,一定要用括号将它括起来。下面是指数运算符应用的几个例子。

```
2^2            '2 的 2 次方,结果为 4
10^-3          '10 的 3 次方的倒数,结果为 0.001
(10 + 6)^0.5   '16 的平方根,结果为 4
```

2. 除法(/)、整除(\)以及取模(Mod)

除法运算符(/):执行常规的除法运算,和常规除法是一样的。

整数除法运算符(\):执行的为整除,得出的运算结果仍然为整型数。

取模运算(Mod):运算出来的结果是两个数整除之后得到的余数。

举例说明这三种不同运算符的应用。

15/2 '结果是7.5

15\2 '结果是7

15 Mod 2 '结果是1

注意:整除以及取模运算的操作数一定是整数,假如操作数含有小数,将会首先四舍五入变成为整形数,然后才会进行整除以及取模运算。具体详见上面的例子

3. 字符串连接(&)

在 Visual Basic 中适用于字符串连接的运算符为 &,这个运算符能够连接两个或者三个乃至多个字符串。“+”既能够用作加法运算符,也能够把两个字符连接起来,而“&”专门用做字符串连接其格式为:

<字符串1> & <字符串2> [& <字符串3>]...

例如,假设 A =“教师”,B =“学生”,执行下列语句:

C = B & A '对字符串 A 和 B 进行连接,运算结果 C 的值变为“学生教师”

4. 算数运算符的优先级

幂运算(^)优先级最高,接着是取负(-)、乘(*)以及浮点除(/)、整除(\)、取模(Mod)、加(+)和减(-)、字符串连接(&)。其中,乘(*)以及浮点除(/)为同级运算符,加和减为同级运算符。如果一个表达式中有多种算术运算符,一定要严格按运算符的优先级执行,对于有括号的情况,一定要先算括号中的内容,然后再按上述规则进行相关运算。

归纳总结以上各运算符,并按优先级先后排列见表3.6。

表3.6 算术运算符

运 算	运算符	实例说明
幂运算	^	a^x 表示 a 的 x 次方
取负	-	-a 表示将 a 值取负
乘法	*	a * b 表示两数相乘
除法	/	a / b 表示 a 除以 b
整除	\	a \ b 表示 b 整除 a
取模	Mod	a Mod b 表示取除法的余数
加法	+	X + Y 表示 X 加 Y
减法	-	X - Y 表示 X 减 Y
连接	&	X & Y,连接后结果为 XY

3.4.2 关系运算符与逻辑运算符

1. 关系运算符

关系运算符(比较运算符)用来对两个表达式的值进行比较,结果是一个逻辑值,即 True(真)或 False(假)。Visual Basic 提供了八种关系运算符,见表3.7。

表 3.7 关系运算符和关系表达式

运　算	运算符	关系表达式示例
等于	=	x = y
大于	>	x > y
小于	<	x <y
大于等于	>=	x >= y
小于等于	<=	x <= y
不等于	< > 或 > <	x < >y
比较样式	Like	Like 2, 4, 6
比较对象变量	Is	Is > 100

Visual Basic 把任何非 0 值都认为是“真”，但是一般用 -1 来表示真，用 0 来表示假。在用关系运算符进行比较运算时，可以进行数值比较，也能够进行字符串的比较。关于关系表达式的问题进行重要说明。

(1) 对于两个数值的比较，当一个 Single 类型与一个 Double 类型作比较时，Double 类型的数值会对它进行舍入处理而与此 Single 类型的数值有相同的精确度。如果一个 Currency 类型与一个 Single 类型或 Double 类型进行比较，则 Single 类型或 Double 类型转换成一个 Currency 类型。例如：

```
Dim a As Single, b As Double
a = 10 / 3:   b = 10 / 3
Print a:   Print b:   Print a = b
```

运行后输出的结果为：

```
3.333333
3.33333333333333
True
```

(2) 判断 x 是否在区间[a,b]上时，在 Visual Basic 程序中可以将它表示为：

a < = x And x < = b

如果写成 a <= x <= b，则不能实现判断功能。

(3) 相同的一个程序以 EXE 文件形式运行和在 Visual Basic 环境下的解释执行可能会得到不一样的结果。出现这种现象的主要原因是：在 EXE 文件中可以产生更有效的代码，这些代码可能改变单精度数和双精度数的比较方式。

(4) 字符串数据按照它的 ASCII 码值进行比较。在对两个字符串进行比较时，首先比较两个字符串的第一个字符，其中 ASCII 码值较大的字符所在的字符串大。如果第一个字符相同，则比较第二个，依次类推。

2. 逻辑运算符

逻辑运算(布尔运算)连接两个或多个关系式，可以组成一个逻辑表达式。Visual Basic 有六种逻辑运算符，见表 3.8。

表 3.8 逻辑运算符

运 算	逻辑运算符	逻辑表达式说明
非	Not	2 >7 的值为 False,而 Not(2 >7)的值为 True
与	And	两个关系表达式的值均为 True,结果才为 True;否则为 False 例如:(2 <5) And (5 >8)的结果为 False
或	Or	两个关系表达式的值均为 False,结果才为 False;否则为 True 例如:(2 <5) Or (5 >8)的结果为 True
异或	Xor	两个关系表达式的值均为 False 或均为 True,结果才为 False;否则为 True 例如:(2 <5) Xor (5 >8)的结果为 True
等价	Eqv	如果两个表达式同时为 True 或同时为 False,则结果为 True 例如:(2 >5) Eqv (5 >8),结果为 True
蕴含	Imp	仅当第一个表达式为 True,且第二个表达式为 False 时,结果为 False。其他情况均为 True

在对数值进行逻辑运算时,操作数一定要在 -2147483648 ~ 2147483647 范围内,否则将会产生溢出错误。在对数值进行逻辑运算时,都要转换成 16 位(整数)和 32 位(长整数)二进制数参加运算。例如:

62 And 15

转换成 16 位二进制数进行运算,即:

```
    00000000 01111110
And 00000000 00000111
---------------------
    00000000 00000110
```

所以,62 And 15 的结果是 6。

3.4.3 运算符的优先级

一个表达式可能含有多种运算,各种运算符之间有优先级,计算机先进行优先级高的运算,各种运算符的运算优先级见表 3.9。算术运算符高于关系运算符,关系运算符优先级高于逻辑运算符。

表 3.9 各种运算符的优先级

算 术	关 系	逻 辑	优先级
指数运算(^)	相等(=)	Not	高 ↓ 低
负数(-)	不等(<>)	And	
乘法、除法(*、/)	小于(<)	Or	
整除(\)	大于(>)	Xor	
求模(Mod)	小于等于(<=)	Eqv	
加、减法(+、-)	大于等于(>=)	Imp	
字符串连接(&)	Like		
	Is		

如果当同一级的运算符出现在表达式中时,将按照它们从左到右出现的顺序进行计算。当计算的表达式中有括号时,一定要对括号中的运算先进行处理,然后再按其他规则运算。

在书写表达式的过程中,应该注意以下几点要求:

(1) 乘号(*)不能将其省略。

(2) 括号可以改变运算顺序,在表达式中只能使用圆括号,不能使用方括号或花括号。

(3) 指数运算符(^)表示自乘,如 A^B 表示 A 的 B 次方,即 B 个 A 连乘。

3.5 数据的输入与输出

数据输出的 Print 方法可以在窗体、图片框、立即窗口中及打印机上输出文本数据或表达式的值。

3.5.1 数据的输出

1. Print 方法

Print 方法的格式为:

[对象名称.] Print [表达式列表] [, |;]

"对象名称"包含窗体(Form)、图片框(PictureBox)、打印机(Printer)、立即窗口(Debug)。若省略对象名称,即默认在当前窗体上输出。

"表达式列表"是一个或多个表达式,可以是数值表达式或字符串。

如果是数值表达式,打印出表达式的值,而如果是字符串则打印原字符串。

要是省略表达式列表,就会输出一个空行。例如:

```
Form1. Print "patient"        '在窗体 1 界面上输出"patient"
Print "patient"               '与上式作用一样
Picture1. Print "patient"     '把字符串"patient"在图片框上显示
Print                         '输出一个空行
```

如果要同时输出多个表达式或字符串,各表达式之间需要用分隔符(逗号、分号或空格)隔开。若用逗号分隔输出的各表达式,则显示数据项按标准输出格式(分区输出格式)输出。在各输出项之间用逗号作为分隔符的情况下,一个输出行以 14 个字符位置为单位分为若干个区段,在下一个区段输出逗号后面的表达式。若用分号或空格在各输出项之间作为分隔符,那么紧凑输出格式的输出数据。在输出数值数据的时候,有一个符号位在数值的前面,有一个空格在它的后面,而空格不出现在字符串前后。

通常每执行一次 Print 方法会自动换行,即将在新的一行上显示后面执行 Print 时的信息。为了能显示在同一行上,在末尾处可以增加一个分号或逗号。在使用分号的情况下,在当前 Print 所输出的信息的后面将紧跟着下一个 Print 输出的内容;若使用逗号,则下一个 Print 所输出的信息将在同一行上跳到下一个显示区段显示。例如下面四句:

```
Print "5 + 4 =",          '在语句末尾加逗号
Print 5 + 4               '数值表达式 5 + 4,打印出表达式的值 9
Print "5 + 4 =";          '在语句末尾加分号
Print 5 + 4
```

输出结果为：

5 + 4 =   9

5 + 4 = 9

注意：在 Form_Load 事件过程中 Print 方法不起作用。在该事件中要显示数据，必须在该过程内加上 Form. Show 方法或把窗体的 AutoRedraw 属性设置为 True。

2. 与 Print 方法有关的函数

按指定的格式输出信息，Print 配合使用的函数包括 Tab、Spc、Space 和 Format。

(1) Tab 函数

该函数的应用格式为：

Tab(M)

参数 M 为数值表达式，是下一个输出位置的列号(值为整数)，表示在输出前把光标(或打印位置)移到该列。1 是最左边的列号，若当前的显示位置已经超过 M，则自动下移一行。参数 M 的取值范围没有被具体限制，在 M 比行宽大的时候，显示位置为"M Mod 行宽"；若 M<1，则把输出位置移到第一列。如果在一个 Print 方法中有多个 Tab 函数，那么每个 Tab 函数对应一个输出项，用分号隔开各输出项。例 3.1 介绍了 Tab 函数的应用。

【例 3.1】 设计程序，在图片框中输出表 3.10 的信息。

表 3.10 输出列表

姓 名	部 门	职 务
刘玲	护理部	护士
李刚	外科	医生

编写按钮的事件过程，使事件运行时，单击"生成信息"按钮，在图片框中有序地输出列表中的信息。

编写的单击事件过程程序如下：

```
Private Sub Command1_Click()
    Picture1. Print "姓名"; Tab(8); "部门"; Tab(16); "职务"        '输出第一行
    Picture1. Print "刘玲"; Tab(8); "护理部"; Tab(16); "护士"      '输出第二行
    Picture1. Print "李刚"; Tab(8); "外科"; Tab(16); "医生"        '输出第三行
End Sub
```

(2) Spc 函数

该函数的应用格式为：

Spc(m)

参数 m(整数)为一个数值表达式，取值范围是 0 ~ 32767，Spc 与输出项之间用分号隔开。使用这个函数可以使输出跳过 m 个列，若 m 大于输出行的宽度，则 Spc 输出的位置为：当前打印位置 + (m Mod 宽度)，应用 Spc 例子：

```
Print "doctor"; Spc(6); "patient"          '首先输出 doctor, 跳过 6 个格输出 patient
Print "doctor"; Spc(90); "patient"         '如果输出行宽度 80, 则先输出 doctor, 跳过
                                            10 个格输出 patient
```

注意:Spc 函数与 Tab 函数的作用类似,可互相代替。Tab 函数需要从对象的左端开始计数,而 Spc 函数只表示两个输出项之间的间隔。

(3) Space 函数

该函数的应用格式为:

Space(m)

Space $ 函数返回 m 个空格。例如(在“立即”窗口中试验):

```
Z $  = "AB"  + Space(6)  + "CD"            <按 Enter 键>
print Z $                                  <按 Enter 键>
AB      CD
```

3. 格式输出

数值或日期按指定的格式输出的输出函数 Format $ 。函数 Format $ 的一般格式为:

Format $ (数值表达式, 格式字符串)

该函数的功能是:按“格式字符串”指定的格式输出“数值表达式”的值。若省略“格式字符串”,Format $ 函数的功能与 Str $ 函数基本相同,不同点在于只有把正数转换成字符串时,Str $ 函数在字符串前面留有一个空格,而 Format $ 函数则不留空格。

应用 Format $ 函数可以使数值按“格式字符串”指定的格式输出,如说在输出字符串前加 $ 、字符串前或后补充 0 及加千位分隔符等。“格式字符串”是一个字符串常量或变量,由专门的格式说明字符组成,见表 3.11,数据项的显示格式取决于这些字符,区段的长度显示也由这些字符指定。如果格式字符是常量,那么要放在双引号中。

表 3.11 格式说明字符

字 符	作 用
#	数字,不在前面或后面补 0
0	数字,在前面或后面补 0
.	小数点
,	千位分隔符
%	百分比符号
$	美元符号
- 、+	负、正号
E + 、E -	指数符号

各说明字符详细解释如下。

(1) #表示一个数字位。显示区段的长度取决于#的个数。当显示的数值的位数小于格式字符串指定的区段长度时,该数值靠区段的左端显示,多余的位不补 0。当显示的数值的位数大于指定的区段长度时,数值照原样显示。

(2) 0 与#功能相同,只是多余的位以 0 补齐。例如(在“立即”窗口中试验, < CR > 表示在立即窗口中按 Enter 键,后面不再解释):

Print Format $ (24, "#####")　　　<CR>

24

Print Format $ (24, "00000")　　　<CR>

00024

(3) 表示显示小数点。小数点与#或 0 结合使用,可以放在显示区段的任何位置。根据格式字串符的位置,小数部分多余的数字按四舍五入处理。例如:

Print Format $ (456.67, "###. ##")　　　<CR>

456.67

Print Format $ (1.121, "000.00")　　　<CR>

001.12

(4) 表示显示逗号。在格式字符串中插入逗号起到"分位"的作用,即从小数点左边一位开始,每 3 位用一个逗号分开。例如:

Print Format $ (67890.67, "##, ###. ##")　　<CR>　　(正确)

67,890.67、

Print Format $ (67890.67, "##. ###. ##")　　<CR>　　(正确)

67,890.67

Print Format $ (67890.67, ", ####. ##")　　<CR>　　(错误)

,67890.67

Print Format $ (67890.67, "#####, . ##")　　<CR>　　(错误)

67.89

> **注意**:逗号可以放在格式字符中小数点左边除头部和尾部的任何位置,如果放在头部或尾部,则不能得到正确的结果。

(5) %表示输出百分号形式(数值乘以 100 再加百分号)。通常放在格式字符串的尾部,用来输出百分号。例如:

Print Format $ (0.453, "00.0 %")　　　<CR>

45.3 %

Print Format $ (0.453, "00 %")　　　<CR>

45 %

(6) $ 表示输出美元符号,作为格式字符串的起始字符,在所显示的数值前加上一个 $ 。例如:

Print Format $ (456.4, " $ ###0.00")　　　<CR>

$ 456.40

(7) + 正号使显示的正数带上符号,"+"放在格式字符串的头部。

(8) - 负号用来显示负数。例如:

Print Format $ (456.45, " -###0.00")　　　<CR>

-456.45

Print Format $ (456.45, " +###0.00")　　　<CR>

+456.45

Print Format $ (−456. 45, " −###0. 00")　　　<CR>

− −456. 45

Print Format $ (−456. 45, " +###0. 00")　　　<CR>

− +456. 45

从上面的例子可以看出，在所要显示的数值前面强加上一个正号或负号时，用" + "和" − "。

(9) E + (E −)：用指数形式显示数值。两者作用基本相同。例如：

Print Format $ (456. 45, "0. 00E +00")　　　<CR>

4. 56E +02

Print Format $ (456. 45, "0. 00E −00")　　　<CR>

4. 56E02

Print Format $ (0. 045645, "0. 00E +00")　　　<CR>

4. 56E −02

Print Format $ (0. 045645, "0. 00E −00")　　　<CR>

4. 56E −02

窗体的单击事件过程如图 3.6 所示，显示不同数据类型(A,B,C 和 D)的界面。

```
Private Sub Form_Click()
  Dim A As Single, B As Double
  Dim C As Boolean, D As Integer
  C = 0
  A = 13455678. 1234568
  B = 13455678. 1245568
  D = True
  Print A
  Print B
  Print C
  Print D
End Sub
```

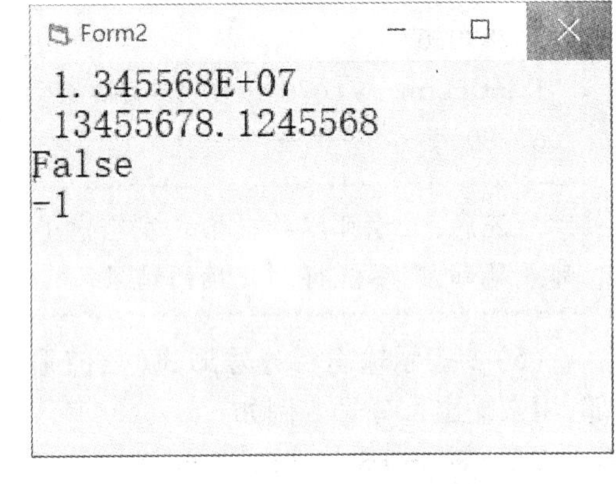

图 3.6　显示不同数据类型的界面

4. 其他方法和属性

Visual Basic 提供了几种方法可以和 Print 方法配合使用，具体介绍如下。

(1) Cls 方法

该函数的应用格式为：

[对象.] Cls

格式中对象可以是窗体或图片框，若省略则代表窗体。它有清除由 Print 方法显示的文本或在图片框中显示的图形的作用，以及把光标移到对象的左上角的功能。例如：

```
Picture2. Cls      '清除图片框中的图形或文本
Form2. Cls         '清除当前窗体中的内容
Cls                '与上式作用一样
```

注意：当窗体的背景是用 Picture 属性装入的图形时，不能用 Cls 方法清除，只能通过 LoadPicture 方法清除。

（2）Move 方法

该函数的应用格式为：

[对象.] Move 左边距离[，上边距离[，宽度[，高度]]]

格式中“对象”可以是除窗体及除计时器（Timer）、菜单（Menu）之外的所有控件，若省略“对象”，则表示要移动的是窗体。“左边距离”“上边距离”“宽度”及“高度”均以 twip 为单位。若“对象”是窗体，则“左边距离”和“上边距离”均以屏幕左边界和上边界为准；若“对象”是控件，则以窗体的左边界和上边界为准。具体说明如图 3.7 所示。Move 方法用来移动窗体和控件，并可改变其大小。

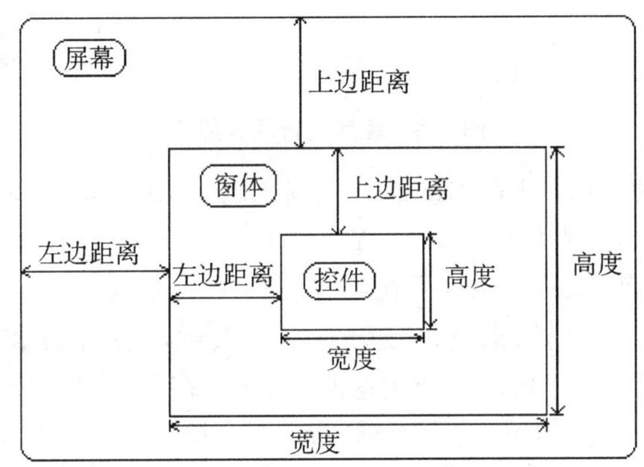

图 3.7 Move 方法参数设置

（3）TextHeight 和 TextWidth 方法

该两个函数的应用格式为：

[对象.] TextHeight(字符串)

[对象.] TextWidth(字符串)

这两个方法用来辅助设置坐标。其中 TextHeight 方法返回一个文本字符串的高度值，而 TextWidth 方法则返回一个文本字符串的宽度值，它们的单位均为 twip。如果说字符串的字形和大小不同，那么返回的值也不一样。“对象”包括窗体和图片框，若省略“对象”，则用来测试当前窗体中的字符串。窗体的单击事件过程如下：

```
Private Sub Form_Click()
    Print "Doctor Nurse"
    CurrentY = TextHeight("Doctor   ") * 8          '下一个输出位置的 Y 坐标
    CurrentX = 0                                      '下一个输出位置的 X 坐标
    Print "Doctor " +Chr $ (13) +Chr $ (10) +"Nurse"
                                                      'Chr $ (13) + Chr $ (10) 为换行符
End Sub
```

运行程序结果如图 3.8 所示。

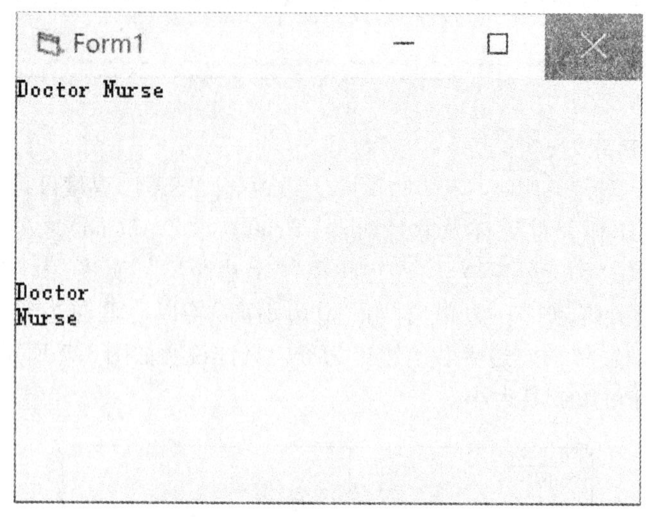

图 3.8 程序运行后的显示

在上述事件过程中,首先用 TextHeight 方法求出字符串“Doctor Nurse”的高度,并乘以 8 作为下一个 Print 位置的纵坐标值(CurrentY),把横坐标 CurrentX 设置为 0。这样,第二个 Print 方法输出的字符串“Doctor Nurse”在第 9 行第 1 列显示。上面的程序中 CurrentX 和 CurrentY 是窗体的属性,分别用来返回或设置下一次输出位置的水平(CurrentX)或垂直(CurrentY)坐标。只能在程序代码中使用这两个属性,在设计时不能使用。坐标从对象的左上角(0,0)算起。如果字符串中含有回车(ASCII 码 13)、换行(ASCII 码 10)字符,那么字符串的高度也随之增加。回车换行用下面的表达式来表示:

Chr(13) + Chr(10)

属性 ScaleWidth 和 ScaleHeight 分别用来表示对象的宽度和高度值,把它们与方法 TextWidth 和 TextHeight 结合使用,可以使字符串居中显示。例如:

```
Private Sub Form_Click()
    FontSize = 24
    Str1 = "程序设计窗体"
    CurrentX = (ScaleWidth - TextWidth(Str1)) / 2      '确定字符串输出的开始 X 坐标
    CurrentY = (ScaleHeight - TextHeight(Str1)) / 2    '确定字符串输出的开始 Y 坐标
    Print Str1                                         '在窗体中央显示字符串
End Sub
```

运行上面的程序,可以在窗体的中心显示字符串“程序设计窗体”。

在窗体或其他图形对象中显示信息时,有可能会出现信息在对象中显示不完,一部分信息被“隐藏”起来的情况。用 TextWidth 的方法可以控制输出宽度,使输出结果不会超出窗体或其他对象之外。例如:

```
Dim Word As String * 20
```

```
Sub WidthCheck()
    If TextWidth(Word)  + CurrentX > = ScaleWidth Then        '判断是否超出窗体
        Print                                                  '超出换行
    End If
End Sub
```

上述代码定义了一个窗体层变量 Word,这是一个定长字符串变量,其长度与要输出的字符串长度相同;代码中还定义了一个通用过程 WidthCheck,用来检查输出宽度。在通用过程中,判断输出信息的宽度加上当前的横坐标值(CurrentX)是否超过对象宽度,若超过了则输出换行。

前面的章节介绍过 Height、Width、Left 及 Top 属性,它们的一般格式如下:

[窗体.][控件.] |Printer. |Screen. Height [= 高度值]

[窗体.][控件.] |Printer. |Screen. Width [= 宽度值]

[窗体.][控件.]Left [= 距左边距离]

在上面四个属性的格式中,等号及其右边的部分可以省略,在这种情况下,将返回各自当前的属性值。Height 和 Width 属性可用来返回或设置窗体、控件、打印机及屏幕的高度和宽度,Left 和 Top 属性分别用来返回或设置窗体、控件与其左右边和上下边的距离,它们的单位均为 twip。例如:

```
Screen. Height      '返回屏幕的宽度
Screen. Width       '返回屏幕的高度
```

3.5.2 数据输入(InputBox 函数)

前面介绍的窗体的输出操作主要是由 Print 方法实现的。本节将介绍数据的输入函数 InputBox。执行 InputBox 函数可以产生一个作为输入数据的界面对话框,等待用户输入数据,并返回所输入的内容。调用格式为:

InputBox(prompt[, title] [, default] [, xpos, ypos] [, helpfile, context])

InputBox 函数含有以下七个参数:

(1) prompt 是一个字符串,其长度不得超过 1024 个字符,它可显示在对话框内且可以自动换行,用来提示用户输入。插入回车换行操作可按自己的要求换行,即 Chr (13) + Chr(10)或 vbCrLf。

(2) title 是字符串,它显示在对话框顶部的标题区。

(3) default 为字符串,用来显示输入缓冲区的默认信息。也就是说,在执行 InputBox 函数后,当用户没有输入任何信息时,则可用此默认字符串作为输入值,也可在输入区直接键入用户想输入的数据,以取代默认值;如果省略该参数,则对话框的输入区为空白,等待用户键入信息。

(4) xpos 用来确定对话框与屏幕左边的距离(xpos),ypos 用来确定对话框与屏幕上边的距离(ypos,xpos),其中 xpos,ypos 为两个整数值,其单位均为 twip。这两个参数必须同时提供或同时省略。如果省略这一对位置参数,则对话框显示在屏幕中心线以下约三分之一处。

(5) helpfile、context:helpfile 是一个用来表示帮助文件的字符串变量或字符串表达式;

context 是一个用来表示相关帮助主题的数值变量或表达式。这两个参数必须同时提供或同时省略。当带有这两个参数时,若得到有关的帮助信息时,单击对话框中出现一个“帮助”按钮,或按 F1 键。

【例 3.2】 编写程序,用 InputBox 函数输入数据,数据输入窗口如图 3.9 所示。

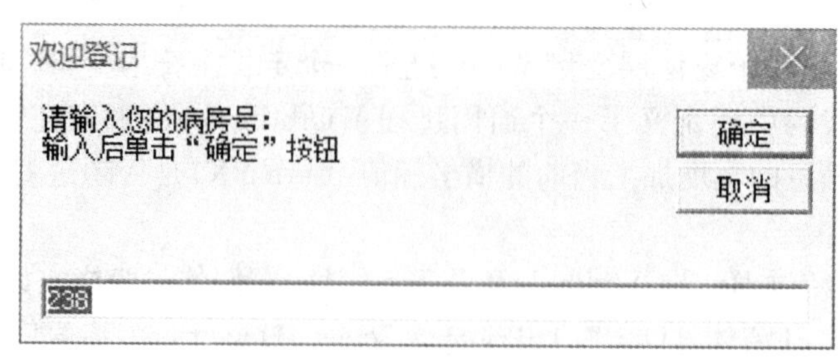

图 3.9 InputBox 函数对话框

设计的程序代码如下:

```
Private Sub Form_Click()
    Dim str1  As String
    Dim str2  As String
    Dim str3  As String
    str1  = "请输入您的病房号:"
    str2  = "输入后单击“确定”按钮"
    str3  = str1  + Chr(13)  + Chr(10)  + str2
    vistor  = InputBox(str3, "欢迎登记", "238")        '输入信息
    Print vistor                                        '将输入的信息在窗体上输出
End Sub
```

运行程序,并单击“确定”按钮,输入的信息将在窗体中显示。

在上面的过程中,InputBox 函数使用了三个参数。第一个参数 str3 用来显示提示信息,通过 Chr(13) + Chr(10)组合换行;第二个参数“欢迎登记”用来显示对话框的标题;第三个参数“238”是默认输入值,在输入区显示出来。在函数中省略了确定对话框位置的参数 xpos、ypos 和显示“帮助”按钮的 helpfile、context。

使用 InputBox 函数时应注意:

(1) 调用 InputBox 函数后,将产生一个提示用户输入数据对话框,光标位于对话框底部的输入区中。如果在输入区中显示该参数的值,则第三个参数(default)不省略,此时如果输入该默认值,可按 Enter 键或单击对话框中的“确定”按钮,并可把它赋给一个变量;如果想直接键入所需要的数据,那么直接键入所需要的数据后然后按 Enter 键或单击“确定”按钮输入。

(2) InputBox 的返回值在默认情况下是一个字符串(不是变体类型)。因此,当需要用 InputBox 函数输入数值并且参加运算时,必须在进行运算前用 Val 函数(或其他转换函数)把它转换为相应类型的数值,否则有可能会得到不正确的结果。如果正确地声明了返回值的变量类型(或者加了类型说明符),则可不必进行类型转换。

(3) 在调用 InputBox 函数所产生的对话框中,有两个按钮:“确定”按钮和“取消”按钮。

在输入区输入数据后,确认则单击“确定”按钮(或按 Enter 键),并返回在输入区中输入的数据;而如果单击“取消”按钮(或按 Esc 键),则使当前的输入作废并将返回一个空字符串。

(4) 每调用一次 InputBox 函数只能输入一个值,必须多次调用 InputBox 函数才能输入多个值。输入数据并按 Enter 键或单击“确定”按钮可使对话框消失,输入的数据必须作为函数的返回值赋给一个变量,否则输入的数据不能保留。在实际应用中,如果需连续输入多个值,函数 InputBox 通常可与循环语句、数组结合使用并把输入的数据赋给数组中各元素。

(5) 和其他返回字符串的函数一样,InputBox 函数等价 InputBox $ 的形式完全等价。

3.5.3 MsgBox 函数和 MsgBox 语句

在用户与 Windows 操作系统进行交互时,若操作有误,屏幕上会弹出一个对话框,让用户进行选择,然后根据选择确定其后的操作。MsgBox 函数的功能与此相似,它可以向用户发送信息,并可通过用户在对话框上的选择接收用户的反应,作为程序继续执行的根据。

1. MsgBox 函数

该函数的调用格式如下:

MsgBox(msg[, type] [, title] [, helpfile, context])

该函数有五个参数,除第一个参数不可选外,其余参数都是可选的。各参数的含义如下:

(1) msg 是一个字符串,其长度不能超过 1024 个字符,若超过,那么多余的字符被截掉。该字符串的内容将在产生的对话框内提示。当字符串在一行内显示不完时,将自动换行,也可以用“Chr (13) + Chr (10)”强制换行。

(2) type 是一个整数制或符号常量,用来控制在对话框内显示的按钮、图标的数量及种类。该参数的值由四类数值相加产生,这四类数值或符号常量分别表示按钮的类型、显示图标的种类、活动按钮的位置和强制返回,具体内容参见表 3.12。

表 3.12 type 参数的取值 1

常 量	值	作 用
vbOKOnly	0	只显示“确定”按钮
vbOKCancel	1	显示“确定”及“取消”按钮
VbAbortRetryIgnore	2	显示“终止”“重试”及“忽略”按钮
vbYesNoCancel	3	显示“是”“否”及“取消”按钮
vbYesNo	4	显示“是”及“否”按钮
vbRetryCancel	5	显示“重试”及“取消”按钮
vbCritical	16	显示 Critical Message 图标
vbQestion	32	显示 Warning Query 图标
vbExclamation	48	显示 Warning Message 图标
vbInformation	64	显示 Information Message 图标
vbDefaultButton1	0	第一个按钮是默认值

续表

常　量	值	作　用
vbDefaultButton2	256	第二个按钮是默认值
vbDefaultButton3	512	第三个按钮是默认值
vbDefaultButton4	768	第四个按钮是默认值
vbApplicationModal	0	应用程序强制返回;应用程序一直被挂起,直到用户对消息框做出响应才继续工作
vbSystemModal	4096	系统强制返回;全部应用程序都被挂起,直到用户对消息框做出响应才继续工作

表 3.12 中的数值分为四类,其作用分别说明如下:

数值 0 ~ 5:对话框内按钮的类型和数量。按钮一共有七种,也就是确认、取消、终止、重试、忽略、是、否。每个数值表示一种组合方式。

数值 16、32、48、64:表示对话框所显示的图标。共有四种,其中 16 指定暂停,32 表示疑问,48 通常用于警告,64 用于指示消息。

数值 0、256、512、768:指定默认活动按钮。活动按钮中文字的周围有虚线,按 Enter 键可执行该按钮的操作。

数值 0、4096:分别用于应用程序和系统强制返回。

type 参数由上面的四类数值组成,其组成原则为:从每一类中选择一个值,把这几个值加在一起就是 type 参数的值(在大多数应用程序中,常用前三类数值)。不同的组合会得到不同的结果。例如:

16 = 0 + 16 + 0 显示“确定”按钮、“暂停”图标,默认按钮为“确定”;

35 = 3 + 32 + 0 显示“是”“否”“取消”三个按钮,“?”图标,默认活动按钮为“是”。

291 = 3 + 32 + 256 显示“是”“否”“取消”三个按钮,而“?”图标,默认活动按钮为“否”。

每种数值都有相应的符号常量,它的作用与数值相同。使用符号常量能够提高程序的可读性。

上面四类数值是 type 参数比较常用的数值。除这四类数值外,type 参数还可以取其他几种值,这些数值是不常用的,其常量和值见表 3.13。

表 3.13　type 参数的取值 2

常　量	值	作　用
vbMsgBoxHelpButton	16384	将 Help 按钮添加到消息框
vbMsgBoxSetForeground	65536	指定消息框窗口作为前景窗口
vbMsgBoxRight	524288	文本为右对齐
vbMsgBoxRtlReading	1048576	指定文本应为在希伯来和阿拉伯语系统中的从右到左显示

(3) title 是一个字符串,用来显示对话框的标题。

(4) helpfile、context:与 InputBox 函数中的 helpfile、context 一样。

在 MsgBox 函数的五个参数中,只有第一个参数 msg 是必要的,其他参数都可以省略。若省略第二个参数 type(默认值为0),则对话框内只显示一个"确定"的命令按钮,并把该按钮设置为活动按钮,不显示任何图标。如果省略第三个参数 title,则对话框的标题为当前工程的名称。若希望标题栏中没有任何内容,则应该把 title 参数设置为空字符串。

MsgBox 函数的返回值是一个整数,这个整数与所选择的按钮有关。如前所述,MsgBox 函数所显示的对话框有七种按钮,返回值与这七种按钮相对应,分别为 1 ~7 的整数,见表 3.14。

表 3.14 MsgBox 返回值

返回值	操 作	常量
1	选"确定"按钮	vbOk
2	选"取消"按钮	vbCancle
3	选"终止"按钮	vbAbort
4	选"重试"按钮	vbRetry
5	选"忽略"按钮	vbIgnore
6	选"是"按钮	vbYes
7	选"否"按钮	vbNo

下面通过实例介绍 MsgBox 的应用。

【例 3.3】 编写程序,用 MsgBox 函数判断是否关闭医疗信息系统。

设计的程序代码如下:

```
Private Sub Command_Click()
    Dim str1 As String
    Dim str2 As String
    str1 = "你确定要关闭医疗信息系统?"
    str2 = "关闭"
    x = MsgBox(str1, 307, str2)        '307 =3 +48 +256 显示"是""否""取消","否"
                                       为默认按钮
    If x = 6 Then                      '判断是否单击"是"按钮
        Msgbox "正在关闭……"            '退出程序
    End If
End Sub
```

运行程序,单击 Command1 按钮,弹出消息框。若单击"是"按钮,则出现一个正在关闭的消息框(此消息框的弹出,用的是 MsgBox 语句);若单击"否"或"取消"按钮,程序回到界面不执行任何操作。"是""否""取消"三个按钮默认为第二个按钮。

通过以上说明及实例介绍,对 MsgBox 函数再作如下说明。

(1) MsgBox 函数的第二个参数的第三类数值用来确定默认活动按钮。当某个按钮为活动按钮时,它内部的文字周围有一个虚线框。若按 Enter 键,则选择的是活动按钮,与单击该按钮的作用一样。用 Tab 键可以把其他按钮变为活动按钮,每按一次 Tab 键,则变换一个活动按钮。此外,不管是不是活动按钮,用鼠标(单击)都可以选择这个按钮。

(2) 用 MsgBox 函数显示的提示信息最多不超过 1024 个字符,所显示的信息自动换行,并能自动调整信息框的大小。如果由于格式要求需要换行,则必须增加回车换行代码。

(3) 在应用程序中,MsgBox 函数的返回值常用来作为继续执行程序的依据,根据返回值决定其后的操作。

2. MsgBox 语句

MsgBox 函数也可以写成语句形式,语句格式为:

MsgBox Msg $ [, type %] [, title $] [, helpfile, context]

以上语句中各参数的含义与 MsgBox 函数中的参数相同。因为 MsgBox 语句没有返回值,因此经常用于较简单的信息显示。例如:

MsgBox "输入信息错误!"

由 MsgBox 函数或 MsgBox 语句所显示的信息框有一个共同的特点,就是在出现信息框后,必须做出选择,即单击框中的某个按钮或按 Enter 键,否则不能执行其他任何操作。这样的窗口称为“模态窗口”。

程序运行时,模态窗口挂起应用程序中其他窗口的操作。通常在屏幕上出现一个窗口的时候,若需要在响应该窗口中的提示后才能进行其后的操作,则应使用模态窗口。

非模态窗口与模态窗口相反允许对屏幕上的其他窗口进行操作,也就是说,可以激活其他窗口,并把光标移到该窗口。MsgBox 函数和 MsgBox 语句强制显示的信息框为模态窗口。在多窗体程序中,可以把某个窗体设置为模态窗口。

3.5.4 字形

Visual Basic 可以输出各种中文字体和英文字体,并且可以通过设置字形的属性来改变笔画的粗细、字体的大小和显示方向,以及加下划线、删除线、重叠等。下面就来介绍相关的属性。

1. 字体类型和大小

(1) 字体类型

通过 FontName 属性设置字体类型,修改字体类型的一般格式为:

[窗体.] [控件.] Printer. FontName[="字体类型"]

FontName 可作为控件、窗体或者打印机的属性,用来设置从这些对象上输出的字体类型。字体类型是指 Visual Basic 可以使用的中文字体或英文字体。对于中文来说,可以使用的字体数量由 Windows 的汉字环境决定。例如:

FontName = "Tahoma"
FontName = "Courier"
FontName = "幼圆"

注意:用 FontName [= "字体类型"] 可以设置英文或中文的字体类型,如果省略 [= "字体类型"],即只给出 FontName,则返回当前正在使用的字体类型。

(2) 字体大小

通过 FontSize 属性来设置字体大小,修改字体大小的一般格式为:

FontSize [= 点数]

其中,“点数”用来设置字体的大小。系统默认使用最小的字体,“点数”为9。如果省略[=点数],则返回当前字体的大小。

下面通过实例讲解字体类型和字体大小的应用。

【例3.4】　编写程序,在窗体上输出不同的字体。

设计的程序代码如下。

```
Private Sub Command1_Click()
    Dim str1 As String
    Dim str2 As String
    str1 = "Welcome to VB World! "
    str2 = "字体类型和大小设置"
    FontSize = 16                        '设置英文字大小为16
    FontName = "system"                  '设置英文字形
    Print " system: "; str1
    FontName = "Courier"
    Print "Courier: "; str1
    FontSize = 20                        '汉字大小为20
    FontName = "宋体"
    Print "宋体: "; str2                  '汉字字形为宋体
    FontName = "隶书"
    Print "隶书: "; str2                  '汉字字形为隶书
End Sub
```

运行程序,单击“显示”按钮,窗体上将显示四行不同字体和大小的文字,效果如图3.10所示。

图3.10　各种字体输出

2. 其他属性

除了字体类型和大小外,Visual Basic 还提供了其他一些属性,丰富文字的输出。

(1) 粗体字

通过 FontBold 属性设置粗字体,一般格式为:

FontBold [= Boolean]

该属性可以取两个值,即 True 和 False。当 FontBold 属性为 True 时,文本以粗体字输出,否则按正常字输出,默认为 False。

(2) 斜体字

通过 FontItalic 属性设置斜体字,其格式为:

FontItalic [= Boolean]

该属性可以取两个值,即 True 和 False。当 FontItalic 属性被设置为 True 时,文本以斜体字输出。该属性的默认值为 False。

(3) 加删除线

通过 FontStrikethru 属性设置斜体字,其格式为:

FontStrikethru [= Boolean]

如果把 FontStrikethru 属性设置为 True,则在输出的文本中部划一条直线,直线的长度与文本的长度相同。该属性的默认值为 False。

(4) 加下划线

用 FontUnderline 属性可以给输出的文本加上底线,其格式为:

FontUnderline [= Boolean]

如果 FontUnderline 属性被设置 True,则可使输出的文本加下划线。该属性的默认值为 False。

注意:上面的各种属性,可以省略方括号中的内容。在这种情况下,将输出属性的当前值或默认值。

(5) 重叠显示

当图形或文本被作为背景显示新的信息时,若需要保留原来的背景,使新显示的信息与背景重叠,可以通过 FontTransParent 属性来实现,其格式为:

FontTransParent [= Boolean]

若该属性被设置为 True,那么前景的图形或文本可以与背景重叠显示;若被设置为 False,那么背景将被前景的图形或文本覆盖。

在使用以上介绍的字形属性时,应注意:

(1) 除重叠显示(FontTransParent)属性只适用于窗体和图片框控件外,其他属性都适用于窗体和各种控件及打印机。若省略对象名,则是指当前窗体,否则应加上对象名。

(2) 设置一种属性后,该属性即刻起用,且不会自动撤销,只有在显式地重新设置后,才能改变该属性的值。

在 Visual Basic 6.0 中,不仅可以通过上面所讲的属性设置窗体或控件的字形外,还能在设计阶段通过字体对话框设置字形。其方法是:选择需要设置字体的窗体或控件,接着激活属性窗口，选择其中的 Font 选项，再单击右端的“...”按钮将打开“字体”对话框，可在此对话框中对所选择对象的字形进行设置。

回到工作场景

通过对本章内容的学习，应该掌握了 Visual Basic 系统中变量的定义方法，并懂得了运算符、逻辑表达式和常用内部函数的使用方法。结合以前学习的设计窗体界面的方法，此时足以完成求收缩压和舒张压平均值和风险提示功能的程序设计。下面我们将回到前面介绍的工作场景中，完成工作任务。

【分析】正常成年人的血压一般是收缩压在 90～140 mmHg，舒张压在 60～90 mmHg，高于这个范围就是高血压，相反低于此范围就是低血压。当输出收缩压在小于 90 或者大于 140mmHg 时（最大值 200mmHg），MsgBox 显示“输出舒张压数值不在正常范围”，当输出舒张压小于 60 mmHg 或者大于 90 mmHg 时（最大值 130mmHg），MsgBox 显示“输出舒张压数值不在正常范围”。

连续统计三天血压值算出血压平均值，根据平均值判断风险情况，通过文本框把风险提示结果输出。

【工作过程一】 设计用户界面

启动 Visual Basic 6.0，建立新的“标准 EXE”工程，在窗体上画出七个标签，两个按钮，五个文本框，并调整窗体上各个控件的大小和位置，使其如图 3.1 所示，设计界面过程中设置的对象属性见表 3.15。

表 3.15 各控件的属性值

控 件	属 性	值
Form1	Caption	“输入数据”
Form2	Caption	“求血压平均值和输出风险提示”
Label1	Caption	“欢迎登录血压风险提示平台”
Label2	Caption	“收缩压平均值”
Label3	Caption	“舒张压平均值”
Label4	Caption	“风险提示”
Label5	Caption	“风险提示”
Command1	Caption	“输入数据”
Command2	Caption	“统计”
Text1～Text4	Text	“”

【工作过程二】 编写代码

（1）双击“统计”按钮，打开代码窗口，并显示该命令按钮单击事件过程的开头结尾，然后，在事件过程中输入如下代码：

```
Option Explicit
Private Sub Command1_Click()
    Dim i As Integer, Number1 As Integer, Number2 As Integer
```

```
Dim Pnumber1 As Integer, Nnumber2 As Integer
Dim p As Integer, n As Integer
Dim Pav As Integer, Nav As Integer
For i = 1 To 3
    Number1 = InputBox("请输入第" & CStr(i) &"个收缩压数据:")
                                                    '输入收缩压数据
    Number2 = InputBox("请输入第" & CStr(i) &"个舒张压数据:")
                                                    '输入舒张压数据
    Select Case Number1
        Case 0 To 89
            MsgBox "输出收缩压数值不在正常范围"
        Case 90 To 200
            Pnumber1 = Pnumber1 + Number1           '高血压求和
            p = p + 1                               '高血压计数
        Case Number1 > 200
            MsgBox "输出收缩压数值不在正常范围"
    End Select
    Select Case Number2
        Case 0 To 60
            MsgBox "输出舒张压数值不在正常范围"
        Case 60 To 130
            Nnumber2 = Nnumber2 + Number2           '低血压求和
            n = n + 1                               '低血压计数
        Case Number2 > 130
            MsgBox "输出舒张压数值不在正常范围"
    End Select
Next i
Pav = Pnumber1 / p                                  '求高血压平均值
Nav = Nnumber2 / n                                  '求低血压平均值
Text1. Text = Str(Pav)                              '显示高血压平均值
Text2. Text = Str(Nav)                              '显示低血压平均值
Select Case Pav
    Case Pav <90
        Text3. Text = "收缩压偏低"
    Case 90 To 139
        Text3. Text = "收缩压正常"
    Case Pav > 140
        Text3. Text = "收缩压偏高"
End Select
```

```
        Select Case Nav
            Case Nav <60
                    Text4. Text = "舒张压低高"
            Case 60 To 90
                    Text4. Text = "舒张压正常"
            Case Nav > 90
                    Text4. Text = "舒张压偏高"
        End Select
    End Sub
```

(2) 双击“清空数据”按钮,在事件过程中输入如下代码:

```
    Private Sub Command2_Click()
          Text1. Text = ""
          Text2. Text = ""
    End Sub
```

【工作过程三】 运行和保存工程

(1) 单击标准工具栏中的 ▸ 按钮,程序运行后的界面如图3.1所示。

如果输入三天的收缩血压数据的值分别为(139,75)、(138,74)、(137,73),并单击“统计”按钮,程序运行结果如图3.3和图3.4所示,显示INPUTBOX对话框,直到六个血压值输完为止。

当输出的值不是正常范围内时,如图3.5所示,MsgBox显示“输出舒张压数值不在正常范围”。

这说明收缩压平均值为138,风险提示为收缩压正常;舒张压平均值为74,风险提示为舒张压正常。单击“清空数据”按钮,文本框内的内容清空,界面重新回到启动界面上,如图3.2所示。

(2) 保存工程文件和窗体文件。

❖习 题❖

一、选择题

1. 可以同时删除字符前导和尾部空白的函数是________。

   A. Ltrim　　B. Rtrim　　C. Trim　　D. Mid

2. 计算结果为0的表达式是________。

   A. Int(2.4) + Int(-2.8)　　B. Cint(2.4) + Cint(-2.8)

   C. Fix(2.4) + Int(-2.8)　　D. Fix(2.4) + Fix(-2.8)

3. 用于获得字符串S从第2个字符开始的3个字符的函数是________。

   A. MId $ (S,2,3)　　B. Middle(S,2,3)　　C. Right $ (S,2,3)　　D. Left $ (S,2,3)

4. 符号%是声明________类型变量的类型定义符。

   A. Integer　　B. Variant　　C. Single　　D. String

5. 定义变量如下:

   Dim My_Var

   My_Var ="come see me"

若在立即窗口中显示 My_Var 的值，下面正确的是________。

A. Debug. Print My_Var　　B. PictureBox. Print My_Var

C. Printer. Print My_Var　　D. Print My_Var

6. 在窗体上画一个命令按钮(名称为 Command1)，编写如下事件过程：

```
Private Sub Command1 click()
b =5
c =6
Prim a =b +c
End Sub
```

程序运行后，单击命令按钮，输出的结果是________。

A. a = ll　　B. a = b + c　　C. a =　　D. False

7. 以下变量名中，________是不符合 Visual Basic 的命名规范的。

A. Abc901　　B. _mnu_Open_234　　C. price_　　D. K

8. 函数 String(n,"str")的功能是________。

A. 把数值型数据转换为字符串

B. 返回由 n 个字符组成的字符串

C. 从字符串中取出 n 个字符

D. 从字符串中第 n 个字符的位置开始取子字符串

9. 下面对哪一种变量的类型说明符的使用是正确的________。

A. Dim a:a@ =2000　　B. Dim a:a % =50000

C. Dim a:a& = True　　D. Dim a:a $ = "OK"

10. 下列各组常量的声明正确的是________。

A. Const C as 3　　B. Const c = 1/3　　C. Public I = 3　　D. Puclic I = 1/3

11. 根据变量的作用域，可以将变量分为三类，分别为________。

A. 局部变量、模块变量和全局变量　　B. 局部变量、模块变量和标准变量

C. 局部变量、模块变量和窗体变量　　D. 局部变量、标准变量和全局变量

12. 声明一个变量为局部变量应该用________。

A. Global　　B. Private　　C. Static　　D. Public

13. 关于货币型数据的说明，正确的是________。

A. 货币型数据有时可以表示成整型数据

B. 货币型数据与浮点型数据完全一样

C. 货币型数据是由数字和小数点组成的字符串

D. 货币型数据是小数点位置固定的实型数

14. 下列变量名中，合法的变量名是________。

A. C24　　B. A B　　C. A:B　　D. 1 +2

15. 如果在立即窗口中执行以下操作(<CR>是回车键)________。

```
a =8    <CR>
b =9    <CR>
print a>b    <CR>
```

则输出结果是:

A. -1　　B. 0　　C. False　　D. True

16. 如果在程序中要将 c 定义为静态变量,且为整型数,则应使用的语句是________。

A. Redim a As Integer　　B. Static a As Integer

C. Public a As Integer　　D. Dim a As Integer

17. 表达式 Abs(-5)+Len("ABCDE")的值是________。

A. 5ABCDE　　B. -5ABCDE　　C. 10　　D. 0

18. 设 a="a",b="b",c="c",d="d",执行语句 x=IIf((a>d),"A","B")后,x 的值为________。

A. "a"　　B. "b"　　C. "B"　　D. "A"

19. 下列变量命名正确的是________。

A. myfile　　B. vb 1　　C. page @2　　D. cmd.1

20. 下面变量名错误的是________。

A. 我们　　B. abc　　C. a123　　D. a.c

21. 设 x=4,y=8,z=7,以下表达式的值是________。

x<y And (Not y>z) Or z<x

A. 1　　B. -1　　C. True　　D. False

22. Rnd 函数不可能产生________值。

A. 0　　B. 1　　C. 0.1234　　D. 0.00005

23. 以下合法的 Visual Basic 标识符是________。

A. ForLoop　　B. Const　　C. 9abc　　D. a#x

24. 假设变量 bool_x 是一个布尔型(逻辑型)的变量,则下面正确的赋值语句是________。

A. bool_x="False"　　B. bool_x=.False.

C. bool_x=#False#　　D. bool_x=False

25. 已知 X>Y,A>B,正确表示它们之间关系的式子是________。

A. Sgn(Y-X)-sgn(A-B)<0　　B. Sgn(Y-X)-Sgn(A-B)=-2

C. Sgn(Y-X)-Sgn(A-B)=0　　D. Sgn(Y-X)-Sgn(A-B)=-1

26. 以下关系表达式中,其值为假的是________。

A. "XYZ"<"Xyz"　　B. "VisualBasic"="visualbasic"

C. "the"<>"there"　　D. "Integer">"Int"

27. 在 Visual Basic 中,下列运算符中优先级最高的是________。

A. *　　B. \　　C. <　　D. Not

28. 在一行内写多条语句时,语句之间要用某个符号分隔。这个符号是________。

A. ,　　B. ;　　C. 、　　D. :

29. 设有如下变量声明 Dim time1 As Date,为变量 time1 正确赋值的表达式是________。

A. time1 = #11:34:04#　　B. time1 = Format(Time,"yy:mm:dd")

C. time1 = #"11:34:04"#　　D. time1 = Format("hh:mm:ss",Time)

30. 在窗体上添加一个命令按钮和一个文本框,并在命令按钮中编写如下代码:

Private Sub Command1 ________ Click( )

```
A =1.2
C =Len(Str $ (A) +Space(10))
Text1.text =C
End Sub
```

程序运行后,单击命令按钮,在文本框中显示________。

A. 3　　B. 8　　C. 14　　D. 10

二、填空题

1. 以下程序段执行后 y 的值是________。

```
x =8.6
y =int(x +0.5)
print y
```

2. 在 Visual Basic 的立即窗口内输入以下语句:

```
X =65 <CR>
?Chr $ (X)  <CR>
```

在窗口中显示的结果是________。

3. 设有如下的 Visual Basic 表达式:5 * x^2 - 3 * x - 2 * Sin(a)/3 它相当于代数式________。

4. 函数 len(Str $ (256.36))的值是________。

5. 假定当前日期为 2003 年 9 月 20 日,星期六,则执行以下语句:

```
Print Day(Now)
```

输出结果是________。

6. 以下程序段的输出结果是________。

```
x =8.5
print int(x) +0.6
```

7. 以下语句的输出结果是________。

```
a % =4.5678
Print a %
```

8. 与数学表达式 COS2(a + b)/3x + 5 对应的 Visual Basic 表达式是________。

9. VB 表达式 INT(-4.8) * 6\3^2 + FIX(-4.8)的值是________。

10. 用户可以用________语句定义自己的数据类型。

11. 以下语句的输出结果________。

```
S $  ="China"
S $  ="Beijing"
Print S $
```

12. 表达式 Fix(-32.68) + Int(-23.02)的值为________。

13. 语句 Print “25 + 32 = ”;25 + 32 的输出结果是________。

14. 执行下面的程序段后,s 的值为________。

```
s  = 5
For i  = 2.6 To 4.9 Step 0.6
```

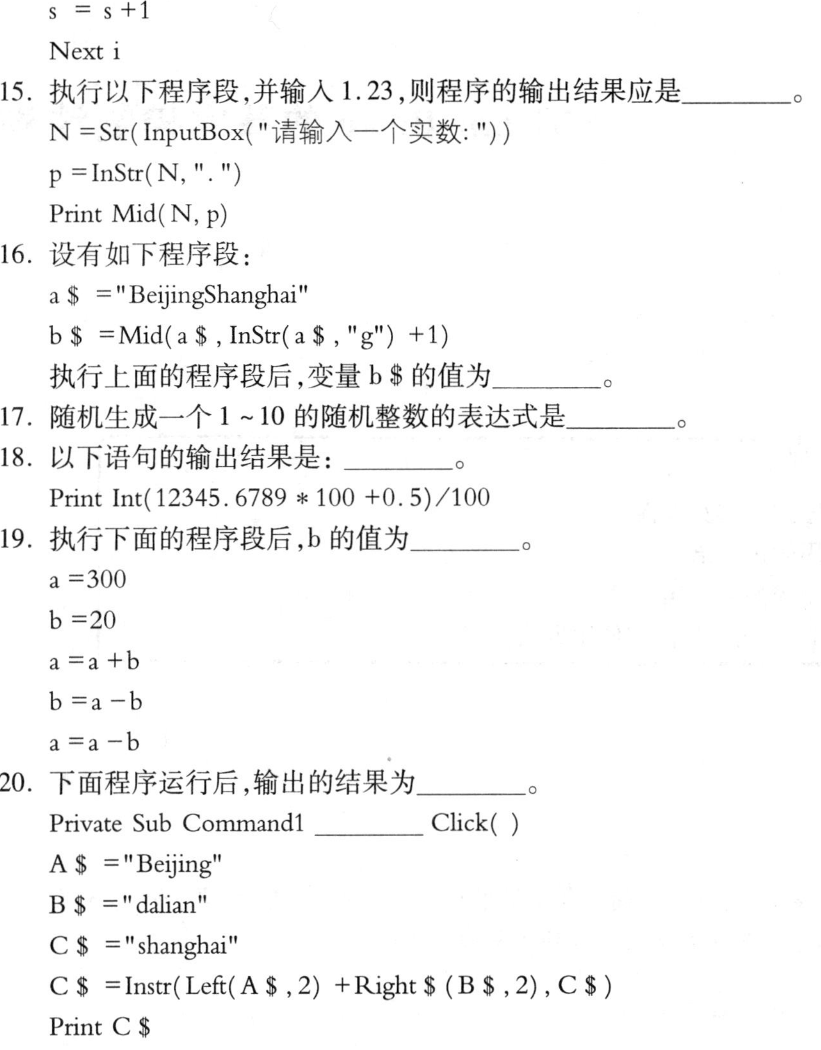

```
s = s + 1
Next i
```

15. 执行以下程序段,并输入 1.23,则程序的输出结果应是________。

```
N = Str(InputBox("请输入一个实数:"))
p = InStr(N, ".")
Print Mid(N, p)
```

16. 设有如下程序段:

```
a$ = "BeijingShanghai"
b$ = Mid(a$, InStr(a$, "g") + 1)
```

执行上面的程序段后,变量 b$ 的值为________。

17. 随机生成一个 1 ~ 10 的随机整数的表达式是________。

18. 以下语句的输出结果是:________。

```
Print Int(12345.6789 * 100 + 0.5)/100
```

19. 执行下面的程序段后,b 的值为________。

```
a = 300
b = 20
a = a + b
b = a - b
a = a - b
```

20. 下面程序运行后,输出的结果为________。

```
Private Sub Command1 ________ Click( )
A$ = "Beijing"
B$ = "dalian"
C$ = "shanghai"
C$ = Instr(Left(A$, 2) + Right$(B$, 2), C$)
Print C$
End Sub
```

三、编程题

在窗体上画一个文本框和一个计时器控件,名称分别为 Text1 和 Timer1,在属性窗口中把计时器的 Interval 属性设置为 1000,Enabled 属性设置为 False,程序运行后,如果单击命令按钮,则每隔一秒钟在文本框中显示一次当前的时间。编写实现上述操作的程序。

【微信扫码】
参考答案 & 相关资源

第 4 章

Visual Basic 的基本控制结构

本章要点

- 程序的结构及流程图。
- 常用的选择语句。
- 常用的循环语句。
- GoTo 语句的功能与使用方法。

工作场景导入

【工作场景】

模拟出院费用结算，由工作人员输入住院费用与预交费用，单击“计算”按钮，系统会计算和显示应找金额和应找零钱的数目。程序界面如图 4.1 所示。

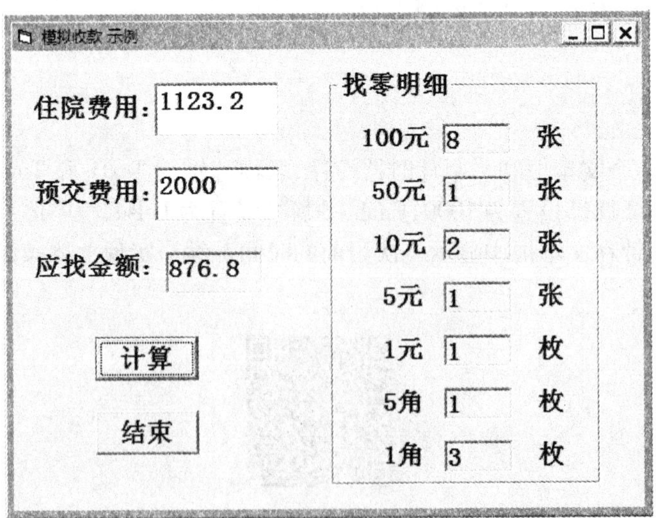

图 4.1　程序界面

【引导问题】

(1) 如何设计程序界面?

(2) 如何利用程序代码计算零钱的个数?

(3) 如何在程序中使用循环结构?

4.1　程序的结构及流程图

程序员在面对要解决的问题或要完成的任务时,首先将问题简化为模型,然后考虑应该采用什么结构、使用什么语句以及如何安排这些语句实现此模型。“采用什么结构、使用什么语句以及如何安排这些语句”的总和被称为“算法”,算法是应用程序解决问题的基础和前提。编程人员在开始编程之前,就应该确定解决问题的算法。算法也可以被理解为程序中进行操作的方法和步骤。解决同一问题时,可能有多种算法,但其中有高低优劣之分。有经验的程序设计人员可以设计出代码小、效率高、占用系统资源少、便于理解、易于调试的算法。

在研究算法时,人们习惯使用流程图来描述算法的结构。这种方法是用一些框图表示各种类型的操作,用带箭头的线表示这些操作的执行顺序。流程图有国际标准,如图 4.2 所示列出了一些常用的标准流程图符号。

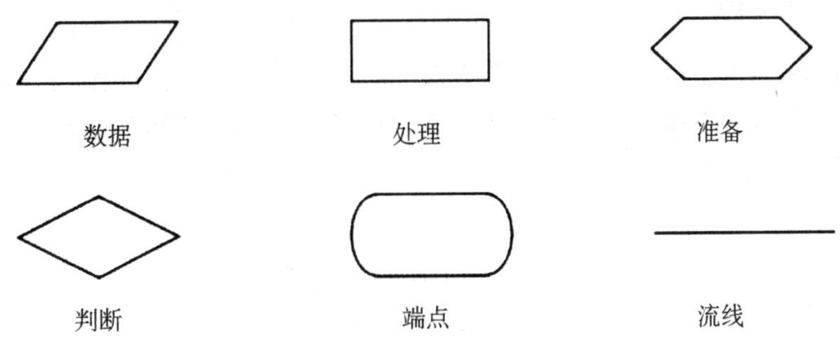

图 4.2　标准流程图符号

程序控制结构是语句排列和控制转移方向的描述。结构化的程序设计思想将程序划分为不同的程序结构,这些结构决定程序执行的顺序。主要有三种基本控制结构:顺序结构、选择结构和循环结构。掌握了这些基本控制结构,就可以编写较为复杂的应用程序。使用流程图可以形象地表示复杂的程序结构,如图 4.3 所示用流程图表示的常用控制结构图。

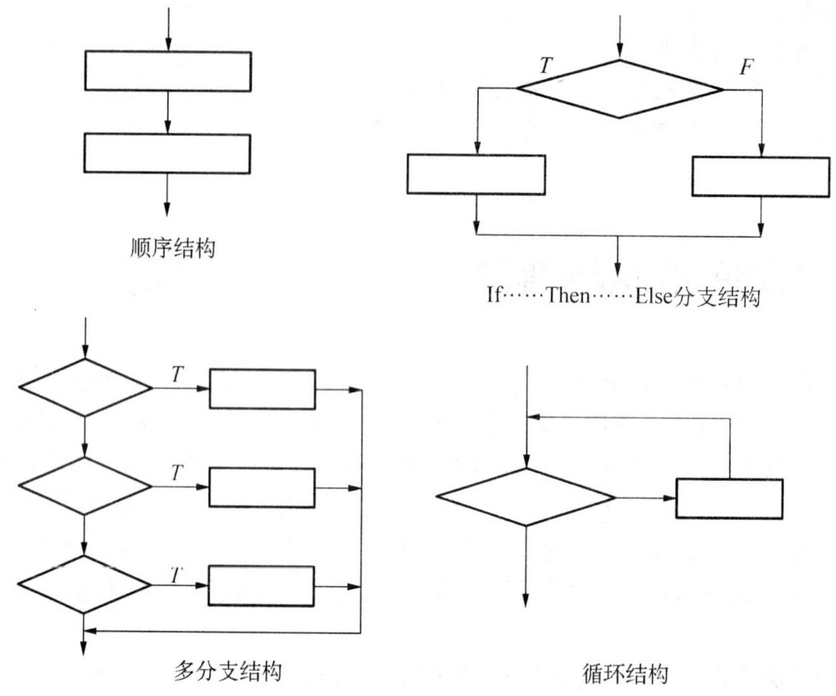

图 4.3　常用控制结构图

4.1.1　顺序结构

顺序结构是程序设计中最基本、最简单的结构，在此结构中，程序按照语句出现的先后顺序依次执行。顺序结构是任何程序的基本结构，即使在选择结构和循环结构中也包含顺序结构。其流程如图 4.4 所示。

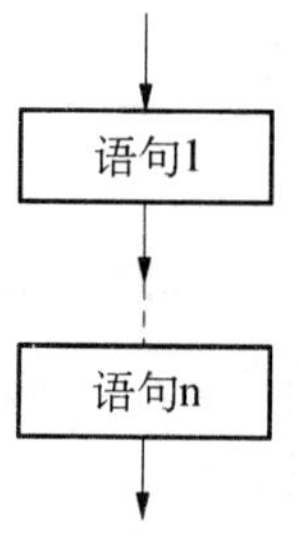

图 4.4　顺序结构流程图

【例 4.1】　正常人的基础代谢率%(BMR) = 脉搏 + 脉压 - 111，其中脉压 = 收缩压 - 舒张压。新建工程，输入脉搏、收缩压、舒张压，单击"判断"命令按钮，实现正常人基础代谢率的计算，如图 4.5 所示。

在命令按钮的 Click 事件中添加以下代码：

```
Private Sub Command1_Click()
  Dim BMR As Single, p As Integer, m As Integer
  p = Val(Text1.Text)                    '脉搏的值
```

```
    m  =  Val(Text2.Text)  -  Val(Text3.Text)              '脉压 =收缩压 -舒张压
    BMR  =  (p  +  m  -  111) / 100
    Text4  =  Format(BMR, "#0 %")
End Sub
```

本程序只包含顺序结构，程序按照代码出现的先后顺序依次执行，运行结果如图 4.5 所示。

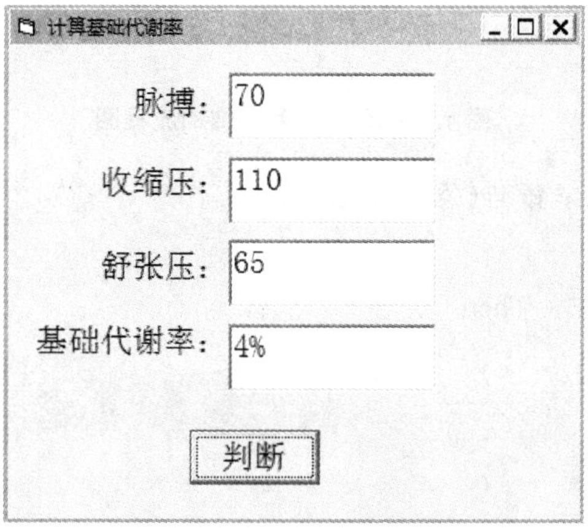

图 4.5　顺序结构

4.1.2　选择结构

选择结构是根据某个条件的判断结果，选择执行哪部分程序，可以用 If 语句或 Select Case 语句实现。其中 If 语句根据分支的多少分为单分支、双分支和多分支 If 语句。Select Case 语句根据某一个条件的不同取值来决定执行哪部分程序。在某种情况下，两种语句间可以相互替换。

一、If 语句

1. If……Then 语句(单分支语句)

语句格式如下：

```
(1)  If <条件表达式> Then
         <语句块>
     End If
(2)  If <条件表达式>Then  <语句>
```

其中条件表达式可以是任意类型的，语句块可以是一条或多条语句。若用简单的形式(2)表示，则只能有一条语句或语句间用冒号分隔，并且必须写在同一行上。

该语句的作用是当条件表达式的值为 True 或非 0 数值时，执行 Then 后面的语句块(或语句)，否则跳过此语句，直接执行 If 语句后面的语句。其流程如图 4.6 所示。

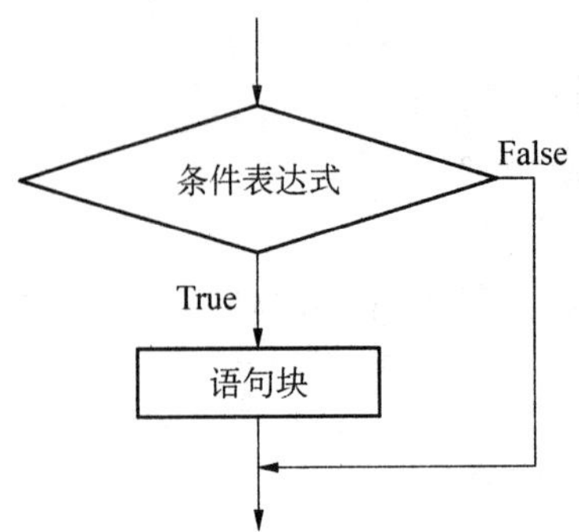

图 4.6 If……Then 结构流程图

2. If……Then……Else 语句(双分支结构)

语句格式如下:

(1) If <条件表达式> Then

<语句块 1>

Else

<语句块 2>

End If

(2) If <条件表达式> Then <语句 1> Else <语句 2>

该语句的作用是当条件表达式的值为非零(True)时,执行 Then 后面的语句块 1(或语句 1),否则执行 Else 后面的语句块 2(或语句 2)。其流程如图 4.7 所示。

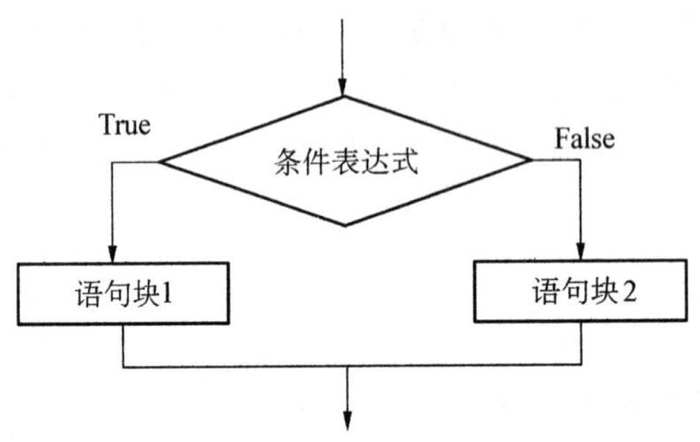

图 4.7 If…Then…Else 结构流程图

【例 4.2】 人体腋窝正常体温平均在 36 ~ 37.2℃之间,如果不在这个范围体温就是异常状态。新建工程,输入人体腋窝体温,单击“判断”命令按钮,实现体温判断,如图 4.8 所示。

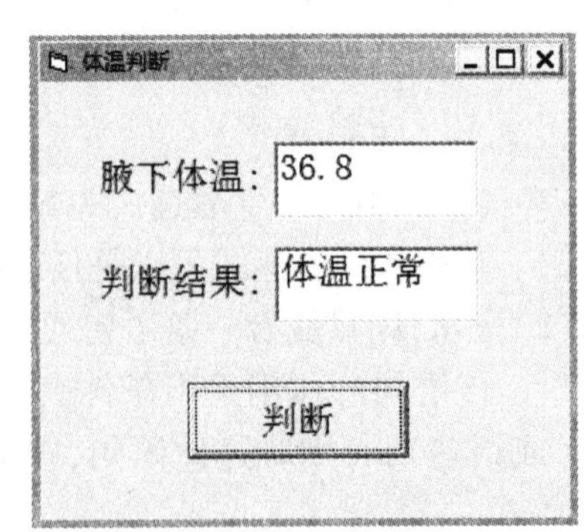

图 4.8 双分支结构

```
Private Sub Command1_Click()
  Dim t As Single
  t = Val(Text1)      '腋窝体温值
  If t > = 36 And t <= 37.2 Then
    Text2 = "体温正常"
```

```
  Else
    Text2 = "体温异常"
  End If
End Sub
```

3. If……Then……ElseIf 语句(多分支结构)

当要处理的实际问题有多个条件时,就要用到该语句结构。

语句格式如下:

```
If <条件表达式 1> Then
   <语句块 1>
ElseIf <条件表达式 2> Then
   <语句块 2>
……
[Else
   <语句块 n +1>]
End If
```

该语句的执行过程是:如果"条件表达式 1"的值为 True,则执行"语句块 1";如果"条件表达式 2"的值为 True,则执行"语句块 2"……如果所有的 ElseIf 子句后面的条件表达式都不为 True,则执行 Else 后面的"语句块 n + 1",Else 是可选项。对于整个块结构条件语句,"语句块 1"、"语句块 2"……"语句块 n + 1"中只能有一个语句块被执行。其流程如图 4.9 所示。

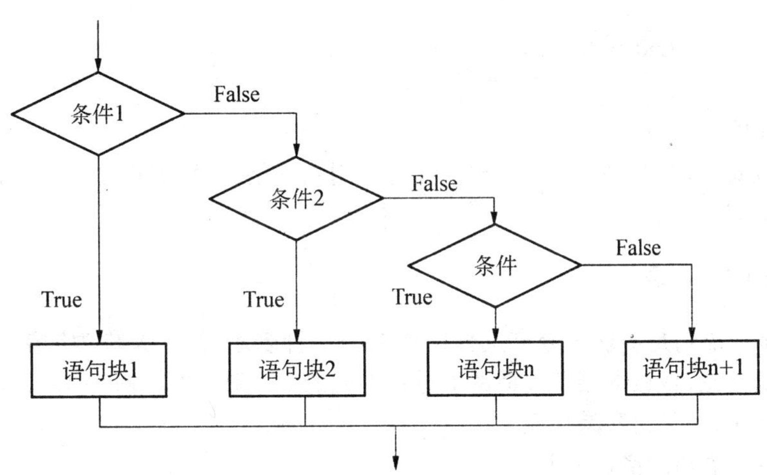

图 4.9 If……Then……ElseIf 结构流程图

【例 4.3】 新建工程,输入心率数值,单击"判断"命令按钮,判断心率是正常、心动过速、心动过缓,如图 4.10 所示。程序代码如下(程序界面各控件的属性设置略):

```
Private Sub Command1_Click()
  Dim L As Integer
  L = Val(Text1.Text)          '心率数值
```

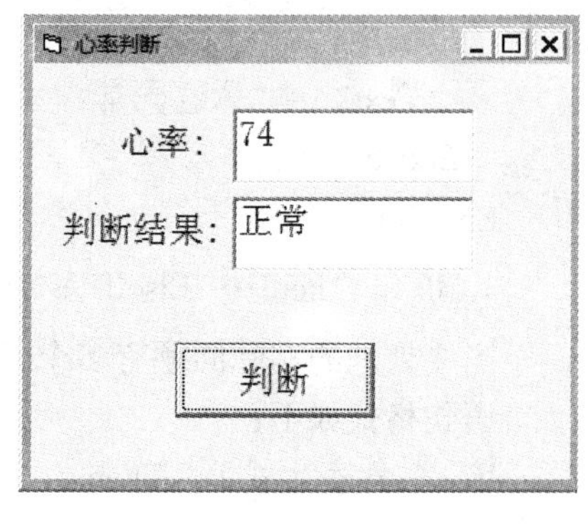

图 4.10 多分支结构

```
    If L > = 60 And L  < = 100 Then
      Text2  = "正常"
    ElseIf L > 100 Then
      Text2  = "心动过速"
    ElseIf L  <60 Then
      Text2  = "心动过缓"
    End If
End Sub
```

4. If 语句的嵌套

If 语句的嵌套是指 If 或 Else 后面的语句块中又包含 If 语句。下面是常见的双分支选择结构中的嵌套 If 结构的形式：

```
If <条件表达式 1 > Then
        ……
        If <条件表达式 2 > Then
        ……
        End If
        ……
Else
        ……
        If <条件表达式 n > Then
        ……
        End If
        ……
End If
```

在使用嵌套结构时，书写程序时更应注意采用缩进格式，增加程序可读性，且每个 If 语句必须与 End If 配对。

二、Select Case 语句

Select Case 语句是实现多分支选择结构的另一种表示形式，又称为“情况选择”语句。当需要分情况讨论，或根据某些离散的值进行不同的处理时，使用 Select Case 语句可以更加简洁的表达算法，而且也容易扩充。

Select Case 语句的格式如下：

```
Select Case 测试表达式
    Case 表达式值 1
          <语句块 1 >
    Case 表达式值 2
          <语句块 2 >
        ……
    [ Case Else
```

<语句块 n +1 >]

End Select

该语句的执行过程是:先对"测试表达式"求值,然后比较该值与哪一个 Case 子句后面的"表达式值"相匹配。如果找到,则执行该 Case 子句后面的"语句块",并把控制转移到 End Select 后面的语句;如果没有找到,则执行 Case Else 子句后面的"语句块 n + 1",然后把控制转移到 End Select 后面的语句。Case Else 是可选项。如果有多个 Case 语句的值与测试表达式的值匹配,则根据自上而下原则,只执行第一个与之匹配的语句块。Select Case 结构流程图如图 4.11 所示。

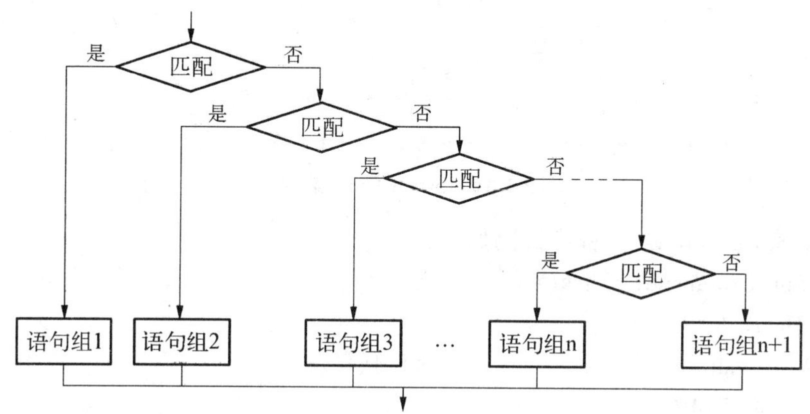

图 4.11　Select Case 结构流程图

其中,测试表达式可以是数值表达式或字符串表达式。表达式值只能是简单条件,而不能是用逻辑运算符连接而成的复合条件。

表达式值必须与"测试表达式"的类型一致,可以是下面情形之一:

1. 表达式[,表达式]……

当"测试表达式"的值与其中一个表达式的值相匹配时,就执行该 Case 子句的语句块。

例如:

Case -1, 1

Case "a", "A"

2. <表达式 1> To <表达式 2>

当"测试表达式"的值处在这个范围时,就执行该 Case 子句的语句块。

例如:

Case 1 To 10

Case "A" To "Z"

3. Is 关系运算表达式

只要"测试表达式"的值满足给定的条件就执行该 Case 子句的语句块。

例如:

Case Is> =0　　'当"测试表达式"的值大于等于 0 时,就执行该 Case 子句的语句块

4. 可以由以上三种形式混合组成,各种形式间用逗号分隔

【例4.4】 正常人的基础代谢率是 -10 %~ +10 %,10 %~20 %为偏高, +20 %~ +30 %为轻度甲亢, +30 %~ +60 %为中度甲亢, > +60 %为重度甲亢,如图4.12所示。

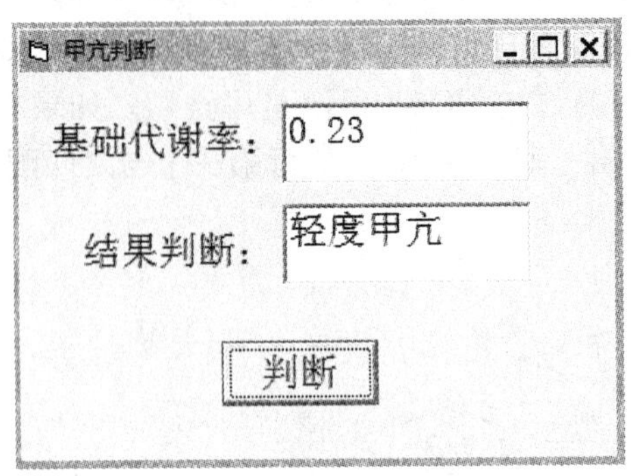

图4.12 Select Case 结构

用 Select Case 语句实现,程序代码如下:

```
Private Sub Command1_Click()
  Dim BMR As Single
  BMR = Val(Text1.Text)          '基础代谢率
  Select Case BMR
   Case -0.1 To 0.1
     Text2 = "正常"
   Case 0.1 To 0.2
     Text2 = "偏高"
   Case 0.2 To 0.3
     Text2 = "轻度甲亢"
   Case 0.3 To 0.6
     Text2 = "中度甲亢"
   Case Is > 0.6
     Text2 = "重度甲亢"
   Case Is < -0.1
     Text2 = "数据异常"
  End Select
End Sub
```

可以看出,对于多分支选择结构,用 Select Case 语句比用 If……Then……ElseIf 语句更为直观,程序可读性强。两者的区别在于:Select Case 语句只对单一表达式求值,并根据求值结果执行不同的语句块,而 If……Then……ElseIf 语句可以对不同的表达式求值。所以,当对多个条件进行判断时,只能用 If……Then……ElseIf 语句。

4.1.3 循环结构

循环结构是根据某一条件(即循环条件)反复执行某一段程序(即循环体)。循环体被

反复执行的次数称为循环次数。VB 中提供了两种类型的循环语句:计数型循环语句和条件型循环语句。

一、For……Next 语句

该语句是计数型循环语句,用于循环次数已知的循环结构。

格式如下:

```
For <循环变量> = <初值> To <终值> [Step <步长>]
    <循环体>
Next <循环变量>
```

其流程如图 4.13 所示。

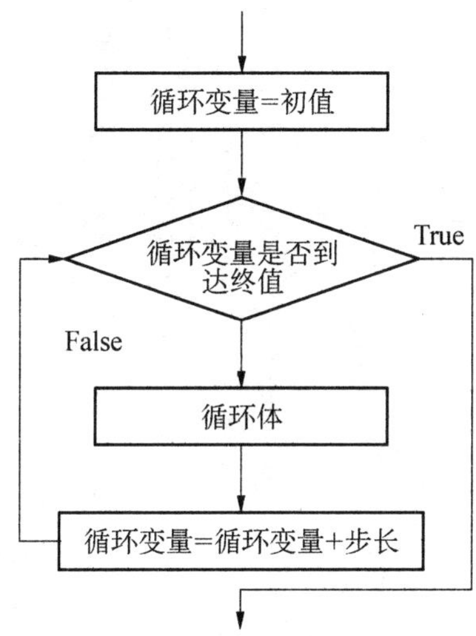

图 4.13　For…Next 结构流程图

执行过程如下:

(1) 对"循环变量"赋初值。

(2) 判断"循环变量"是否到达"终值"。如果"步长"为正数,则"循环变量"大于"终值"时结束循环,否则执行第三步;如果"步长"为负数,则"循环变量"小于"终值"时结束循环,否则执行第三步。

(3) 执行循环体。

(4) "循环变量"加"步长",返回第二步,继续循环。

其中:

① 当步长为 1 时,Step 部分可省略。

② 在循环体内可使用 Exit For 语句提前结束循环。

③ 循环次数 = Int((终值 - 初值)/步长) + 1。

注意:如果"初值""终值""步长"中包含有变量且在循环体内被改变,不会改变循环执行的次数,但循环变量若在循环体内被重新赋值,循环次数则有可能发生变化。

【例 4.5】　求平均身高,如图 4.14 和图 4.15 所示。

```
Private Sub Command1_Click()
```

```
    Dim n As Integer, i As Integer, h As Single, S As Single
    n = InputBox("请输入要计算的人数:")          '输入要计算的身高数据个数
    Print n; "个身高数据:"
    For i = 1 To n                              'for 循环,求 n 个身高数据的和
        h = InputBox("身高(cm)为:")
        S = S + h
        Print h; "CM"
    Next i
    Print "平均身高为:"; S / n; "厘米"           '输出平均身高
End Sub
```

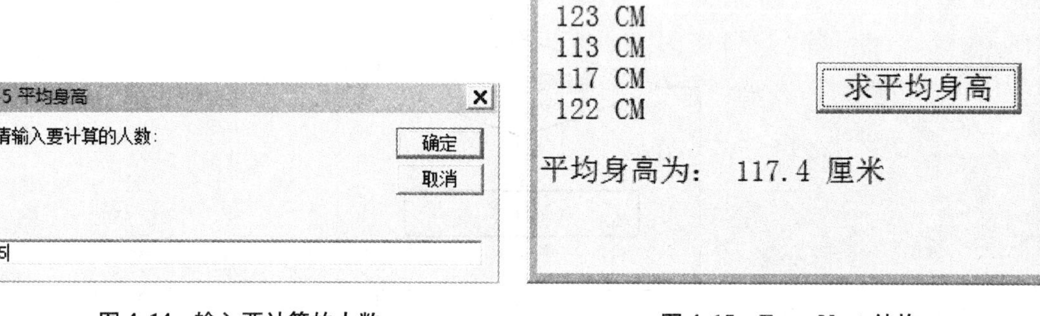

图 4.14 输入要计算的人数

图 4.15 For…Next 结构

二、Do……Loop 语句

该语句是条件型循环语句,用于循环次数未知的循环结构,可以使用 While 关键字或 Until 关键字加上循环条件,并且该部分可以放在 Do 关键字或 Loop 关键字之后,这样共有四种不同的格式。

(1) Do While 循环条件
<循环体>
Loop

(2) Do
<循环体>
Loop While 循环条件

(3) Do Until 循环条件
<循环体>
Loop

(4) Do
<循环体>
Loop Until 循环条件

格式1和格式2是利用While关键字实现的循环,称为“当型循环”。即当循环条件成立时执行循环体,否则退出循环。区别在于:首次执行循环语句时,若循环条件不成立,格式2的循环体依然被执行一次,而格式1的循环体一次都不被执行。

格式3和格式4是利用Until关键字实现的循环,称为“直到型循环”。即直到循环条件成立时退出循环,否则执行循环。区别在于:首次执行循环语句时,若循环条件不成立,格式4的循环体依然被执行一次,而格式3的循环体一次都不被执行。

Do……Loop语句的流程如图4.16所示。

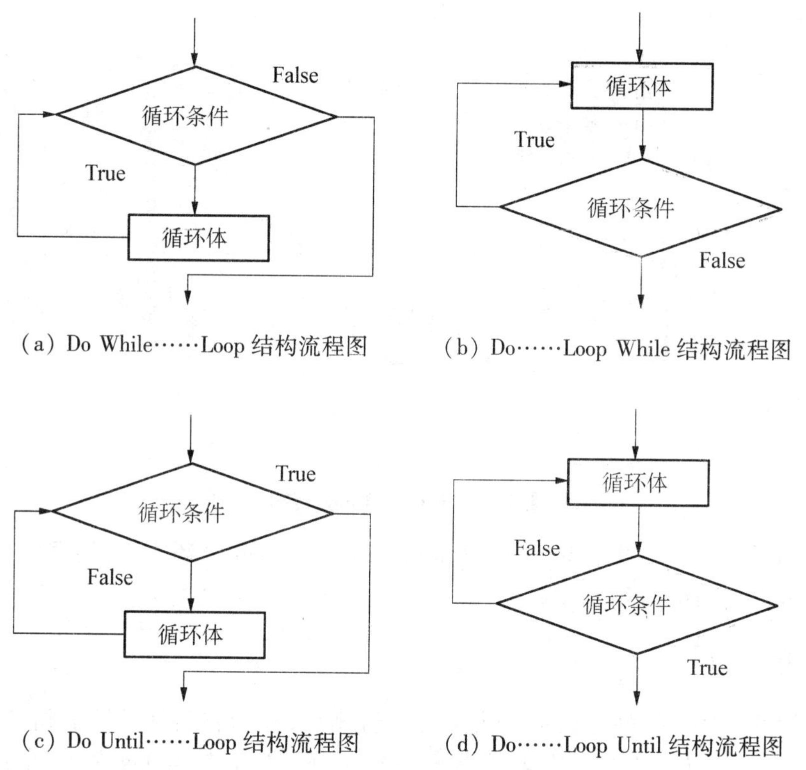

图4.16　Do…Loop 结构流程图

在Do语句和Loop语句之间的语句称为循环体语句。循环体中,可以包含一条或多条Exit Do语句,如果程序执行到Exit Do语句时,就会直接结束循环,转而执行Loop语句的下一条语句。

【例4.6】　求满足以下条件的最小n和sum值,如图4.17所示。

sum =1 +2 +3 +…… +n　　且 sum≥1000

这是一个循环次数未知的问题,可以用Do…Loop循环语句来解决。

程序代码如下:

```
Option Explicit
Private Sub Command1_Click()
    Dim n As Integer, sum As Integer
    n = 1
    sum = 0                          '累加器置0
```

```
    Do
        sum = sum + n                        '累加
        If sum > = 1000 Then Exit Do          '若 sum 大于等于 1000,结束循环
        n = n + 1
    Loop
    Print "sum 最小值 ="; sum               '输出最小的 sum 值
    Print "n 最小值 ="; n                   '输出最小的 n 值
End Sub
```

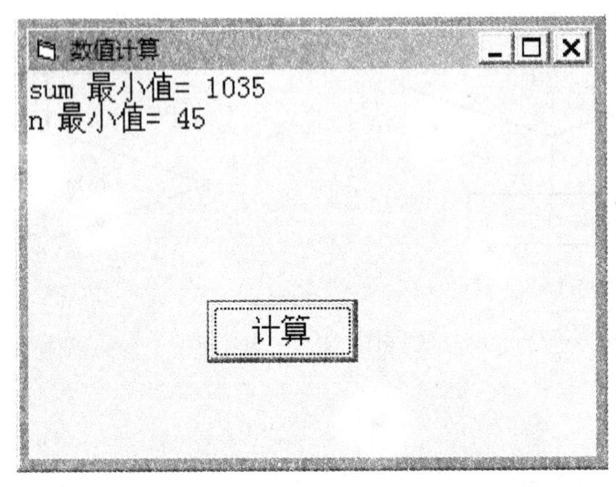

图 4.17 Do……Loop 结构

本例使用了无可选关键字 While 或 Until 的 Do……Loop 循环方式,根据题目给出的条件,由 Exit Do 语句结束循环。

三、GoTo 语句

上面介绍的循环结构都是根据某个条件进行循环,称为有条件跳转语句,还有一种结构,即 GoTo 语句,是无条件跳转语句,程序执行到该语句时不需要判断条件,直接将程序执行的流程无条件地转移到本过程的另一段程序代码。

格式为:

GoTo 行标签 |行号

行标签为语句行标识符的简称。该语句在执行后,无条件地转移到行标签或行号所在的位置处往下执行。行标签的命名与变量命名相同,行标签的后面跟":",行号则采用正整数形式。

GoTo 语句可以改变程序的执行顺序,跳过程序的某一部分去执行另一部分,或者返回已经执行过的某段程序使之重复执行,因此,用 GoTo 语句可以构成循环。

【例 4.7】 GoTo 语句示例程序,如图 4.18 所示。

程序代码如下:

```
Private Sub Form_Click()
    Dim i As Integer, j As Integer, k As Integer, m As Integer
    For i = 1 To 10
```

```
    For j = 1 To 10
      For k = 1 To 10
            m = m + i + j + k
            If m Mod 5 = 0 Then GoTo endline
      Next k
      Next j
  Next i
endline: Print "m ="; m; "运行结束"
End Sub
```

图 4.18 GoTo 语句

在结构化程序设计中,要尽量少用或不用 GoTo 语句,以免造成结构混乱,程序可读性下降,用选择结构或循环结构来代替 GoTo 语句。

4.1.4 循环嵌套

在一个循环结构的循环体内又包含了另一个循环结构称为循环嵌套。循环嵌套对 Do……Loop和 For……Next 均适用。

在使用循环嵌套时必须注意:

(1) 内循环变量和外循环变量不能同名。

(2) 内循环必须完整地包含在外循环之内,不得相互交叉。

(3) 若循环体内有 If 语句,或 If 语句内有循环语句,也不能交叉。

(4) 不能从循环体外转向循环体内,也不能从外循环转向内循环;反之则可。

(5) 在循环体中遇到 Exit For (Do)时,则只能跳出当前一层循环。

【例 4.8】 公鸡 4 元 1 只,母鸡 3 元一只,小鸡 1 元 3 只,编写程序,找出 100 元可以买多少只公鸡,母鸡,小鸡?

本题属于"穷举"问题,解题的基本思想是:一一列举各种可能的情况,并判断哪种情况是符合要求的解,这种算法称为穷举法(又称"枚举法"),通常采用循环结构来实现。程序界面如图 4.19 所示。

程序代码如下:

方法一:

```
Private Sub Command1_Click()
    Dim x As Integer, y As Integer, z As Integer
    Print "公鸡"; Tab(8); "母鸡"; Tab(16); "小鸡"
    For x = 0 To 20
      For y = 0 To 33
       If 5 * x + 3 * y + (100 - x - y) \3 = 100 And (100 - x - y) Mod 3 = 0 Then
         Print x; Tab(8); y; Tab(16); 100 - x - y
       End If
      Next y
    Next x
End Sub
```

方法二:

```
Private Sub Command2_Click()
    Dim x As Integer, y As Integer, z As Integer
    Print "公鸡"; Tab(8); "母鸡"; Tab(16); "小鸡"
    For x = 0 To 20
      For y = 0 To 33
       For z = 0 To 100
         If 5 * x + 3 * y + z \3 = 100 And z Mod 3 = 0 And x + y + z = 100 Then
          Print x; Tab(8); y; Tab(16); z
         End If
       Next z
      Next y
    Next x
End Sub
```

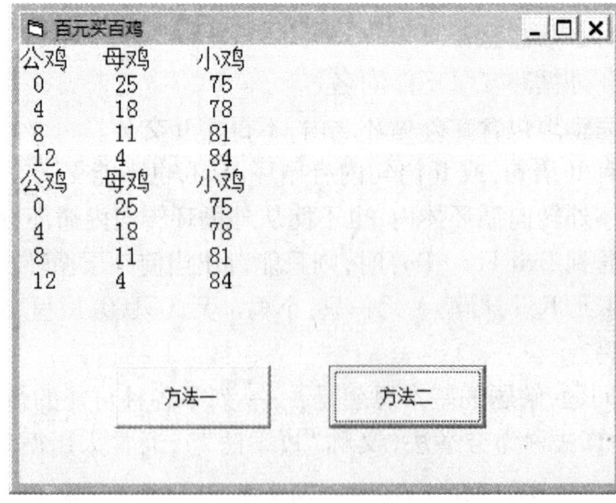

图 4.19 循环嵌套结构

4.2　程序示例

【例 4.9】　编写程序,判断一个大于等于 2 的数是不是素数并输出结果,如图 4.20 所示。

所谓素数(质数)是指大于等于 2 且只能被 1 和自身整除的数,因此可以按素数的定义来进行判断。用数 x 依次除以 2 到 x－1 之间的所有数,若都无法整除,则 x 为素数。实际上,判断一个数 x 是否为素数并不需要从 2 判断到 x－1,只要从 2 判断到 x/2 或者 sqr(x)就可以了,这样可以提高判断速度。

程序界面如图 4.20 所示。程序运行时单击“判断”按钮,把判断结果显示在文本框中。

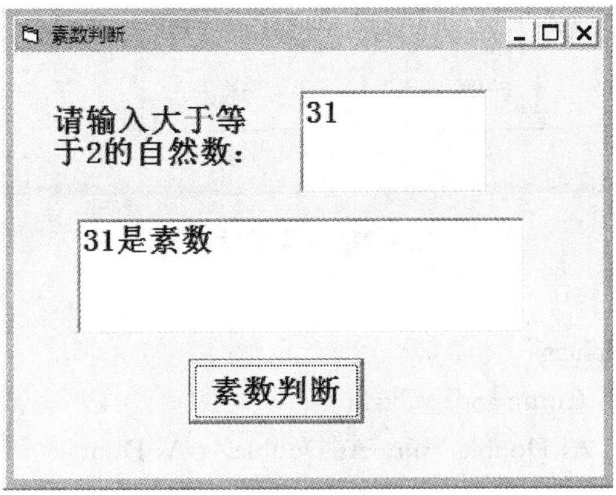

图 4.20　素数判断

程序代码如下(程序界面各控件的属性设置略):

```
Option Explicit
Private Sub Command1_Click()
    Dim n As Integer
    Dim i As Integer
    n = Val(Text1.Text)          '输入要判断的自然数
    If n <2 Then
        Text2.Text = "请输入大于等于 2 的正整数"
    Else
     For i = 2 To Sqr(n)                  '选择循环次数
        If n Mod i = 0 Then Exit For       '若 n 能被 i 整除就不是素数
     Next i
     If i > Sqr(n) Then
        Text2.Text = n & "是素数"
     Else
        Text2.Text = n & "不是素数"
    End If
```

```
    End If
End Sub
```

【例4.10】 根据公式 $\pi/4 = 1 - 1/3 + 1/5 - 1/7 + \cdots\cdots + (-1)^{n-1}/(2n-1)$ 求 π 的近似值，直到最后一项的绝对值小于 10^{-6} 为止。

程序运行界面如图 4.21 所示。由于本题无法预知循环次数，可以用 Do……Loop 语句来解决。

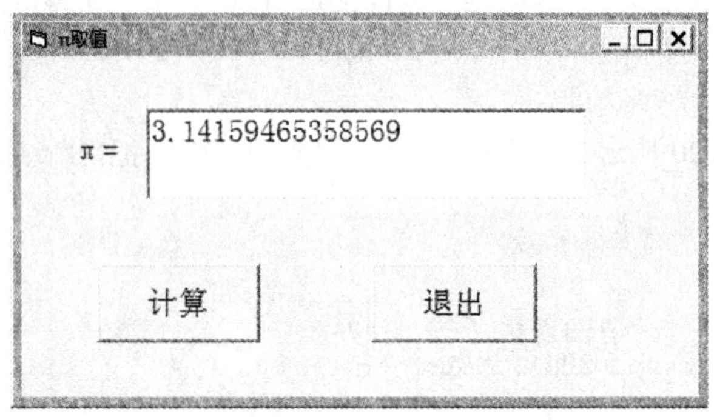

图 4.21 π取值计算

程序代码如下：

```
Option Explicit
Private Sub Command1_Click()
   Dim PI As Double, sum As Double, t As Double
   Dim n As Long
   n = 1
   sum = 0
   Do
     t = (-1) ^ (n - 1) / (2 * n - 1)
     sum = sum + t
     n = n + 1
   Loop Until Abs(t) <10 ^ -6
   PI = 4 * sum
   Text1.Text = CStr(PI)
End Sub
Private Sub Command2_Click()
   End
End Sub
```

回到工作场景

通过对本章内容的学习，应该掌握了程序基本结构的用法，此时足以完成模拟出院费用结算程序的设计。下面我们将回到前面介绍的工作场景中，完成工作任务。

【分析】本问题重点在于计算各种零钱的数目,本程序用 For 循环和 Do…Loop 循环嵌套的方式计算各种零钱的数目,并通过标签控件显示。

【工作过程一】 设计用户界面

通过标签控件、文本框控件、按钮控件建立如图 4.22 所示的程序,各控件的属性值见表 4.1。

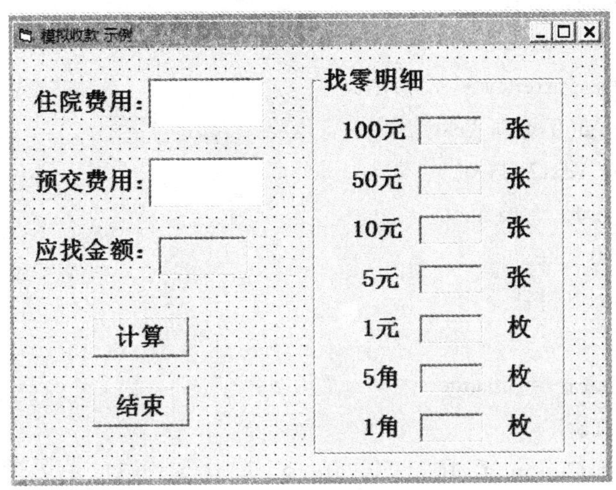

图 4.22 设计窗体

表 4.1 各控件的属性值

控 件	属 性	值
Form1	Caption	"模拟收款 示例"
Command1	Caption	"计算"
Command2	Caption	"结束"
Frame1	Caption	"找零明细"
Label1	Caption	"住院费用"
Label2	Caption	"预交费用"
Label3	Caption	"应找金额"
Label4、6、9、12、15、18、21、24	Caption	""
Label5	Caption	"100 元"
Label8	Caption	"50 元"
Label11	Caption	"10 元"
Label14	Caption	"5 元"
Label17	Caption	"1 元"
Label20	Caption	"5 角"
Label23	Caption	"1 角"
Label7、10、13、16、19、22、25	Caption	"个"

【工作过程二】 编写代码

双击“计算”按钮,编写按钮的 Click 事件过程如下:

```
Private Sub Command1_Click()
    Dim money As Single
    Dim cash As Currency
    Dim change As Currency
    Dim piece As Currency
    Dim unit As Currency
    money = Val(Text1.Text)
    cash = Val(Text2.Text)
    change = cash - money
    If change <0 Then
        MsgBox "付钱不够"
    End If
    Label4.Caption = change
    For i = 1 To 7
        unit = Choose(i, 100, 50, 10, 5, 1, 0.5, 0.1)    '选择钱币的面值
        piece = 0
        Do While change > = unit
            piece = piece + 1
            change = change - unit
        Loop
        Select Case i
            Case 1
                Label6.Caption = piece                 '100 元的个数
            Case 2
                Label9.Caption = piece                 '50 元的个数
            Case 3
                Label12.Caption = piece                '10 元的个数
            Case 4
                Label15.Caption = piece                '5 元的个数
            Case 5
                Label18.Caption = piece                '1 元的个数
            Case 6
                Label21.Caption = piece                '0.5 元的个数
            Case 7
                Label24.Caption = piece                '0.1 元的个数
        End Select
    Next i
```

```
End Sub
```

双击“取消”按钮,编写按钮的 Click 事件过程如下:

```
Private Sub Command2_Click()
    End                                  '退出程序
End Sub
```

【工作过程三】　运行和保存工程

编写完两个命令按钮的 Click 事件后,所有的编程即完成。此时运行程序,在住院费用中填入 1123.2,在预交费用中填入 2000,单击“计算”按钮,可求得需要找的零钱为 876.8 元,各币种的数目为:100 元 8 张、50 元 1 张、10 元 2 张、5 元 1 张,1 元 1 张,5 角 1 个,1 角 3 个。结果如图 4.1 所示。

习　题

一、思考题

1. Visual Basic 6.0 的基本结构分为哪几种?每种结构由什么语句实现?
2. If 语句和 Select Case 语句的区别是什么?For…Next 循环语句和 Do…Loop 循环语句的区别是什么?
3. Do…Loop 循环语句有哪几种不同的形式?区别是什么?
4. 什么是循环嵌套?在使用循环嵌套时应注意什么?

二、选择题

1. 下列有关 Select Case 的语句中,错误的是________。

   A. Case 2 To 8

   B. Case Is <= 10

   C. Case x > 10 And x < 20

   D. Case "x","X"

2. 下面程序段中,循环体被执行的次数是________次。

```
n =0
For i =3 To 16 Step 4
    n =n +4
Next i
```

   A. 3　　B. 4　　C. 5　　D. 6

3. 若 i 的初值为 5,则下列循环语句的循环次数为________。

```
Do while i < =15
  i =i +2
Loop
```

   A. 4　　B. 5　　C. 6　　D. 7

4. 以下________语句是错误的。

   A. For…Next　　B. Do…Loop While　　C. For…Loop　　D. Do While…Loop

三、编程题

1. 比较两个数 x 和 y 的大小,如果 x 小于 y,则交换 x 和 y,使得 x 不小于 y。
2. 随机生成100 个两位正整数,并分别计算小于60,大于等于60 小于70,大于等于70 小于80,大于等于 80 小于 90 和大于等于 90 的整数的个数及这 100 个两位正整数的平均值。
3. 用 Do…Loop 循环结构四种不同的格式分别计算 100 之内的偶数之和。
4. 求两个自然数的最大公约数和最小公倍数。
5. 输入一个正整数,判断该数是否为素数。
6. 用以下公式计算 sin(x)的值,当最后一项的绝对值小于 10^{-7} 时停止计算,x 的值由键盘输入。

   $\sin(x) = x - x^3/3! + x^5/5! - x^7/7! + \cdots + (-1)^{n-2}x^{2n-3}/(2n-3)! + (-1)^{n-1}x^{2n-1}/(2n-1)!$
7. 编写程序,在文本框 1 中输入一串字符,将处在偶数位和奇数位上的字符分别取出并逆序连接成两个新的字符串,再分别输出到文本框 2 和文本框 3 中。
8. 编写程序,在所有三位数中找出个位数、十位数、百位数三者之和等于 10 的数。

【微信扫码】

参考答案 & 相关资源

第 5 章

数　　组

本章要点

- 常规数组的定义及操作。
- 动态数组的应用。
- 控件数组的使用。

工作场景导入

【工作场景】

编写程序，模拟医院挂号系统，选择好要挂号的科室、门诊类别后，可以显示完整的挂号信息。设计界面如图 5.1 所示。

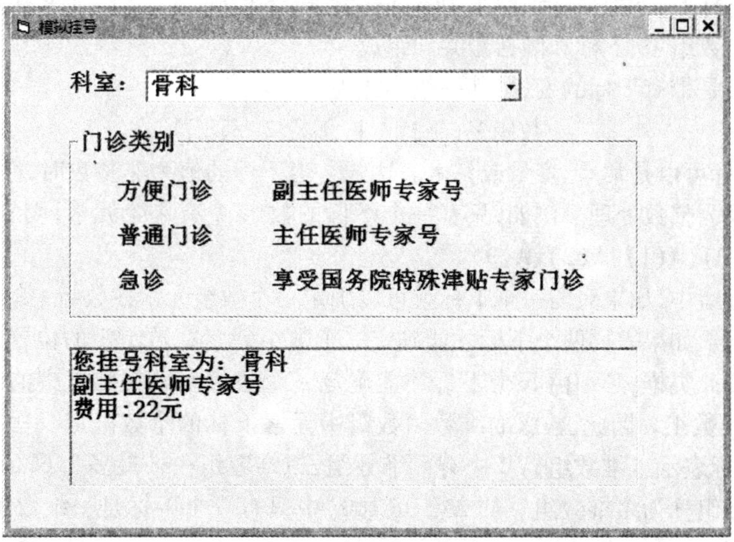

图 5.1　模拟挂号界面

【引导问题】

(1) 如何设计程序界面?

(2) 如何在程序中使用控件数组?

(3) 如何在程序中识别用户选择的门诊类型?

(4) 如何编写完整的程序?

在编程时经常遇到有很多同类型变量的问题,如一个病区有50名患者,每名患者有各自的诊疗费用,如果采用简单变量定义存储这些患者的各自诊疗费用就需要50个变量,如果还有其他信息需要处理,则需要更多的变量,这在编程中是不能接受的,因此可以通过数组来解决该类问题。本章将介绍数组的概念及使用,如何灵活地使用数组是Visual Basic中的一个重点。

5.1 数组的概念

数组是一组具有相同类型的有序变量的集合。这些变量按照一定的规则排列,使用一片连续的存储单元,数组可用于存储成组的有序数据。在程序中使用数组的最大优势是用一个数组名代表逻辑上相关的一批数据,用下标区分该数组中的各个元素,和循环语句结合使用,编写出的程序简洁精悍。

5.1.1 数组命名与数组元素

数组名的命名规则与简单变量命名规则一样。数组名不是代表一个变量,而是代表有内在联系的一组变量。数组内这些有序变量称为数组元素,每个数组元素都有一个编号,这个编号叫作下标,用下标来标识数组中不同的元素,下标确定了数组元素在数组中的位置。数组元素名由数组名、下标和圆括号共同组成。

数组元素是带有下标的变量,其一般形式为:

数组名(下标1 [,下标2,……])

其中,下标可以是常量、变量或算术表达式。当下标的值为非整数时,会按CInt函数的方式将其转换为整数处理。例如,只有一个下标的数组A有4个元素,则它的元素可以分别表示为:A(0)、A(1)、A(2)、A(3)。

在一个数组中,如果只需一个下标就可以确定一个数组元素在数组中的位置,则该数组称为一维数组。如果需要两个下标才能确定一个数组元素在数组中的位置,则该数组称为二维数组。依此类推,必须由N个下标才能确定一个数组元素在数组中的位置,则该数组数组称为N维数组。因此,数组的维数由数组中元素下标的个数决定,一个下标表示一维数组,二个下标表示二维数组,VB中有一维数组、二维数组……最多为60维数组。通常把二维以上的数组称为多维数组。如A(1 to 100)中只有一个下标是一维数组,B(4,5)就是一个二维数组。

5.1.2 数组的定义

VB中有两种类型的数组:固定大小数组和动态数组。固定大小数组就是在定义时就确定了数组的大小,在程序运行过程中不能改变其大小的数组;动态数组是指在程序运行中可以改变其大小的数组。

数组必须先声明后使用。声明数组就是让系统在内存中分配一个连续的区域,用来存储数组元素。

一、数组声明语句

数组声明语句的形式如下:

Public | Private | Static | Dim <数组名>([<维界定义>])[As <数据类型>]

其中,与变量声明类似,使用 Public、Private、Static、Dim 关键字声明的数组其作用域不同,表 5.1 列出了几种关键字的区别。

表 5.1　数组声明

关键字	适用范围
Public	用于标准模块的声明段,定义全局数组
Private 和 Dim	用于模块的声明段,定义模块级数组
Dim	用于过程中,定义局部数组
Static	用于过程中,定义静态数组

< 维界定义 > 的格式如下:

[<下界 1 >To] 上界 1[[, <下界 2 >To] 上界 2……]

所谓下界和上界,就是数组下标的最小值和最大值。其中"下界"和关键字"To"可以缺省。如果在程序中没有特别声明,即程序中没有使用 Option Basic 1 语句,缺省下界和关键字 To 时,则表示下标的取值是从 0 开始的,等价于"0 To 上界"。如果程序中在模块的"声明"部分添加一行代码:Option Base 1,下标的取值是从 1 开始的,等价于"1 To 上界"。格式中的下界 1 表示数组第一维的下界,下界 2 表示数组第二维的下界……例如,下列数组说明语句出现在模块声明段:

```
Dim A(5)  As Integer
Private B(20 To 23)  As String * 6
Dim C(1 to 2, 2)  As Integer
```

第一行数组说明语句等价于 Dim A(0 to 5) As Integer,它定义了一个模块级的一维整型数组,数组的名字为 A,该数组共有 6 个数组元素,分别为:A(0)、A(1)、A(2)、A(3)、A(4)、A(5)。

第二行数组说明语句定义了一个模块级的、一维的、数组元素的长度为 6 个字节的字符串型数组 B,数组维下界是 20,维上界是 23。该数组的元素分别是:B(20)、B(21)、B(22)、B(23),共 4 个数组元素。

第三行数组说明语句定义了一个模块级的二维整型数组 C,C 数组的元素分别是:C(1,0)、C(1,1)、C(1,2)、C(2,0)、C(2,1)、C(2,2),共 6 个数组元素。

< 数组名 >(< 维界定义 >)是数组说明符。例如,在语句 Dim A(5) As Integer 中,A(5) 是数组说明符,当程序中缺省 Option Base 1 语句时,它说明了 A 数组是一个一维数

组，维下界是 0，维上界是 5，有 6 个数组元素。尽管数组说明符 A(5) 与数组第 6 个元素的名字 A(5) 书写形式一样，但它们的含义不同，不要把它们混淆。出现在数组说明语句中的 A(5) 是数组说明符，而出现在程序的其他地方的 A(5)，则是 A 数组的下标为 5 的数组元素的名字。

数组说明语句中的 As <数据类型> 用来声明数组的类型。数组的类型可以是 Integer、Long、Single、Double、Date、Boolean、String（变长字符串）、String * length（定长字符串）、Object、Currency、Variant 和自定义类型。若缺省 As 短语，则表示该数组是变体（Variant）类型。

请看下面数组定义的例子：

```
Option Base 1
Dim A(4), B(3, 3) As Integer
```

Option Base 1 语句必须位于模块的通用部分，用以说明本模块内所有缺省维下界说明的数组，它们的维下界均为 1。因此数组说明语句定义了名为 A 的一维数组，它的维下界是 1，具有 4 个元素；由于缺省类型说明，所以 A 数组类型是 Variant 类型。该数组说明语句还定义了一个有 3 行 3 列（3×3）的二维整型数组 B。

在过程中除可以用 Dim 语句说明数组外，还可根据需要用 Static 语句定义静态数组。

静态数组的特点是，在调用过程时，它的各个元素会继承上次退出该过程时元素的取值。例如，在过程中用下面的语句定义一个一维的整型静态数组 Sta。

```
Static Sta(3) As Integer
```

二、数组的初始化

数组声明后会进行初始化，如果是数值类型的数组，元素初始值为 0；如果是变长字符串类型，元素初始值为空字符串；如果是定长字符串类型，元素初始值为指定长度的空格；如果是布尔类型，元素初始值为 False。

三、数组的上下界及长度

某维的下界和上界分别表示该维的最小和最大的下标值。维界的取值范围不得超过长整型（Long）数据的数据范围（-2147483648 ~ +2147483647），在声明时，数组各维的下界必须小于等于上界，否则将产生错误。在定义固定大小数组时，维的上、下界的值必须是常量或常数表达式并且不超过长整型范围，不可以是变量名。若给定上下界值不是整数，VB 将会对其按 Clnt 函数的方式进行舍入处理。例如：

```
Const X As Integer = 6
Dim Y As Integer
Dim A(1 to 4.3) As Integer
Dim B(2 To X) As Integer
Dim C(1 To 2 * 4) As Integer
Dim D(Y) As Integer
```

上述数组说明语句中的前三个语句都是正确的，分别定义了 A、B、C 三个一维数组。其中第一条数组说明语句定义 A 数组的维上界是 4.3，但经过舍入处理后 A 数组的维上界是

4。第二条数组说明语句中用一个已定义的符号常数说明数组 B 的维上界，其值是 6。第三条数组说明语句用一个表达式说明 C 数组的维上界，系统首先计算出表达式的值，然后再根据表达式的值确定 C 数组的维上界是 8。而最后一个说明语句是错误的，因为 Y 是一个整型变量，不能用来说明数组的维界。在数组说明语句中若用符号常数说明数组的维界，那么该符号常数在这个说明语句之前必须已被定义过。

四、数组的上下界及长度

用数组说明语句定义数组，指定了各维的上、下界取值范围，也就确定了数组的大小。所谓数组的大小，就是这个数组所包含的数组元素的个数。数组的大小有时也称为数组的长度。可用下面的公式计算数组的大小：

数组的大小 = 第一维大小 × 第二维大小 × … × 第 N 维大小

维的大小 = 维上界 − 维下界 +1

例如：

```
Dim A(7) As Integer
Dim B( -2 to 3,  1 To 4)  As Sing
```

则有：

A 数组的大小 =7 −0 +1 =8(个数组元素)

B 数组的大小 =(3 −(−2) +1) ×(4 −1 +1) =6 ×4 =24(个数组元素)

5.1.3　数组的结构

主要介绍一维、二维和三维数组的逻辑结构。

一、一维数组的结构

一维数组只能表示线性顺序，相当于一个一维表，一维数组在内存中存放的次序在形式上与数组的逻辑结构相同，按下标序号升序排列。例如：

```
Dim A(6)  As Integer
```

逻辑结构如图 5.2 所示。

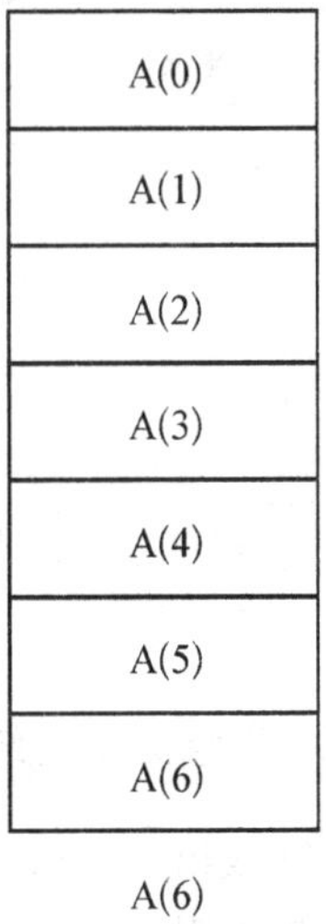

A(0)
A(1)
A(2)
A(3)
A(4)
A(5)
A(6)

A(6)

图 5.2　一维数组逻辑结构

二、二维数组的结构

二维数组的表示形式是由行和列组成的一个二维表，二维数组的数组元素需要用两个下标来标识，分别表示行号与列号。例如：

```
Option Base 1
Dim Table(3, 4)  As Integer
```

上面的数组说明语句定义了一个二维数组，数组说明符的圆括号中的第一个数为行数，第二个数为列数，表明数组 Table 有 3 行(1 ~3)4 列(1 ~4)共计 12 个元素。二维数组 Table 的逻辑结构如图 5.3 所示。

Table(1,1)	Table(1,2)	Table(1,3)	Table(1,4)
Table(2,1)	Table(2,2)	Table(2,3)	Table(2,4)
Table(3,1)	Table(3,2)	Table(3,3)	Table(3,4)

Table(3,4)

图 5.3　二维数组逻辑结构

二维数组在内存中是“按列存放”，即先存放第一列的所有元素，接着存放第二列所有元素……直到存完最后一列的所有元素。数组 Table 的元素在内存中的存放形式如图 5.4 所示。

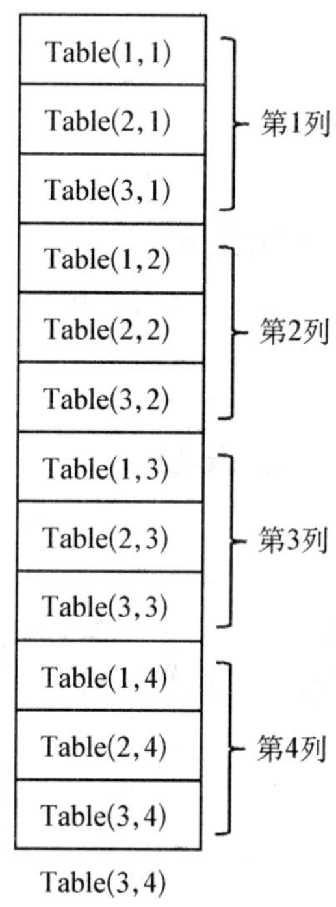

图 5.4　二维数组内存中的存放形式

三、三维数组的结构

三维数组是由行，列和页组成的三维表。三维数组也可理解为几页的二维表，即每页由一张二维表组成，三维数组的元素是由行号，列号和页号来标识的，例如：

```
Option Base 1
Dim Page(3,3,2)  As Integer
```

上面的数组说明语句定义了一个三维数组，圆括号中的第一个数为行数，第二个数为列数，第三个数为页数。三维数组 Page 有 2 页、3 行、3 列共 18 个元素。数组 Page 的逻辑结构如图 5.5 所示。

Page(1,1,1)	Page(1,2,1)	Page(1,3,1)
Page(2,1,1)	Page(2,2,1)	Page(2,3,1)
Page(3,1,1)	Page(3,2,1)	Page(3,3,1)

数组Page的第1页

Page(1,1,2)	Page(1,2,2)	Page(1,3,2)
Page(2,1,2)	Page(2,2,2)	Page(2,3,2)
Page(3,1,2)	Page(3,2,2)	Page(3,3,2)

数组Page的第2页

图 5.5 三维数组逻辑结构

三维数组在内存中是按"逐页逐列"存放,即先对数组的第一页中的所有元素按列的顺序分配存储单元,然后再对第二页中的所有元素按列的顺序分配存储单元……直到数组的每一个元素都分配了存储单元。数组 Table 的元素在内存中的存放形式如图 5.6 所示。

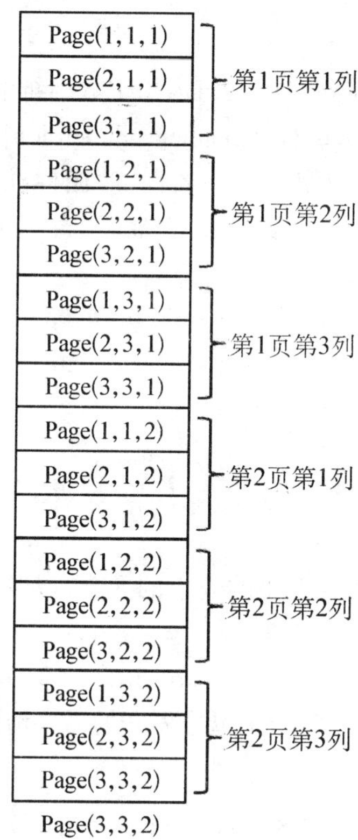

图 5.6 三维数组内存中的存放形式

5.1.4 数组函数及语句

数组的上下界可以通过函数来求得,此外,数组也有一些特有的语句。

一、LBound 函数

LBound 函数返回一个 Long 型数据,其值为指定数组维的下界。语法为:

LBound(arrayname[, dimension])

其中 arrayname 为必需的，是数组变量的名称，遵循标准的变量命名约定；dimension 是可选的，指定返回哪一维的下界。1 表示第一维，2 表示第二维，以此类推。如果省略 dimension，默认为 1。

所有维的缺省下界都是 0 或 1，这取决于 Option Base 语句的设置。使用 Array 函数创建的数组的下界为 0；它不受 Option Base 的影响。

对于那些在 Dim 中用 To 子句来设定维数的数组而言，Private、Public、ReDim 或 Static 语句可以用任何整数作为下界。

例如在程序中声明语句为：Dim A(1 To 100, 0 To 3, -3 To 4)，则有：

LBound(A, 1) =1

LBound(A, 2) =0

LBound(A, 3) = -3

二、UBound 函数

UBound 函数返回一个 Long 型数据，其值为指定数组维的上界。语法为：

UBound(arrayname[, dimension])

其中 arrayname 为必需的，是数组变量的名称，遵循标准的变量命名约定；dimension 是可选的，指定返回哪一维的上界。1 表示第一维，2 表示第二维，以此类推。如果省略 dimension，默认为 1。

例如在程序中声明语句为：Dim A(1 To 100, 0 To 3, -3 To 4)，则：

UBound(A, 1) =100

UBound(A, 2) =3

UBound(A, 3) =4

三、Erase 语句

Erase 语句用于重新初始化固定大小的数组的元素，以及释放动态数组的存储空间。语法为：

Erase arraylist

所需的 arraylist 参数是一个或多个用逗号隔开的需要清除的数组变量。对不同数组所起作用见表 5.2。

表 5.2 Erase 语句作用

数组类型	作　用
固定大小数值型数组	将每个元素设为 0
固定大小字符串数组	将每个元素设为空字符串（"")
固定大小 Variant 数组	将每个元素设为 Empty
用户定义类型的数组	将每个元素作为单独的变量来设置
对象数组	将每个元素设为特定值 Nothing
动态数组	释放动态数组所使用的内存。在下次引用该动态数组之前，程序必须使用 ReDim 语句来重新定义该数组变量的维数

四、For Each－Next 语句

该语句针对一个数组或集合中的每个元素，重复执行一组语句。

For Each Element In <array> | <object set>

[语句]

[Exit For]

[语句]

Next [Element]

For Each－Next 语句的语法具有以下几个部分：

（1）Element 必要参数。用来遍历集合或数组中所有元素的变量。对于数组而言，Element 只能是一个 Variant 变量。

（2）array 必要参数。数组的名称（用户定义类型的数组除外）。

如果集合中至少有一个元素，就会进入 For Each 块执行。一旦进入循环，便先针对 array 中第一个元素执行循环中的所有语句。如果 array 中还有其他的元素，则会针对它们执行循环中的语句，当 array 中的所有元素都执行完了，便会退出循环，然后从 Next 语句之后的语句继续执行。

在循环中可以在任何位置放置任意个 Exit For 语句，随时退出循环。Exit For 经常在条件判断之后使用，如 If Then，并将控制权转移到紧接在 Next 之后的语句。

可以将一个 For Each－Next 循环放在另一个之中来组成嵌套式 For Each－Next 循环。但是每个循环的 Element 必须是唯一的。

【例 5.1】 下面程序功能是将二维数组输出：

$$\begin{pmatrix} 11 & 12 & 13 \\ 21 & 22 & 23 \end{pmatrix}$$

```
Option Base 1
Private Sub Command1_Click()
    Dim A(2, 3) As Integer
    Dim I As Integer, J As Integer
    Dim V As Variant
    For I = 1 To 2
        For J = 1 To 3
            A(I, J) = 10 * I + J
        Next J
    Next I
    For Each V In A
        Print V;
    Next V
End Sub
```

执行程序后输出结果如图 5.7 所示。

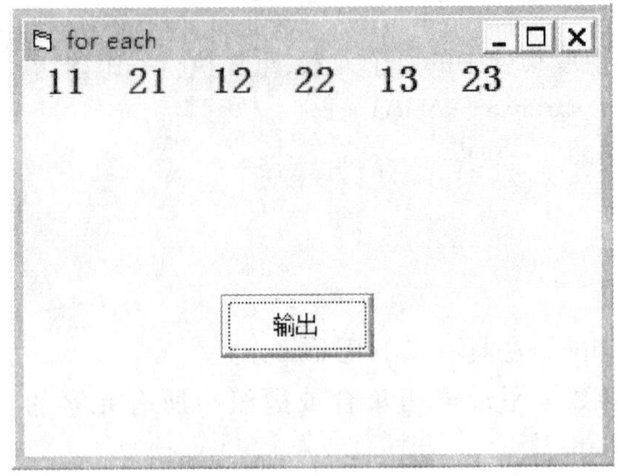

图 5.7 输出结果

5.2 数组的基本操作

数组的使用给编程带来了很大的方便性,数组的常用基本操作如下。

5.2.1 数组元素赋值

数组赋值可以通过赋值语句、循环、函数等方式进行赋值。

一、用赋值语句进行赋值

采用赋值语句对数组元素可以直接赋值,例如:

```
Dim City(100)  As String
Dim Test(4, 5)  As Integer
Test(2, 3)  = 87
City(0)  = "NanJing"
City(36)  = "XuZhou"
```

二、通过循环进行赋值

用数组表示一系列连续的变量最大的好处就是方便变量的引用,在程序中通过循环改变数组的下标可以很便利地对整个数组进行访问,这在对整个数组赋初值和数组输出时经常使用。

如果访问的是一维数组,则通过一重循环就可以遍历每个元素,如果访问的是多维数组,则可以通过多重循环访问到每个数组元素。

【例 5.2】 随机获取 10 名就诊者的心率(假设数据在 50 ~ 130 之间),数据存储在一维数组中,并分两行输出,运行结果如图 5.8 所示。

```
Option Base 1
Private Sub Command1_Click()
```

```
    Dim A(10) As Integer
    Dim I As Integer
    For I = 1 To 10
      A(I) = Int(Rnd * 81) + 50
    Next I
    For I = 1 To 10
      Print A(I);
      If I Mod 5 = 0 Then Print
    Next I
End Sub
```

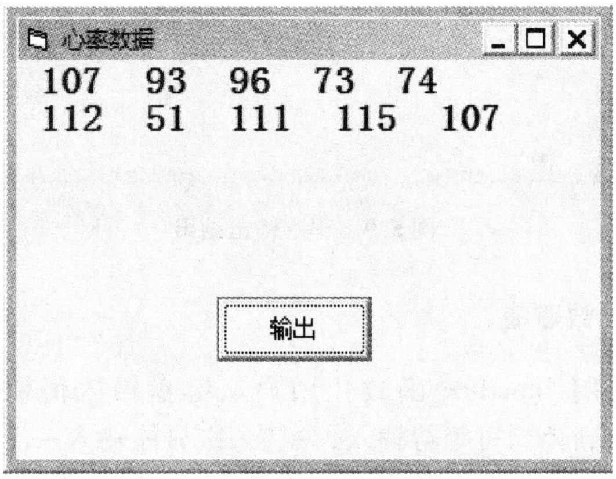

图 5.8 程序输出结果

【例 5.3】 产生包含 5×5 个变量的二维数组,每个变量的数值是一个随机产生的两位正整数,主对角线上的所有元素全部为 10。运行结果如图 5.9 所示。

```
Option Base 1
Private Sub Form_Click()
    Dim A(5, 5) As Integer
    Dim I As Integer, J As Integer
    For I = 1 To 5
        For J = 1 To 5
            A(I, J) = Int(Rnd * 90 + 10)
        Next J
    Next I
    For I = 1 To 5
        A(I, I) = 10
    Next I
    For I = 1 To 5
        For J = 1 To 5
            Print A(I, J);
```

```
        Next J
        Print
    Next I
End Sub
```

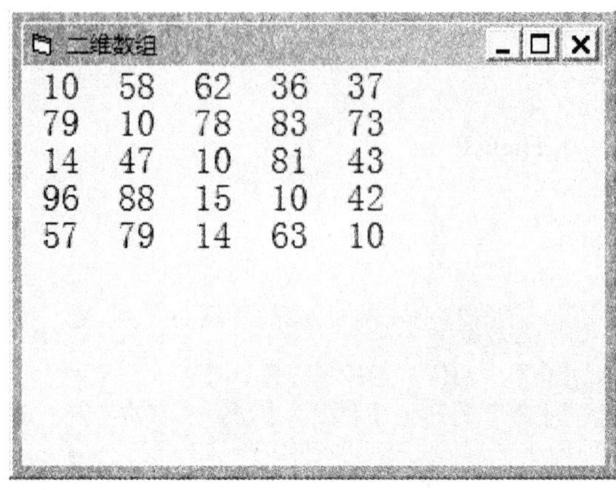

图 5.9 程序输出结果

三、用 InputBox 函数赋值

在程序中,可以使用 InputBox 函数让用户从键盘输入值赋给数组元素。在执行 inputbox 函数时,程序会暂停运行等待输入,并且每次只能输入一个值,由于占用运行时间长,Inputbox 函数只适合输入个别数据。如果数组比较大,需要输入的数据比较多,用 Inputbox 函数给数组赋值就显得很不方便。

【例 5.4】 记录一名就诊患者一周 7 天每天早上的体温,数据存储在一维数组中,用 InputBox 函数输入数据,运行结果如图 5.10 和图 5.11 所示。

```
Option Base 1
Private Sub form_Click()
    Dim A(7)  As Single
    Dim I As Integer
    For I  = 1  To 7
      A(I)  = InputBox("请输入体温数据: ")
    Next I
    Print "一周 7 天的体温数据: "
    For I  = 1  To 7
      Print A(I);
    Next I
End Sub
```

图 5.10　InputBox 函数输入数据

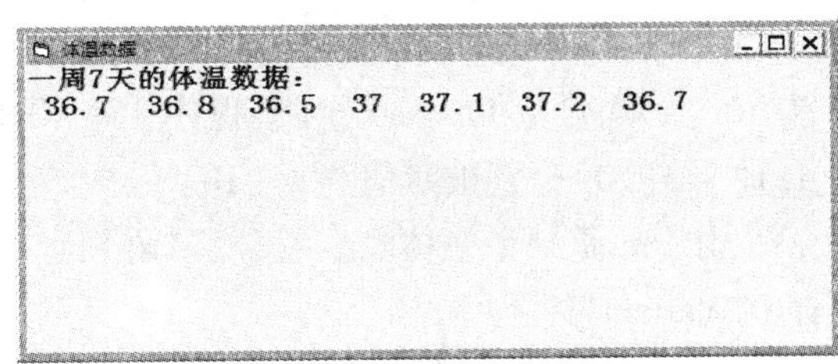

图 5.11　程序输出结果

四、用 Array 函数赋值

Array 函数格式如下：

<变体变量名> | <变体类型的动态数组> =Array([n1, n2, …])

若用 Array 函数给变体型变量赋值，则该函数创建成一个一维数组。若用 Array 函数给一个变体型的动态数组赋值，则该动态数组的上、下界被重新定义。需要注意的是被赋值的变量只能是变体型变量或者是变体型动态数组。

括号里的参数是一个用逗号隔开的列表，这些值用于给 Variant 所包含的数组的各元素赋值。函数创建的数组长度与列表中的数据个数相同，如果不提供参数，则创建一个长度为 0 的数组。

使用 Array 函数创建的数组的下界受 Option Base 语句指定的下界的决定，默认从 0 开始。

【例 5.5】　利用 Array 函数给变体型变量赋值并输出。

```
Option Base 1
Private Sub Form_Click()
    Dim a As Variant,  b()  As Variant
    a  = Array(1, 2, 3, 4, 5, 6, 7, 8, 9, 10)
    Print "a(1) ="; a(1); "a(5) ="; a(5); "a(10) ="; a(10);
    a  = "Array 函数示例"
    Print a
    b  = Array(1, 2, 3, 4, 5, 6, 7, 8, 9, 10)
    Print "b(2) ="; b(2)
End Sub
```

程序运行结果如图 5.12 所示。

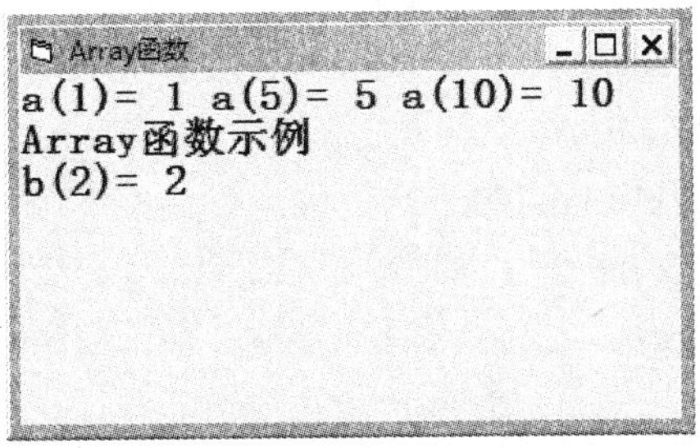

图 5.12　Array 函数的使用

语句 a = Array(1, 2, 3, 4, 5, 6, 7, 8, 9, 10)创建了一个一维数组 A,数组元素个数为 10 个,类型是 Integer。由于程序中有 Option Base 1 语句,所以数组的下标从 1 开始,a(1) ~ a(10)分别被赋值为 1 ~ 10。

由于 a 是一个变体型变量,所以语句 a = "Array 函数示例"执行后 a 又变成了一个普通的 Variant 变量。

b 数组是一个变体型动态数组,执行语句 b = Array(1, 2, 3, 4, 5, 6, 7, 8, 9, 10)后 b 数组被重新定义为下界是 1,上界是 10 的一维数组。

五、数组直接赋值

在 VB 中也可以直接将一个数组的值赋值给另一个数组或者 Variant 变量。

数组直接赋值时有以下几点需要注意:

(1) 赋值号左边的必须是动态数组或 Variant 变量。

(2) 如果赋值号左边是动态数组,则两边的数据类型必须一致。

(3) 如果赋值号左边的是一个动态数组,则赋值时系统自动将动态数组 ReDim 成右边相同大小的数组。

(4) 如果赋值号左边是 Variant 变量,赋值号右边数组类型不可以是固定长度字符串。

(5) 如果赋值号左边的是一个大小固定的数组,则数组赋值出错。

【例 5.6】 用一个 3 ×2 的二维数组,记录三名新生儿出生后一个月和两个月的体重,将数组分别赋值给一个动态数组和一个 Variant 变量,观察赋值结果,运行界面如图 5.13 所示。

```
Option Base 1
Private Sub Form_Click()
    Dim A() As Single, Test(3, 2) As Single, D As Variant
    Print "记录新生儿体重(kg) Test 数组元素:"
    For i = 1 To 3
        For j = 1 To 2
            Test(i, j) = InputBox("请输入体重(kg) 数据:")
            Print Test(i, j);
        Next j
        Print
    Next i
    A = Test
    Print "把 Test 赋值给 A:"
    For i = 1 To UBound(A, 1)
        For j = 1 To UBound(A, 2)
            Print A(i, j);
        Next j
        Print
    Next i
```

```
    D = Test
    Print "把 Test 赋值给 D: "
    For i = 1 To UBound(D, 1)
        For j = 1 To UBound(D, 2)
            Print D(i, j);
        Next j
        Print
    Next i
End Sub
```

```
新生儿体重
记录新生儿体重(kg)Test数组元素:
 5.8  7.2
 4.9  6.5
 6.2  7.4
把Test赋值给A:
 5.8  7.2
 4.9  6.5
 6.2  7.4
把Test赋值给D:
 5.8  7.2
 4.9  6.5
 6.2  7.4
```

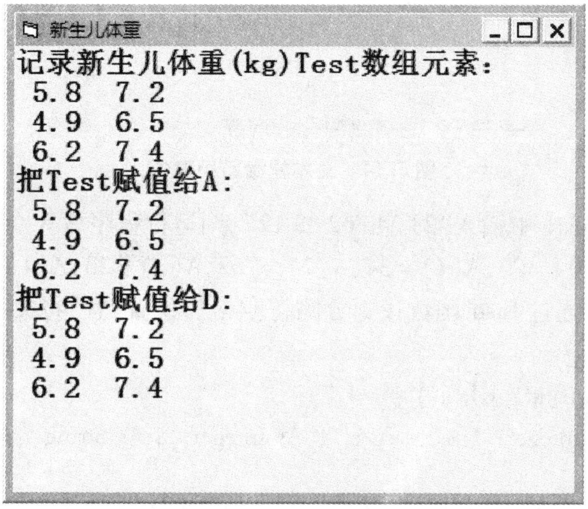

图 5.13 数组赋值示例

六、通过文本框输入

对大批量的数据输入,采用文本框输入效率更高。输入时可以采用 Instr 函数获取分隔符的位置从而给数组元素赋值,如果采用 Split 函数使用将会更加方便。

Split 函数返回一个从零开始的一维数组,赋值号左边必须是一个变体型变量。

【例 5.7】 利用文本框实现一组体温数据输入,运行结果如图 5.14 所示。

```
Private Sub Command1_Click()
  Dim A As Variant
  A = Split(Text1, " ")
  Print 体温数据:
  For i = LBound(A) To UBound(A)
    Picture1.Print A(i); "℃"
  Next i
End Sub
```

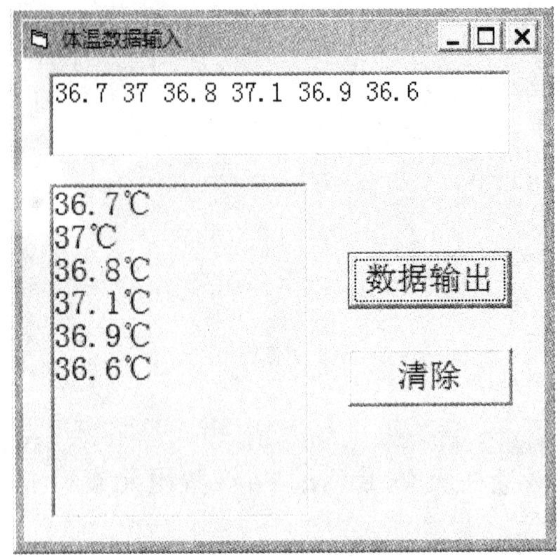

图 5.14 文本框给数组赋值

如果在文本框 Text1 中输入“23 34 762 33 12”,则运行程序后 A 会变成一个含有五个元素的数组,分别是 A(0) =23,A(1) =34,A(2) =762,A(3) =33,A(4) =12。

另外该题也可以通过 Instr 函数找到分隔符空格的位置然后将文本框内容分割后输入到数组 A,如:

```
Private Sub Command1_Click()
  Dim A(4) As Integer, I As Integer, L As Integer, S As String
  S =Text1
  For I =0 To 3
      L =InStr(S, " ")
      A(I) =Left(S, L -1)
      S =Right(S, Len(S) -L)
      Print A(I);
  Next I
End Sub
```

5.2.2 数组元素的输出

数组的输出与简单变量输出过程一样,一般用 Print 方法打印到窗体或者图片框中,或者显示到文本框或列表框中。对于二维数组的输出要有行和列的输出控制,这需要通过二重循环进行控制,外循环控制行的变化,内循环控制列的变化。

【例 5.8】 一个二维数组存储三名患者的诊疗费用和药品费用,根据点击不同的命令按钮分别输出到图片框和文本框中,参考界面如图 5.15 所示。

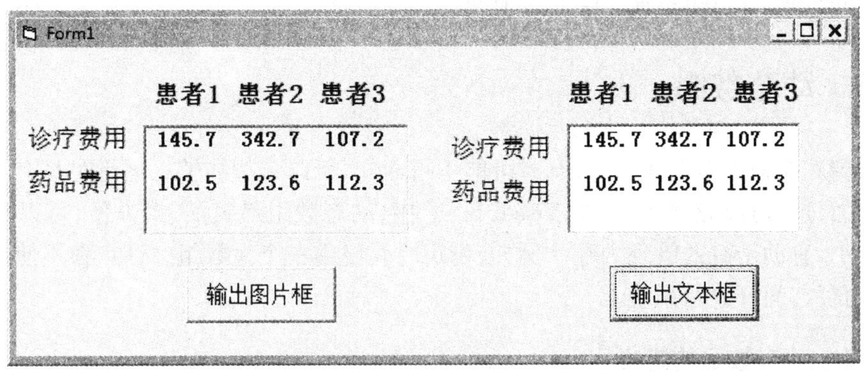

图5.15　二维数组的输出

```
Option Base 1
Dim a(2, 3) As Single
Private Sub Command1_Click()
    Dim i As Integer, j As Integer
    For i = 1 To 2
        For j = 1 To 3
            a(i, j) = InputBox("输入每位患者诊疗费用和药品费用:")
        Next j
    Next i
    For i = 1 To 2
        For j = 1 To 3
            Picture1.Print a(i, j);
        Next j
        Picture1.Print
    Next i
End Sub

Private Sub Command2_Click()
    Dim i As Integer, j As Integer
    For i = 1 To 2
        For j = 1 To 3
            Text1 = Text1 &" " & a(i, j)
        Next j
        Text1 = Text1 & vbCrLf
    Next i
End Sub
```

根据上例可以看出，图片框换行采用 Print 方法进行控制，而文本框通过系统常量 vbCrLf 来实现。vbCrLf 也可以用 Chr(13) & Chr(10)来代替，不管哪种方式，文本框要实现换行首先要将其 MultiLine 属性设置为 True。

5.3 动态数组

数组到底应该有多大才合适,有时可能不得而知,所以希望能够在运行时具有改变数组大小的能力,这就是动态数组。在 Visual Basic 中,动态数组最灵活、最方便,可以在任何时候改变大小,有助于有效管理内存。例如,可短时间使用一个大数组,然后,在不使用这个数组时,将内存空间释放给系统。

5.3.1 动态数组的定义

动态数组声明形式如下:

Public | Private | Static | Dim 数组名() [As <数据类型>]

动态数组使用方法为,首先在声明时数组名后面为空括号,没有指定数组大小。然后在程序运行过程中,根据程序所需要的数组大小对动态数组用 Redim 语句进行重定义,重新按照指定大小分配存储空间。

Redim 语句只能出现在程序中,格式为:

Redim [Preserve] 数组名([<下界 1>] to 上界 1[[, <下界 2>to 上界 2……) [As <数据类型>]

在程序中可以多次用 Redim 语句对动态数组进行重定义,每次执行 Redim 语句时,当前存储在数组中的值都会全部丢失,VB 重新将数组元素的值初始化。

【例 5.9】 动态数组使用示例,运行结果如图 5.16 所示。

```
Option Base 1
Private Sub form_Click()
    Dim A() As Integer, X As Integer, Y As Integer
    X = 3
    Y = 4
    ReDim A(X)          '将数组 A 重定义为具有 3 个元素的一维数组
    A(2) = 20
    Print "A(2) ="; A(2)
    ReDim A(X, Y)       '将数组 A 重定义为具有 3 ×4 个元素的二维数组
    A(2, 2) = 15
    Print "A(2,2) ="; A(2, 2)
End Sub
```

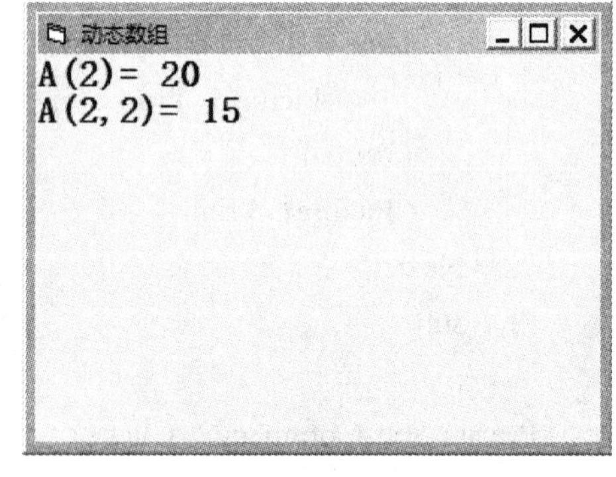

图 5.16 动态数组的输出

有时希望改变数组大小又不丢失数组中的数据,这就需要使用有 Preserve 关键字的 Redim 语句。

【例 5.10】 动态数组 Preserve 使用示例,运行结果如图 5.17 所示。

```
Option Base 1
Private Sub form_Click()
    Dim A() As Integer
    ReDim A(3)
    A(1) = 36
    Print "A(1) ="; A(1)
    ReDim Preserve A(5)
    A(5) = 78
    Print "A(1) ="; A(1); "A(5) ="; A(5)
End Sub
```

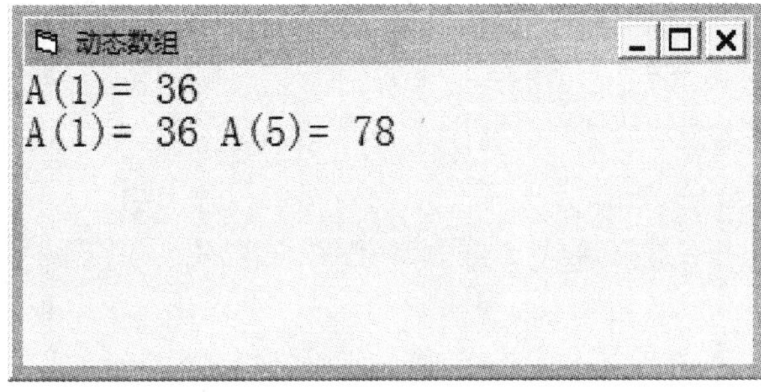

图 5.17 动态数组 Preserve 的输出

输出打印结果为 36 78,可以看出使用 Preserve 关键字后重定义的数组能够保留原来的数据。

但是需要注意的是,对于多维数组而言,用 Preserve 关键字时只能改变多维数组中最后一维的上界,如果改变了其他维或最后一维的下界,那么运行时就会出错。

5.3.2 动态数组的使用

动态数组进行使用时随时可以根据需要改变数组的大小,这在实际应用中带来了很大的灵活性。

【例 5.11】 求出 100 ~ 200 之间的所有素数,将其存储在数组中,运行结果如图 5.18 所示。

```
Private Sub Form_Click()
    Dim Prime() As Integer, k As Integer, i As Integer, j As Integer
    For i = 100 To 200
        For j = 2 To Sqr(i)
            If i Mod j = 0 Then Exit For
        Next j
        If j > Sqr(i) Then
            k = k + 1
            ReDim Preserve Prime(k)
            Prime(k) = i
```

```
        End If
    Next i
    For i = 1 To k
        Print Prime(i);
        If i Mod 5 = 0 Then Print
    Next i
End Sub
```

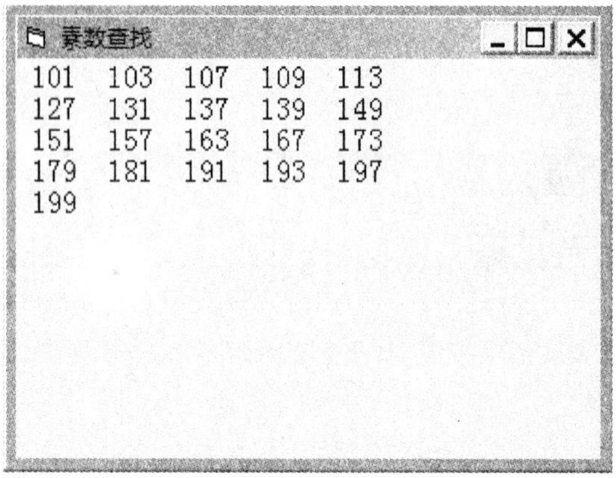

图 5.18 动态数组输出素数

5.4 控件数组

控件数组是由一组相同类型的控件组成的，它们共用一个控件名。控件数组适用于若干个控件执行的操作相似的场合，控件组共享同样的事件过程。

5.4.1 控件数组的基本概念

控件数组通过索引号（属性中的 Index）来标识各控件，第一个下标是 0。例如：Command1 (0)、Command1 (1)、Command1 (2)、Command1 (3)……运行时，不论单击哪一个命令按钮都会调用同一个事件过程。

为了区分控件数组中的各个元素，VB 会把下标值传给过程，程序中通过参数 Index 判断用户按了哪个按钮，编程时经常与 If 语句或 Select Case 语句配合使用。例如：

```
Private Sub Command1_Click(Index As Integer)
    ……
    If Index = 2 Then
        Print "这是第三个命令按钮"
    End If
    ……
End Sub
```

5.4.2 控件数组的建立

建立控件数组的方法有两种方法，一种是在界面设计时建立；另一种是通过程序控制。

1. 界面设计时建立

界面设计时也有两种方式，一种方法是通过属性窗口设置“名称”属性；另一种方法是通过复制与粘贴操作。

(1) 创建同名变量

首先把要建立为控件数组的同一类型控件放置到窗体中，然后在属性窗口中将它们的“名称”属性设置为相同的，例如，将第一个控件的“名称”属性设置为 Command1，将第二个控件的“名称”属性也设置为 Command1 时，系统会弹出消息框，询问用户是否建立控件数组，单击“是”按钮即可创建一个控件数组。如图 5.19 所示。再将其他控件的“名称”属性设置为 Command1 时，系统不再弹出消息框，而是自动将它们设置为控件数组的成员。

> **注意**：控件数组中的控件必须是同一类型的，例如，都是文本框控件或都是命令按钮控件。如果用户将一个其他类型的控件“名称”属性设置为控件数组的名称，则系统弹出提示框，提示控件类型不符的消息框。

(2) 复制粘贴控件

通过在窗体上复制与粘贴控件，也可以建立起控件数组。在窗体上选中一个要创建为控件数组的控件，单击“复制”按钮，再单击“粘贴”按钮，则系统也会弹出如图 5.19 所示的提示创建控件数组的消息框，单击“是”按钮即可建立控件数组。再次粘贴控件，系统不再弹出消息框，而是自动将它们设置为控件数组的成员。每个新数组元素的 Index 值与添加到控件数组中的次序一致。

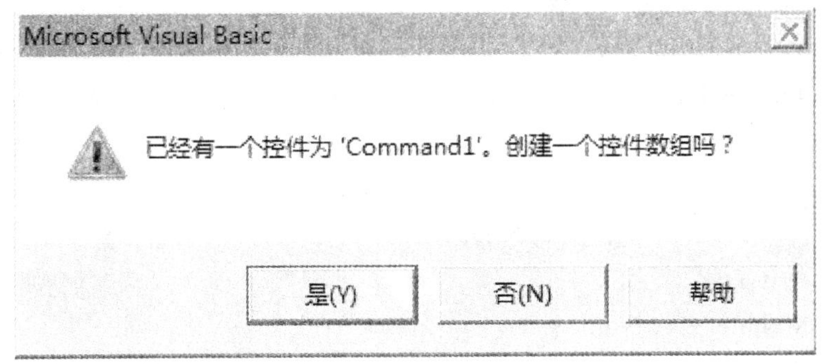

图 5.19 创建控件数组

2. 通过程序建立

通过程序也可以建立控件数组，建立步骤如下：

(1) 设计时在窗体上要有一个做控件数组的控件，给其 Index 属性设置为“0”，这一步很重要：有了索引号才能创建数组控件。

(2) 代码中通过 Load 方法添加控件数组元素，也可以通过 Unload 方法删除某个添加的控件数组元素。

(3) 由于加载新控件数组元素是不会自动把 Visable、Index、TabIndex 等属性设置值复制给新元素,所以要在程序中将 Visable 属性设置为"True",程序中通过设置 Left、Top 属性确定新元素在窗体上的位置。

【例 5.12】 设计一个程序,利用控件数组对窗体上的文本框进行添加和删除,单击"添加文本框"按钮则在窗体上添加五个文本框,单击"删除文本框"按钮则将添加的五个文本框全部删除,程序运行界面如图 5.20 和图 5.21 所示。

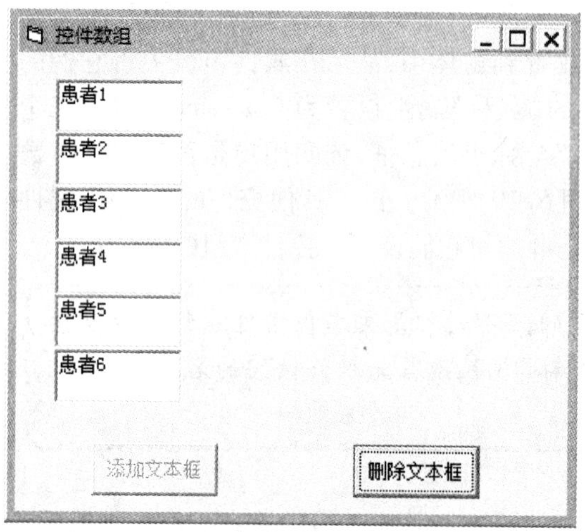

图 5.20 程序中添加控件

图 5.21 程序中删除控件

首先要在设计时将窗体上 Text1 的 Index 属性设置为 0,然后通过 Load 和 Unload 方法进行添加和删除控件,程序如下:

```
Private Sub Addtxt_Click()                              '添加文本框按钮
    Dim i As Integer
    Dim txtNum As Integer                               'Text1 的 Index 号
    Dim Num As Integer                                  '赋给各 TextBox 的值
    txtNum = 0
    Num = 1
    Text1(0).Text = "患者" & Num                        '第一个 Text1 的值
    For i = 0 To 4                                      '添加五个 TextBox
        txtNum = txtNum + 1
        Num = Num + 1
        Load Text1(txtNum)                              '加载文本框
        Text1(txtNum).Top = Text1(txtNum - 1).Top + 500
                                                        '设置位置
        Text1(txtNum).Text = "患者" & Num               '文本框显示内容
        Text1(txtNum).Visible = True                    '令其可见
    Next i
    Addtxt.Enabled = False
```

```
        Deltxt.Enabled = True
    End Sub
    Private Sub Deltxt_Click()                          '删除文本框按钮
        Dim i As Integer, N As Integer
        N = 0
        For i = 1 To Text1.Count - 1
            N = N + 1
            Unload Text1(N)                             '删除文本框
        Next i
      Addtxt.Enabled = True
      Deltxt.Enabled = False
    End Sub
```

5.4.3 控件数组的使用

控件数组一方面使得程序简洁、令代码易于维护,另一方面能使程序具有灵活性。

【例5.13】 使用控件数组控制字体的颜色、字形及字号,程序运行界面如图5.22所示。

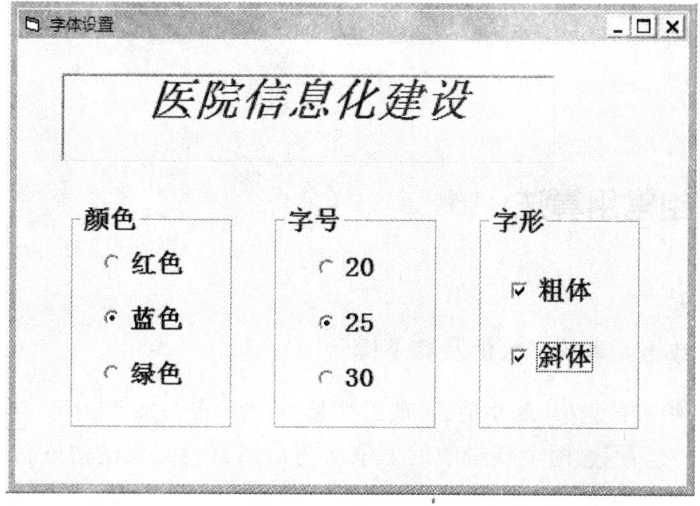

图5.22 控件数组的使用

```
Private Sub Check1_Click(Index As Integer)             '字形
  Select Case Index
    Case 0
      Label1.FontBold = Not Label1.FontBold
    Case 1
      Label1.FontItalic = Not Label1.FontItalic
  End Select
End Sub
```

```
Private Sub Option1_Click(Index As Integer)                    '颜色
  Select Case Index
    Case 0
      Label1.ForeColor = vbRed
    Case 1
      Label1.ForeColor = vbBlue
    Case 2
      Label1.ForeColor = vbGreen
  End Select
End Sub

Private Sub Option2_Click(Index As Integer)                    '字号
  Select Case Index
    Case 0
      Label1.FontSize = 20
    Case 1
      Label1.FontSize = 25
    Case 2
      Label1.FontSize = 30
  End Select
End Sub
```

5.5 数组常用算法

数组中的常用算法总结为以下一些内容。

5.5.1 求数组元素的最大值及其下标

对于一维数组求最大值、最小值,一般做法是:设置变量 max 和 min(初值都是数组中第一个元素的值),然后用这两个变量中的值依次与数组其他元素的值进行比较。若数组的某个元素的值大于 max 的值,则用该元素的值替换 max 中原来的值;若数组的某个元素的值小于 min 的值,则用该元素的值替换 min 中原来的值。比较完成后,max 和 min 中就分别保存数组中的最大数和最小数。

【例 5.14】 记录患者一周七天早上的空腹血糖值,用一维数组存储数据,输出其中的最大数、最小数及其下标。

```
Option Base 1
Private Sub Form_click()
    Dim Compare(7) As Single, I As Integer
    Dim Max As Single, Min As Single, Maxi As Integer, Mini As Integer
    Randomize
```

```
    For I  = 1 To 7
        Compare(I)  = InputBox("输入血糖值: ")
        Print Compare(I);
    Next I
    Print
    Max  = Compare(1):  Min  = Compare(1)
    Maxi =1: Mini =1
    For I  = 1 To 7
        If Compare(I) > Max Then
            Max  = Compare(I)
            Maxi  = I
        ElseIf Compare(I)  <Min Then
            Min  = Compare(I)
            Mini  = I
        End If
    Next I
    Print "血糖值最高是: ";  Max;  "是周";  Maxi
    Print "血糖值最低是: ";  Min;  "是周";  Mini
End Sub
```

运行结果如图 5.23 所示。

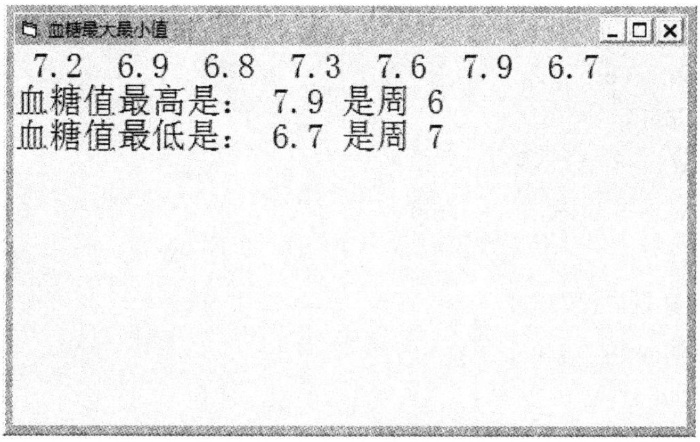

图 5.23　求数组元素的最值及其下标

对于二维数组求每行每列的最大值,只要对每行每列分别使用求一维数组最大数的方法即可求得。

5.5.2　交换数组元素

【例 5.15】　将下列数组元素进行交换,交换的要求是将数组第一个元素与最后一个交换,第二个与倒数第二个交换,依次类推。

交换数组元素的时候需要首先找到下标交换的规律,在本例中可以看出下标为 1 的元素应该与下标为 10 的元素交换，下标为 2 的应该与下标为 9 的元素交换，规律为需要交换的两个元素下标相加为 11。交换前和交换后状态如图 5.24 所示。

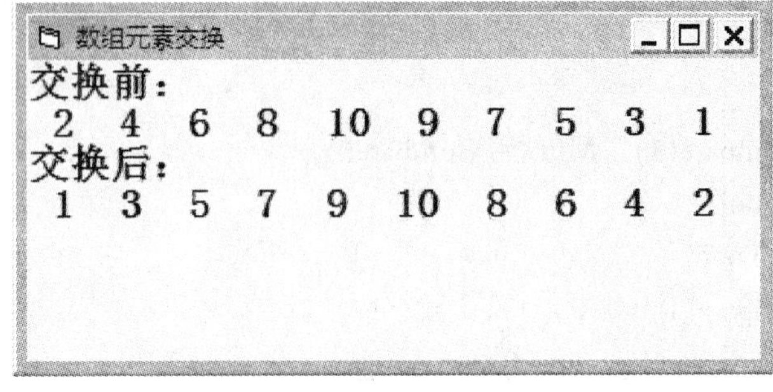

图 5.24　数组元素的交换

```
Option Base 1
Private Sub Command1_Click()
        Dim A() As Variant, i As Integer, b As Integer, temp As Integer
        A = Array(2, 4, 6, 8, 10, 9, 7, 5, 3, 1)
        Print "交换前: "
        For Each V In A
            Print V;
        Next V
        Print
        b = UBound(A)
        For i = 1 To b \ 2
            temp = A(i)
            A(i) = A(1 + b - i)
            A(1 + b - i) = temp
        Next i
        Print "交换后: "
        For Each v In A
            Print v;
        Next v
End Sub
```

5.5.3　排序算法

在计算机编程中排序是一个经常遇到的问题。不同的排序算法有不同的优缺点，这里主要介绍两种排序算法，分别是选择排序和冒泡排序，这里都以升序为例。

一、选择排序

选择排序法是一个很简单的算法。其原理是首先找到数组中的最小的数据，放在数组第一位,然后在剩下的数据中重复同样的操作。这样如果有 n 个数要进行排序,则需要选择 n-1 轮。第一轮将 Sort(1)与 Sort(2)、Sort(3)……Sort(n)逐一比较,只要发现 Sort(1)比 Sort(i)大就将这两个元素交换,第一轮比完后 Sort(1)中就是所有元素中最小的。第二轮用 Sort(2)与 Sort(3)、Sort(4)……Sort(n)逐一比较,处理方式与第一轮一样,该轮比完第二小的数就放在了 Sort(2)中。总共比较 n-1 轮,完成后数组就成为一个有序数组。

【例 5.16】 随机获取一组 10 个门诊科室就诊人员数(假设数据在 10~99 之间),用选择排序法将这些数按升序排列。程序参考界面如图 5.25 所示。

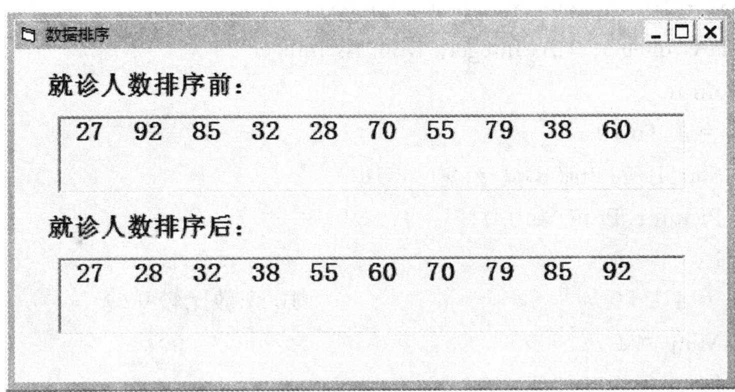

图 5.25 选择排序

```
Option Base 1
Private Sub form_Click()
    Dim Sort(10) As Integer, Temp As Integer
    Dim I As Integer, J As Integer
    Randomize
    For I = 1 To 10
        Sort(I) = Int(Rnd * 90 + 10)
        Picture1.Print Sort(I);
    Next I
    For I = 1 To 9                                        '10 个数比较 9 轮
        For J = I + 1 To 10
            If Sort(I) > Sort(J) Then
                Temp = Sort(I)
                Sort(I) = Sort(J)
                Sort(J) = Temp
            End If
        Next J
        Picture2.Print Sort(I);
    Next I
    Picture2.Print Sort(I)
```

```
End Sub
```

从上面的程序中可以看出来,每轮比较中数据有可能交换多次才能使得最小的元素放在首位,这就降低了运行的效率。可以通过改进使得每次找到该轮比较的所有数据中最小的数据直接和该轮首位数据交换,使得每轮最多交换一次,这就能提高程序的运行效率。这种改进的算法称为"直接排序法",算法代码如下:

```
Option Base 1
Private Sub Command1_Click()
    Dim Sort(10) As Integer, Temp As Integer
    Dim I As Integer, J As Integer, Minj As Integer
    Randomize
    For I = 1 To 10
        Sort(I) = Int(Rnd * 90 + 10)
        Picture1. Print Sort(I);
    Next I
    For I = 1 To 9                          '10 个数比较 9 轮
        Minj = I
        For J = I + 1 To 10
            If Sort(Minj) > Sort(J) Then Minj = J
        Next J
        If Minj <> I Then
            Temp = Sort(I)
            Sort(I) = Sort(Minj)
            Sort(Minj) = Temp
        End If
        Picture2. Print Sort(I);
    Next I
    Picture2. Print Sort(I)
End Sub
```

二、冒泡排序

冒泡排序与选择排序原理不同,排序思想是每轮将相邻的两个元素进行比较,Sort(1)与 Sort(2),Sort(2)与 Sort(3)……Sort(n-1)与 Sort(n)分别比较,如果发现前一个元素比后一个大则将他们交换,这样最大的数比较完一轮后就会被换到最后一位。

第二轮再采取一样的比较方法比较前 n-1 个元素,比较完后整个数组中第二大的数就会被放在 Sort(n-1)的位置。

比较 n-1 轮后,所有元素全部排序完成,代码如下:

```
Option Base 1
Private Sub Command1_Click()
    Dim Sort(10) As Integer, Temp As Integer
```

```
    Dim I As Integer, J As Integer
    Randomize
    For I = 1 To 10
        Sort(I) = Int(Rnd * 90 + 10)
        Picture1.Print Sort(I);
    Next I
    For I = 1 To 9                                      '10 个数比较 9 轮
        For J = 1 To 10 - I
            If Sort(J) > Sort(J + 1) Then
                Temp = Sort(J)
                Sort(J) = Sort(J + 1)
                Sort(J + 1) = Temp
            End If
        Next J
    Next I
    For I = 1 To 10
        Picture2.Print Sort(I);
    Next I
End Sub
```

同样，上面的程序也有效率不高的问题。有的时候，在比较 n－1 轮之前数组已经是有序的了，按照程序依然要执行 n－1 轮，这就造成了效率执行低下的问题，经过改进使得在每一轮比较的时候进行标识，如果该轮没有任何数发生或交换，则说明数组本身已经是升序的无须再做下面的循环，算法如下：

```
Option Base 1
Private Sub Command1_Click()
    Dim Sort(10) As Integer, Temp As Integer
    Dim I As Integer, J As Integer, Flag As Boolean
    Randomize
    For I = 1 To 10
        Sort(I) = Int(Rnd * 90 + 10)
        Picture1.Print Sort(I);
    Next I
    For I = 1 To 9                      '10 个数比较 9 轮
        Flag = False
        For J = 1 To 10 -1
            If Sort(J) > Sort(J + 1) Then
                Temp = Sort(J)
                Sort(J) = Sort(J + 1)
                Sort(J + 1) = Temp
```

```
                Flag = True            '若发生交换则置 Flag 为 True
            End If
        Next J
        If Flag = False Then Exit For
    Next I
    For I = 1 To 10
        Picture2.Print Sort(I);
    Next I
End Sub
```

5.5.4 查找算法

查找算法是程序设计中比较经典的算法之一，查找数组中的元素一般有两种查找算法，一种是顺序查找，一种是二分查找。顺序查找法的效率不高，但可查找无序数组；二分查找法效率高，但只能查找有序数组。

一、顺序查找

顺序查找法基本思想：一列数放在数组元素 a(1) ~ a(n) 中，待查找的数放在 x 中，把 x 与数组 a 中的元素从头到尾一一进行比较。若用变量 p 表示 a 数组元素下标，先令 p 初值为 1，使 x 与 a(p) 比较，如果 x 不等于 a(p)，则使 p = p + 1，不断重复这个过程；一旦 x 等于 a(p)，则退出循环。此外，如果 p 大于数组长度，循环也应该停止。

【例 5.17】 编制程序，在一组检验单号中查找是否有某个单号。如果查找到则在文本框中显示查找到的是第几个检查单号，否则显示未查找到该检查单号。程序运行界面如图 5.26 所示。

图 5.26 顺序查找

```
Option Explicit
Option Base 1
Dim a As Variant
Private Sub Command1_Click()
```

```
        Dim No As Integer, Flag As Integer, i As Integer
        Flag = 0                                        ' 查找标记,0 表示未找到
        No = Val(Text2.Text)
        For i = 1 To UBound(a)
            If No = a(i) Then
                Flag = 1                                '1 表示找到
                Exit For
            End If
        Next i
        If Flag = 0 Then
            Text3.Text = "无此检查单号"
        Else
            Text3.Text = "已找到,是第" & i & "个检查单号"
        End If
    End Sub
    Private Sub Form_Load()
        Dim v As Variant
        a = Array(23, 106, 59, 101, 20, 24, 133, 239, 142, 46)
        For Each v In a
            Text1 = Text1 & " " & v
        Next v
    End Sub
```

二、二分查找

二分查找也称为折半查找,其基本思想如下:

设 n 个有序数(从小到大)存放在数组 a(1) ~ a(n) 中,要查找的数为 x。用变量 Bot、Top、Mid 分别表示查找数据范围的底部(数组下界)、顶部(数组的上界)和中间,Mid = (Top + Bot) \2,折半查找的算法如下:

(1) x = a(Mid),则已找到退出循环,否则进行下面的判断;

(2) x < a(Mid),x 必定落在 a(Bot)和 a(Mid -1)的范围之内,即 Top = Mid -1;

(3) x > a(Mid),x 必定落在 a(Mid +1)和 a(Top)的范围之内,即 Bot = Mid +1;

(4) 在确定了新的查找范围后,重复进行以上比较,直到找到或者 Bot > Top。

【例 5.18】 编制程序,一维数组中存储一组床位号,已按升序排列,用二分法查找指定的床位号。如果查找到则在文本框中显示查找到的是第几个元素,否则显示未查找到该床位号。程序运行界面如图 5.27 所示。

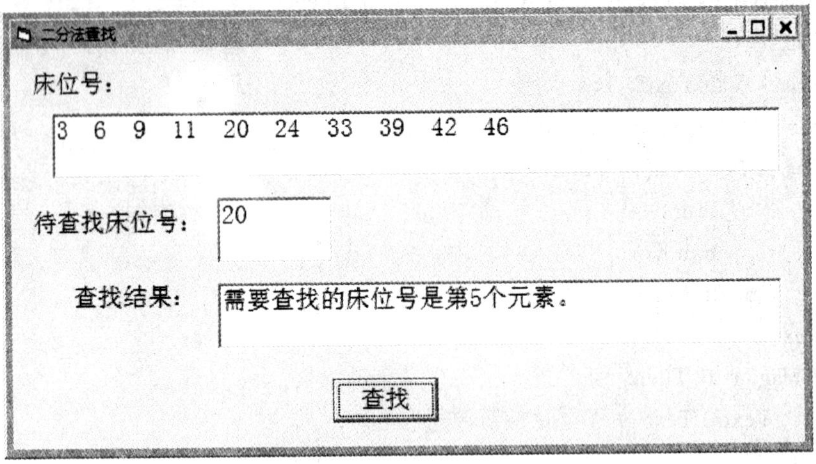

图 5.27　二分查找

```
Option Base 1
Dim a() As Variant
Private Sub Command1_Click()
    Dim x As Integer
    Dim Bot As Integer, Top As Integer, Mid As Integer
    Dim bFind As Boolean
    Bot = LBound(a)
    Top = UBound(a)
    bFind = False                    '判断是否找到的逻辑变量,初值为 False
    x = Text2.Text
    Do While Bot <= Top And Not bFind
        Mid = (Top + Bot) \ 2
        If x = a(Mid) Then
            bFind = True
            Exit Do
        ElseIf x <a(Mid) Then
            Top = Mid - 1
        Else
            Bot = Mid + 1
        End If
    Loop
    If bFind Then
        Text3 = "需要查找的床位号是第" & Mid & "个元素。"
    Else
        Text3 = "未查找到该床位号。"
    End If
```

```
End Sub
Private Sub Form_Load()
    a = Array(3, 6, 9, 11, 20, 24, 33, 39, 42, 46)
    For Each v In a
        Text1 = Text1 &v &"  "
    Next v
End Sub
```

回到工作场景

通过对本章内容的学习,应该掌握了数组的用法,此时足以完成模拟医院挂号系统的设计。下面我们将回到前面介绍的工作场景中,完成工作任务。

【分析】 本问题重点在于不同的门诊类别设计实现,本程序用控件数组的方式组成不同的门诊类别标签,并通过标签控件显示、获取挂号信息。

【工作过程一】 设计用户界面

通过标签控件、组合框控件、框架控件建立如图5.28所示的程序,各控件的属性值见表5.3。

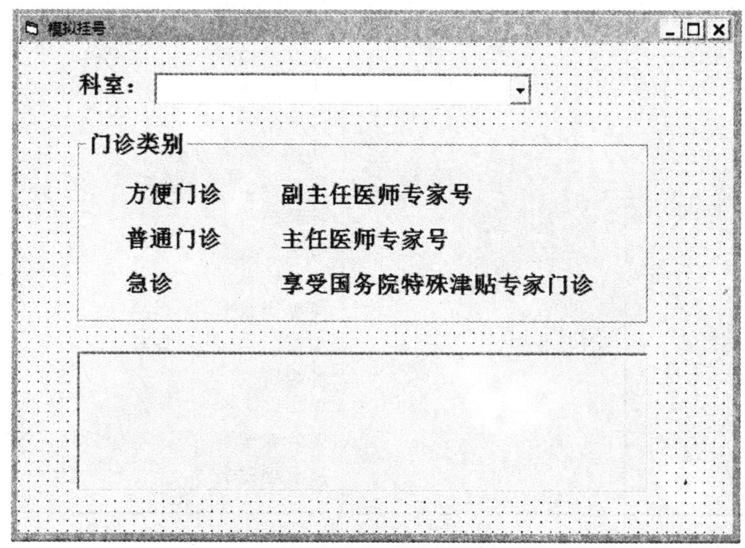

图5.28　设计窗体

表5.3　各控件的属性值

控　件	属　性	值
Form1	Caption	"模拟挂号"
Label1	Caption	"科室"
Frame1	Caption	"门诊类别"

续表

控　件	属　性	值
Label2(0)	Caption	"方便门诊"
Label2(1)	Caption	"普通门诊"
Label2(2)	Caption	"急诊"
Label2(3)	Caption	"副主任医师专家号"
Label2(4)	Caption	"主任医师专家号"
Label2(5)	Caption	"享受国务院特殊津贴专家门诊"
Label3	Caption	""
Combo1	List	儿科 眼科 口腔科 皮肤性病科 妇产科 内分泌科 骨科 肝胆外科 泌尿外科 耳鼻喉科 心血管内科 神经内科 肛肠外科 乳腺甲状腺外科 整形、激光美容外科 神经外科 心胸外科 消化内科 呼吸内科 中医、中西医结合科 肿瘤科 肾内科 预防保健科 康复理疗科

【工作过程二】　编写代码

单击组合框，选择要挂号的科室，同时清空之前的挂号信息，编写组合框的 Click 事件过程如下：

```
Private Sub Combo1_click()
    Label3. Caption  = ""
End Sub
```

单击要挂号的门诊类别，编写标签控件数组的 Click 事件过程如下：

```
Private Sub Label2_Click(Index As Integer)
    Dim fy As Integer, ks As String, dr As String
```

```
        ks = Combo1.Text
        Select Case Index
        Case 0
          dr = Label2(Index).Caption
          fy = 0
        Case 1
          dr = Label2(Index).Caption
          fy = 12
        Case 2
          dr = Label2(Index).Caption
          fy = 12
        Case 3
          dr = Label2(Index).Caption
          fy = 22
        Case 4
          dr = Label2(Index).Caption
          fy = 35
        Case 5
          dr = Label2(Index).Caption
          fy = 50
        End Select
        Label3.Caption = "您挂号科室为:" & ks & vbCrLf & dr & bCrLf & "费用:"
& fy & "元"
    End Sub
```

【工作过程三】 运行和保存工程

编写完组合框和标签控件数组的 Click 事件后,所有编程即完成。此时运行程序,在科室中选择“口腔科”,门诊类别选择“急诊”,下面会显示具体挂号信息:您挂号科室为:口腔科;急诊;费用 12 元。结果如图 5.1 所示。

习 题

1. 用下面语句定义的数组中各有多少个元素?

(1) Dim arr(12)　　(2) Dim arr(3 To 8)

(3) Dim arr(3 To 5, -2 To 2)　　(4) Dim arr(2,4,6)

(5) Option Base 1
Dim arr(3,3)　　(6) Option Base 1
Dim arr(22)

2. 执行下面的程序后,A(1,4)的值是________,A(2,3)的值是________,A(3,2)的值是________。

```
Option Base 1
```

```
Private Sub Command1_Click()
    Dim A(4, 4) As Integer, ub As Integer
    Dim i As Integer, j As Integer, n As Integer
    ub = UBound(A, 1)
    n = 0
    For i = ub To 1 Step -1
        For j = 1 To ub + 1 - i
            n = n + 1
            A(j, j + i - 1) = n
        Next j
    Next i
    For i = ub To 2 Step -1
        For j = ub To i Step -1
            A(j, j - i + 1) = A(5 - j, 4 - j + i)
        Next j
    Next i
    For i = 1 To ub
        For j = 1 To ub
            Picture1.Print A(i, j);
        Next j
        Picture1.Print
    Next i
End Sub
```

3. 设有如下两组数据：

   (1) 2,8,7,6,4,28,70,25；

   (2) 79,27,32,41,57,66,78,80；

   编写一个程序，把上面两组数据分别读入两个数组中，然后把两个数组中对应下标的元素相加，即 2+79,8+27,……,25+80，并把相应的结果放入第三个数组中，最后输出第三个数组的值。

4. 编写程序，实现矩阵转置，即使得矩阵的行和列互换。

5. 设某数组有 20 个元素，元素的值由随机两位数组成，要求将前 10 个元素的值与后 10 个元素的值互换，即第 1 个与第 20 个互换，第 2 个与第 19 个互换……依次类推，最后输出数组各元素原来的值和互换后各元素的值。

6. 编写程序，生成一个 4×4 的二维数组，每个元素均为二位随机整数，然后执行以下操作：

   (1) 输出矩阵两个对角线上的数；

   (2) 交换第一行和第三行的位置；

   (3) 交换第二列和第四列的位置；

   (4) 分别输出各行和各列的和；

   (5) 输出处理后的数组。

7. 某单位开运动会,共有 10 人参加男子 100 米短跑,运动员号和成绩见下表:

运动员号	082	265	332	182	097	126	293	002	134	035
成绩(秒)	14.8	13.6	15.2	14.8	13.9	14.3	13.5	14.7	14.9	14.3

编写程序,按成绩排出名次,名次有并列的下一个名次要跳过去并列人数。如有两个并列第 3,则下一个名次为第 5 名。

【微信扫码】
参考答案 & 相关资源

第6章

过 程

本章要点

- Sub过程的建立和调用。
- Function函数的定义和调用。
- 键盘事件KeyPress、KeyDown和KeyUp。
- 鼠标事件MouseMove、MouseUp和MouseDown。
- 调用过程中的参数传递。
- 变量作用域。
- 递归过程。

工作场景导入

【工作场景】

某年秋季进行入学儿童身高调查，输入A、B、C三省随机抽样数据，求出三省入学儿童平均身高。程序界面如图6.1所示。

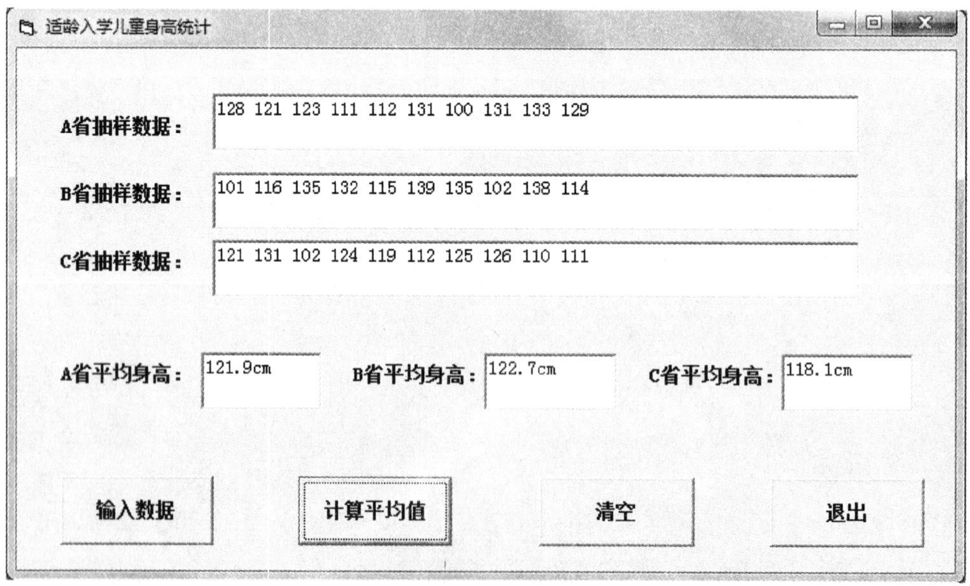

图6.1　程序界面

【引导问题】

(1) 三省数据都需要求平均,建立独立的"求平均"过程?

(2) 如何建立过程函数?

(3) 如何实现函数的调用?

6.1 Visual Basic 过程概述

Visual Basic 应用程序的主要代码是被组织在一个个的过程中的。过程是 VB 应用程序的基本逻辑部件,是用来执行一个特定任务的一段程序代码,一个过程相当于一个独立的功能模块。对于规模较大、较复杂的工程来说,将一些常用的功能编写成通用过程,以供需要实现该功能的其他过程多次调用,不但实现代码的重用,减少重复编写代码的工作量,而且简化了程序的设计,使程序的逻辑结构更加清晰而便于维护。

6.1.1 VB 程序的逻辑结构

一个 VB 应用程序由窗体界面和程序代码两部分构成。其中,程序代码是由若干个过程及"通用"部分的说明语句构成的。这些过程和说明语句被组织在各个窗体对应的代码区中一个窗体的外观界面和所包含的代码会被共同保存在一个扩展名为 frm 的窗体文件中。

程序代码除了可以保存在窗体文件中,还可以保存在标准模块文件(扩展名为. bas)或类模块文件(扩展名为. cls)中。因此,从逻辑组成上看,一个 VB 应用程序可以看作是由成若干个"模块"组成的,这些模块可以是窗体模块、标准模块或类模块。一个模块会独立保存成当前工程的一个组成文件。

在编程中,最常用到的就是窗体模块。窗体模块通常包含窗体及窗体上各个控件对象的属性设置、相关说明,以及一些对象的事件过程和自定义的通用过程。一个新创建的工程默认只有一个窗体,若程序需要,可通过单击工具栏上的"添加窗体"按钮为当前工程添加一个新的窗体。一个工程中有几个窗体,就有几个窗体模块,每个窗体模块会独立保存成一个窗体文件。

若程序中要定义可被多个模块共享的通用过程,可将相应代码放在标准模块中。标准模块一般存放与特定窗体或控件无关的通用过程、全局变量的声明等。标准模块中定义的通用过程并不限于被当前应用程序所使用,还可供其他应用程序调用。若程序有需要添加一个标准模块,可通过单击工具栏上"添加窗体"按钮右侧的向下箭头,在出现的下拉列表中选择"添加模块",随后在弹出的对话框中单击"打开"按钮,便可在"工程资源管理器"中看到新添加的标准模块"Module 1",同时会弹出该标准模块对应的"代码编辑器"窗口,在其中输入的代码将会被保存在当前的标准模块中。

类模块包含用于创建新的对象类的属性和方法的定义,在学习中较少用到。

6.1.2 VB 过程的分类

根据执行方式的不同,VB 中的过程可分为事件过程和通用过程两类。具体细分如图

6.2 所示。

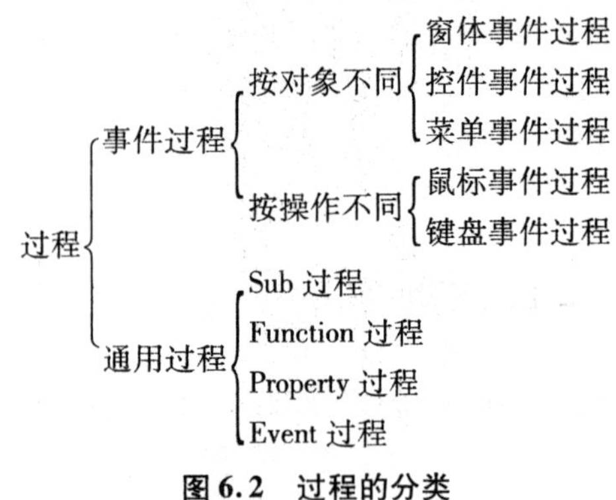

图 6.2 过程的分类

事件过程是 VB 应用程序中不可缺少的基本过程。当某个窗体或控件对象的对应事件发生时,系统就会执行编程者在该事件过程中预先编写好的代码,以实现程序的功能。事件过程从不同的角度有不同的分类。按照对象的不同,可以分为窗体事件过程、控件事件过程、菜单事件过程;按照用户操作不同,可以分为键盘事件过程和鼠标事件过程。

VB 应用程序还允许编程者自己定义过程,编程者自定义的过程称为"通用过程"。"通用过程"必须在其他过程中通过调用语句调用才能被执行。对于规模较大、较复杂的程序来说,将一些常用的功能编写成通用过程,供需要实现该功能的其他过程多次调用,可以实现代码的重复使用,减少重复编写代码的工作量,使程序变得简洁而便于维护。将功能独立的一段代码单独编写成通过过程,还可以简化程序的设计,使程序的逻辑结构更加清晰。

VB 程序中的通用过程分为子程序过程(Sub Procedure)、函数过程(Function Procedure)、属性过程(Property Procedure)和自定义事件过程(Event Procedure)四种。

本章主要讨论 Sub 过程和 Function 过程。它们的主要区别在于:

(1) Sub 过程只完成一定的功能,运行完毕后没有返回值。

(2) Function 过程除了可以完成一定的功能,运行完毕后还会返回一个值。

6.2 Sub 过程

Sub 过程的代码框架是以关键字 Sub 开头、End Sub 结束的。在 Sub 与 End Sub 之间是实现某些功能的过程代码,称为过程体。根据代码执行方式的不同,Sub 过程可分为事件过程和通用过程两类。

6.2.1 事件过程

本书中前文已介绍过 VB 采用的是事件驱动的程序设计思想。事件就是系统规定好的能够被对象(窗体或控件)识别的动作,程序设计者对某对象在某事件(如 Command1 的 Click 事件)发生时计算机应当执行的各种操作预先编写相应的程序代码,并把这些代码放在一个以该对象和相应事件名称命名的事件过程中。这样程序运行后,当该对象的特定事件发生(如用户单击了按钮 Command1)时,对应的事件过程就会被触发执行,计算机就能根据该事件过程内部的代码执行相应的处理操作。

事件可能是由用户操作引发的,也可能是由系统引发的。例如,用户单击了某个按钮、在文本框输入了一些数据会触发相应的事件过程,而系统装载窗体、监控定时器的时间也会触发相应的事件过程。

因此,所谓事件过程就是为窗体或窗体上的控件对象编写的用来响应用户或系统引发的各种事件的代码构成的过程。当指定事件发生时,对应的事件过程即会被触发执行。

事件过程也是Sub过程,但它是一个特殊的Sub过程,它附加在窗体和控件(或菜单)上。事件过程代码和其所属的窗体界面一同被保存在窗体文件(文件扩展名为.frm)中。下面分别并依次介绍不同对象的两种事件过程—窗体事件过程、控件事件过程(省略菜单事件过程)和不同操作的两种事件过程—鼠标事件过程、键盘事件过程。

一、窗体事件过程

窗体事件过程的一般形式如下:

```
Private Sub Form_事件名([形参表])
        [局部变量和常量的声明]
        语句块
        [Exit Sub]
        语句块
End Sub
```

说明:

(1) 不管窗体的实际名称是什么,窗体事件过程的名称都是由“Form_事件名”构成。如果使用了多文档界面窗体,则相应的窗体事件过程名称为“MDIForm_事件名”。

(2) 窗体事件过程的作用域固定为Private,表明该事件过程是模块级的,因为和窗体相关的事件过程都只能在本窗体模块内发挥作用,不能被跨模块调用。

(3) 窗体事件过程的参数完全由系统根据相应的事件来确定,程序设计者不得随意添加或修改。

VB应用程序在启动的过程中,系统会对窗体进行一系列配置、加载、激活和设置焦点等操作,由此可以触发相应的窗体事件过程。下面就介绍几个常见的窗体事件。

执行“启动”命令运行一个VB应用程序时首先发生窗体的Initialize(初始化)事件,系统对窗体进行配置。然后系统将窗体从磁盘或磁盘缓冲区读入内存,从而引发窗体的Load(装载)事件。随后窗体被激活,显示在屏幕上,该事件称为窗体的Activate(激活)事件。窗体的这三个事件是在应用程序被启动后瞬间完成的,虽然从显示器屏幕上查看不到这三个事件发生的表现,但若程序中有对应的窗体事件过程,就会在这三个事件发生时被触发。

窗体被激活后,如果窗体上没有可以获得焦点的控件(例如Label、Frame等控件),则窗体本身就可以获得焦点,从而引发窗体的GotFocus事件。但若窗体界面上有可以获得焦点的控件(例如TextBox、CommandButton等控件),则通常是在设计窗体界面时第一个被添加到窗体上的那个控件获得焦点。

由此可见,Initialize、Load和Activate事件是所有窗体都必定会发生的,而GotFocus事件是否会发生还要视具体情况而定。

Initialize和Load事件过程中通常可以放置一些命令来初始化应用程序,如定义一些常量或变量、设置窗体或控件的某些属性的初值等。例如，某个窗体上有一个名为 Text1 的控件数组，数组中有六个文本框，如图 6.3(a)所示，如果想在程序运行后所有文本框内都被初始化为空白的，如图 6.3(b)所示，就可以用如下代码来实现：

```
Private Sub Form_Initialize()
    Dim i As Integer
    For i = 0 To 5
        Text1(i).Text = ""
    Next i
End Sub
```

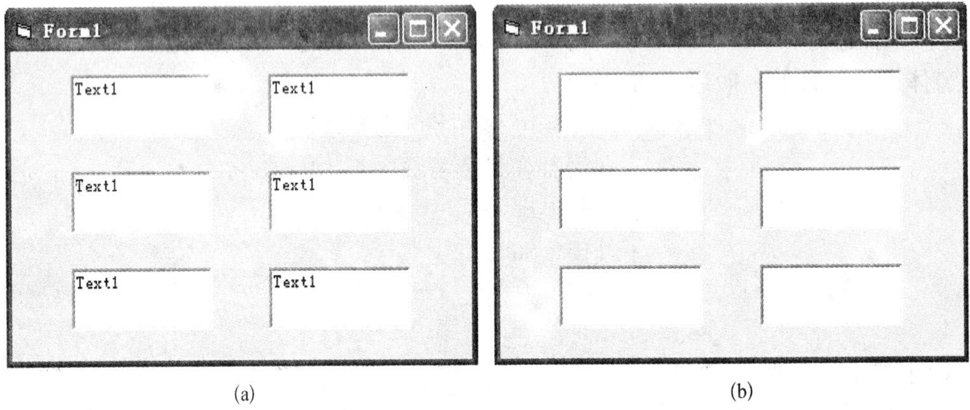

(a) (b)

图 6.3 文本框数组的初始化

上述功能也可以放在窗体的 Load 事件过程中实现。

由于 Initialize 和 Load 事件发生在窗体被显示之前，因此这两个事件过程不能包含有与显示相关的代码，否则系统将因无法执行这些语句而发生运行错误。例如：

```
Private Sub Form_Initialize()
    Form1.Print "Hello!"
End Sub
```

系统执行到上述代码时会产生一个"对象不支持该属性或方法"的实时错误。如果将该行代码放到窗体的 Load 事件过程中，虽然不会报错，但也无法在窗体上看到代码的运行结果。

如果程序中需要设置一些与显示相关的初始化语句，可以将其放在窗体的 Activate 事件过程中。例如某窗体上有三个按钮 Command1、Command2 和 Command3，程序启动后将是第一个被添加到窗体上的按钮 Command1 获得焦点。如果希望程序启动后获得焦点的是中间的按钮 Command2，就可以在窗体的 Activate 事件过程中添加如下代码：

```
Private Sub Form_Activate()
    Command2.SetFocus
End Sub
```

如果应用程序中有多个窗体，则系统仅在首次打开某个窗体时会进行 Initialize、Load 操作，若某个窗体在程序运行过程中被隐藏了之后又再次被打开，此时系统只会激活该窗体，由此只能触发窗体的 Activate 事件过程。只要窗体不被卸载，程序通过 Show 和 Hide 方法在窗体与窗体间进行切换时，系统就只会 Activate 打开的窗体，而不会再去重新 Initialize 和 Load 该窗体。因此，编写代码时，可以根据应用程序的需要选择在窗体的 Initialize、Load 还是 Activate 事件过程中去完成某些初始化操作。

二、控件事件过程

控件事件过程的一般形式如下：

```
Private Sub 控件名_事件名([形参表])
        [局部变量和常量的声明]
        语句块
        [Exit Sub]
        语句块
End Sub
```

说明：

（1）控件事件过程的名称由控件的 Name 属性值、下划线和事件名构成。控件的名称必须是窗体界面上实际存在的某个控件的名称，否则将产生“变量未定义”的运行错误。

（2）控件事件过程的作用域也固定为 Private，只能在本窗体模块内发挥作用，不能被跨模块调用。

（3）控件事件过程的参数也是系统规定好的，不得随意添加或修改。

三、键盘事件过程

使用键盘事件过程可以处理按下或释放键盘上某个键时所执行的操作。

1. KeyPress 事件

当按键盘上的某个键时，将发生 KeyPress 事件。该事件可用于窗体、复选框、组合框、命令按钮、列表框、图片框、文本框、滚动条及与文件有关的控件。当按下某个键时，所触发的是拥有输入焦点（Focus）的那个控件的 KeyPress 事件。在某一时刻下，输入焦点只能位于一个控件上，如果窗体上没有活动的或可见的控件，则输入焦点位于窗体上。在窗体上画一个控件（可以触发 KeyPress 事件的控件），并双击该控件，进入程序代码窗口后，从“过程”框中选取 KeyPress，即可定义 KeyPress 事件过程。一般格式为：

```
Private Sub Text1_KeyPress(KeyAscii As Integer)
……
End Sub
```

KeyPress 事件带有一个参数 KeyAscii。KeyPress 事件用来识别按键的 ASCII 码值。参数 KeyAscii 是一个预定义的可读写属性，其中包含所按键的 ASCII 码值。例如，按下“空格”键，KeyAscii 的值为 32；如果按下 Enter 键，则 KeyAscii 的值为 13。利用 KeyPress 可以捕捉击键动作。有如下程序段：

```
Private Sub Text1_KeyPress(KeyAscii As Integer)
    KeyAscii = Asc(UCase(Chr(KeyAscii)))     '输入大写字母
    If KeyAscii = 32 Then                    '如果输入为空格键，则响铃并清除
```

```
            Beep
            KeyAscii  = 0
        End If
        If KeyAscii  = 13 Then Print Text1. Text        '输入 Enter 键, 打印 Text 内容
    End Sub
```

该过程用来控制输入值,当输入为字母时,控制字母大写。按 Enter 键则在窗口中显示文本框中的内容。程序中的 KeyAscii = 0 用来避免输入的字符在文本框中回显。

在 KeyPress 过程中可以修改 KeyAscii 变量的值。如果进行了修改,则 Visual Basic 在控件中输入修改后的字符,而不是用户输入的字符。例如:

```
    Private Sub Text1_KeyPress(KeyAscii As Integer)
        If KeyAscii > = 48 And KeyAscii  < = 57 Then
            KeyAscii  = 42
        End If
    End Sub
```

上述过程对输入的字符进行判断,如果其 ASCII 码值大于等于 48(数字 0),并小于等于 57(数字 9),则用星号(ASCII 码值为 42)代替。运行上面的过程,如果从键盘上输入“12345”,则在文本框中显示“ * * * * * ”。

【例 6.1】 编写 KeyPress 事件,实现如下功能:在窗体上单击"A"键时,跳出输入框,在里面输入要添加到列表框中的内容。判断如果该列表项已经出现在列表框中,则提示不需添加;如果列表框中没有该列表项,则将改列表项添加至列表框的第一个位置。在窗体上单击“D”键,则输入要删除的列表项,如果列表框中有该项,则直接删除;如果没有,则提示“无法删除”。

```
    Private Sub Form_KeyPress(KeyAscii As Integer)
        Dim st As String,  B As Boolean
        B  = False
        If KeyAscii  = Asc("d")  Or KeyAscii  = Asc("D")  Then
            st  = InputBox("请输入要删除的列表项内容: ", "删除列表项")
            For i  = List1. ListCount -1  To 0  Step -1
                If List1. List(i)  =st  Then
                    List1. RemoveItem i
                    B  = True
                End If
            Next i
            If B  = False Then MsgBox "您输入的列表项不在列表框中, 无法删除! "
        End If
        If KeyAscii  = Asc("a")  Or KeyAscii  = Asc("A")  Then
            st  = InputBox("请输入要添加的列表项内容: ", "添加列表项")
            For i  = 0  To List1. ListCount -1
                If List1. List(i)  = st Then
```

```
            MsgBox "该列表项已存在,不需要添加!"
            Exit For
        End If
    Next i
    If i > List1.ListCount -1 Then
        List1.AddItem st, 0
    End If
  End If
End Sub
```

注意:例 6.1 程序中,如果没有将窗体的 KeyPreview 属性值设为"True",则运行程序时,按"A"键与"D"键不能得到想要的效果。

在默认情况下,控件的键盘事件优先于窗体的键盘事件,因此在发生键盘事件时,总是先激活控件的键盘事件,而窗体无法接收到键盘事件。如果希望窗体先接收键盘事件,则必须把窗体的 KeyPreview 属性设置为 True。这里所说的键盘事件包括 KeyPress、KeyDown 和 KeyUp。

2. KeyDown 和 KeyUp 事件

与 KeyPress 事件不同的是,KeyDown 和 KeyUp 事件返回的是键盘的直接状态,而 KeyPress 并不反映键盘的直接状态。换而言之,KeyDown 和 KeyUp 事件返回的是"键",而 KeyPress 事件返回的是"字符"的 ASCII 码值。例如,当按字母键 A 时,KeyDown 所得到的 KeyCode 码(KeyDown 事件的参数)与按字母键 a 是相同的,而对 KeyPress 来说,所得到的 ASCII 码值不一样。KeyDown 是当一个键被按下时所产生的事件,而 KeyUp 是松开被按下的键时所产生的事件。

KeyDown 和 KeyUp 事件的调用格式为:

```
Private Sub Form_KeyDown(KeyCode As Integer, Shift As Integer)
……
End Sub
```

和

```
Private Sub Form_KeyUp(KeyCode As Integer, Shift As Integer)
……
End Sub
```

KeyDown 和 KeyUp 事件都有两个参数,即 KeyCode 和 Shift,两个参数的含义如下:

(1) KeyCode

它是按键对应的扫描码。该码以"键"为准,而不是以"字符"为准。也就是说,大写字母与小写字母使用同一个键,它们的 KeyCode 相同(使用大写字母的 ASCII 码值)。但大键盘上的数字键和数字键盘上相同的数字键 KeyCode 是不一样的。对于有上档字符和下档字符的键,其 KeyCode 为下档字符的 ASCII 码值。表 6.1 列出了部分字符的 KeyCode 和 KeyAscii。

表 6.1 部分字符的 KeyCode 与 KeyAscii

键(字符)	KeyCode	KeyAscii
A	&H41	&H41
a	&H41	&H61
B	&H42	&H42
b	&H42	&H62
5	&H35	&H35
%	&H35	&H25
1(在大键盘上)	&H31	&H31
1(在数字键盘上)	&H61	&H31

(2) Shift

转换键。它指的是三个转换键的状态,包括 Shift、Ctrl 和 Alt,这三个键分别以二进制形式表示,每个键有三位,即 Shift 键为 001,Ctrl 键为 010,Alt 键为 100。当按下 Shift 键时,Shift 参数的值为 001(十进制数 1);当按下 Ctrl 键时,Shift 参数的值为 010(十进制数的 2);而按下 Alt 键时,Shift 参数的值为 100(十进制数 4)。如果同时按下两个或三个转换键,则 Shift 参数的值即为上述两者或三者之和。因此,Shift 参数总共可取八种值,各值的意义见表 6.2。

表 6.2 Shift 参数的值

十进制数	二进制数	作　用
0	000	没有按下转换键
1	001	按下一个 Shift 键
2	010	按下一个 Ctrl 键
3	011	按下 Ctrl + Shift 键
4	100	按下 Alt 键
5	101	按下 Alt + Shift 键
6	110	按下 Alt + Ctrl 键
7	111	按下 Alt + Ctrl + Shift 键

利用逻辑运算符 And 可以判断是否按下了某个转换键。例如,先定义下面三个符号常量:

```
Const ShiftValue  = 1
Const CtrlValue  = 2
Const AltValue  = 4
```

然后用下面的三个关系语句判断是否按下了 Shift、Ctrl 或 Alt 键:

```
(Shift And ShiftValue) > 0          '为 True 说明按下了 Shift 键
(Shift And CtrlValue) > 0           '为 True 说明按下了 Ctrl 键
```

```
(Shift And AltValue) > 0              '为 True 说明按下了 Alt 键
```

这里的 Shift 是 KeyDown 事件的第二个参数。利用这一原理,可以在事件过程中通过判断是否按下了某个或几个键来执行指定的操作。例如,在窗体上画一个文本框,然后编写如下事件过程:

```
Private Sub Text1_KeyDown(KeyCode As Integer, Shift As Integer)
    Const AltValue = 4
    Const ShiftValue = 1
    Const Key_F1 = &H70
    Const Key_F2 = &H71
    ShiftDown = (Shift And ShiftValue) > 0
    AltDown = (Shift And AltValue) > 0
    F1Down = (KeyCode = Key_F1)
    F2Down = (KeyCode = Key_F2)
    If AltDown % And F2Down % Then
        Text1. Text = "您按下了 Alt 和 F2 键"
    ElseIf ShiftDown % And F1Down % Then
        Text1. Text = "您按下了 Shift 和 F1 键"
    End If
End Sub
```

上述程序运行后,如果按 Shift + F1 键,则在文本框显示字符串"您按下了 Shift 和 F1 键";如果按 Alt + F2 键,则在文本框显示字符串"您按下了 Alt 和 F2 键"。

【例 6.2】 在窗体上按下键盘上的按键时,在窗体上输出执行的事件以及按下了哪个按键。程序运行界面如图 6.4 所示。

图 6.4 KeyDown、KeyPress、KeyUp 事件

编写代码如下:

```
Private Sub Form_KeyDown(KeyCode As Integer, Shift As Integer)
```

```
    Print "KeyDown: "; Chr(KeyCode)
End Sub

Private Sub Form_KeyPress(KeyAscii As Integer)
    Print "KeyPress: "; Chr(KeyAscii)


End Sub
Private Sub Form_KeyUp(KeyCode As Integer, Shift As Integer)
    Print "KeyUp: "; Chr(KeyCode)
End Sub
```

通过这个例子,验证在按下一个按键的时候,同时出发三个键盘事件,且执行顺序为:KeyDown、KeyPress、KeyUp。同时验证了 KeyAscii 码对于英文字符是有大小写区分的;KeyCode 码则没有。

四、鼠标事件过程

使用鼠标事件过程可用来处理与鼠标光标的移动及击键有关的操作。

在以前的例子中曾多次使用过鼠标事件,即单击(Click)和双击(DblClick)事件,这些事件是通过快速按下并放开鼠标左键产生的。实际上,在 Visual Basic 中,还可以识别其他的鼠标事件。根据操作不同,把鼠标事件分成:点击、移动和拖放。在讲具体的鼠标事件之前,先了解跟鼠标相关的一些属性设置。

1. 鼠标光标的形状

使用 Windows 及其应用程序时,当鼠标光标位于不同的窗口内时,其形状是不一样的。有时候呈箭头状,有时候是十字状,有时候是竖线状等等。在 Visual Basic 中,可以通过属性窗口来设置改变鼠标光标的形状。

鼠标光标的形状通过 MousePointer 属性来设置。该属性可以在属性窗口中设置,也可以在程序代码中设置。MousePointer 的属性是一个整数,可以取 0 ~ 15 及 99,其含义见表 6.3。

表 6.3 MousePointer 的属性取值与鼠标光标的形状

常　量	值	形　状
vbDefault	0	(默认值)形状由对象决定
vbArrow	1	箭头
vbCrosshair	2	十字线(crosshair 指针)
vbIbeam	3	I 型
vbIconPointer	4	图标(嵌套方框)
vbSizePointer	5	尺寸线(指向上、下、左和右四个方向的箭头)
vbSizeNESW	6	“右上 - 左下”尺寸线(指向右上和左下方向的双箭头)

续表

常　量	值	形　状
vbSizeNS	7	垂直尺寸线(指向上下两个方向的双箭头)
vbSizeNWSE	8	“左上－右下”尺寸线(指向左上和右下方向的双箭头)
vbSizeWE	9	水平尺寸线(指向左右两个方向的双箭头)
vbUpArrow	10	向上的箭头
vbHourglass	11	沙漏(表示等候形状)
vbNoDrop	12	没有入口:一个圆形记号,表示控件移动受限
vbArrowHourglass	13	箭头和沙漏
vbArrowQuestion	14	箭头和问号
vbSizeAll	15	四向尺寸线
vbCustom	99	通过 MouseIcon 属性所指定的自定义图标

当某个对象的 MousePointer 属性被设置为表 6.3 中的某个值时,鼠标光标在该对象内就以相应的形状显示。

【例 6.3】 设置鼠标光标形状,如图 6.5 所示。

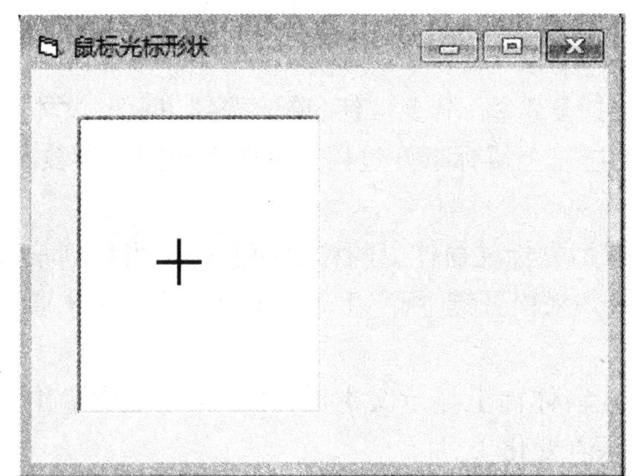

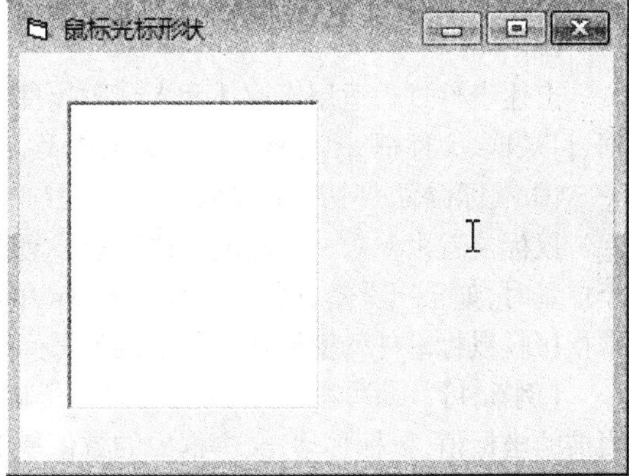

图 6.5　设置鼠标光标形状

选中文本框 Text1,在属性窗口中设置 MousePointer 属性为“2 － Cross”;选中窗体 Form1,在属性窗口中设置 MousePointer 属性为“3 － I － Beam”即可。

如果把 MousePointer 属性设置为 99,则可通过 MouseIcon 属性定义自己的鼠标光标,有以下两种方法。

方法一:如果在属性窗口中定义,可首先选择所需要的对象,再把 MousePointer 属性设置为“99 － Custom”,然后设置 MouseIcon 的属性,把一个图标文件赋给该属性(与设置 Picture 属性的方法相同)。

方法二:如果用程序代码设置,则可先把 MousePointer 属性设置为 99,然后再用 LoadPicture 函数把一个图标文件赋给 MouseIcon 属性。例如:

```
Form1.MousePointer = 99
```

Form1. MouseIcon = LoadPicture("C:\Program Files\Microsoft Visual Studio\Common\Icons\Arrows\POINT8. ico")

2. 鼠标点击与移动事件

在以前的例子中曾多次使用过鼠标事件，即单击(Click)和双击(DblClick)事件，这些事件是通过快速按下并放开鼠标左键产生的。实际上，在 Visual Basic 中，还可以识别按下或放开某个鼠标左键。

为了实现鼠标操作，Visual Basic 提供了三个过程模板如下：

(1) 按下鼠标左键事件过程

```
Sub Form_MouseDown(Button As Integer, Shift As Integer, x As Single, y As Single)
……
End Sub
```

(2) 松开鼠标事件过程

```
Sub Form_MouseUp(Button As Integer, Shift As Integer, x As Single, y As Single)
……
End Sub
```

(3) 移动鼠标光标事件过程

```
Sub Form_MouseMove(Botton As Integer, Shift As Integer, x As Single, y As Single)
……
End Sub
```

上述事件过程适用于窗体和大多数控件，包括复选框、命令按钮、单选按钮、框架、文本框、目录框、文件框、图像框、标签、列表框等。上述三个鼠标事件过程具有四个相同的参数。

① 鼠标位置——X,Y 参数

鼠标位置由参数 x、y 确定。这里的 x、y 随鼠标光标在窗体上的移动而变化。当移到某个位置时，如果压下键，则产生 MouseDown 事件；如果松开键，则产生 MouseUp 事件。x、y 通常指接收鼠标事件的窗体或控件上的坐标。

【例 6.4】 编写程序，当鼠标左键按下时，在窗体面上显示文本框，并在文本框中输出当前的坐标值，鼠标移动，文本框中的数值能够跟着变化。

编写鼠标的按下、移动、松开的事件过程如下：

```
Private Sub Form_Load()                    '程序运行文本框不可见
    Text1. Visible = False
End Sub
Private Sub Form_MouseDown(Button As Integer, Shift As Integer, X As Single, Y As Single)
Text1. Visible = True                      '按下鼠标，文本框可见
End Sub
Private Sub Form_MouseMove(Button As Integer, Shift As Integer, X As Single, Y As Single)
Text1. Text = "    " &X &"," &Y           '移动鼠标，文本框内容输出当前鼠标的位置坐标
```

```
Text1.Move X, Y
End Sub
Private Sub Form_MouseUp(Button As Integer, Shift As Integer, X As Single, Y As Single)
Text1.Visible = False                      '松开鼠标,文本框不可见
End Sub
```

运行以上程序,当按下鼠标左键时,窗体中输出结果如图6.6所示。

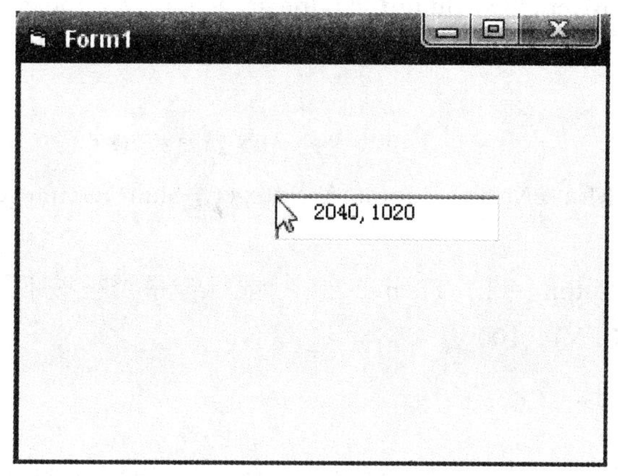

图6.6 程序界面及结果

② 鼠标键——Button参数

鼠标键状态由参数Button来设定,Button是一个整数,用3个二进制位可以表示按键的不同状态,见表6.4。

表6.4 Button参数状态

Button参数值	作 用
000(十进制0)	未按任何键
001(十进制1)	左键被按下(默认)
010(十进制2)	右键被按下
011(十进制3)	左、右键同时被按下
100(十进制4)	中间键被按下
101(十进制5)	同时按下中间和左键
110(十进制6)	同时按下中间和右键
111(十进制7)	3个键同时被按下

【例6.5】 编写程序,在窗体上画圆。要求:按着右键移动鼠标,则可画圆;否则不能画圆。Visual Basic中用Circle方法画圆,其调用格式为:

Circle(x, y), R

上式将以(x,y)为圆心,以 R 为半径画一个圆。

编写以下三个事件过程:

```
Dim pain As Boolean                              '按下鼠标键事件
Private Sub Form_MouseDown(Button As Integer, Shift As Integer, X As Single, Y As Single)
    pain = True
End Sub                                          '松开鼠标键事件
Private Sub Form_MouseUp(Button As Integer, Shift As Integer, X As Single, Y As Single)
    pain = False
End Sub                                          '移动鼠标事件
Private Sub Form_MouseMove(Button As Integer, Shift As Integer, X As Single, Y As Single)
    If pain And (Button = 2) Then                '鼠标键是否被按下,且为右键被按下
        Circle (X, Y), 100
    End If
End Sub
```

运行以上程序,按住右键移动鼠标,每移动一个位置,以鼠标光标的当前位置为圆心,以 100 twip 为半径画一个圆圈。鼠标移动速度越快地方,圆圈越疏;移动速度慢的地方,圆圈越密。程序运行效果如图 6.7 所示。

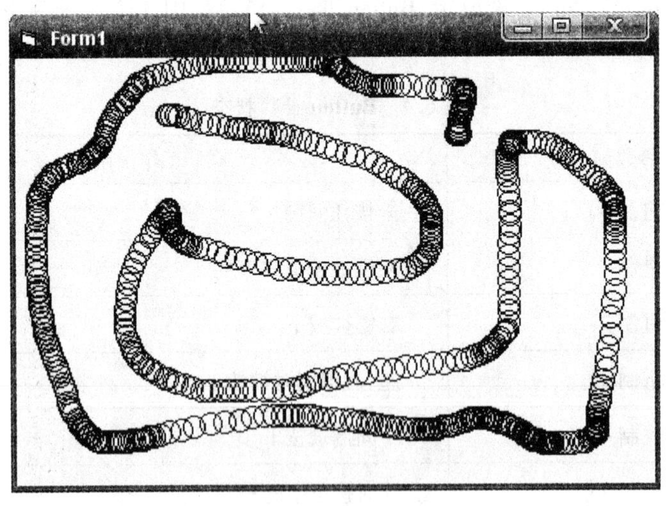

图 6.7 程序运行界面

③ 转换键——Shift 参数

Shift 参数反映了当按下指定的鼠标键时,键盘上转换键(Shift、Ctrl 和 Alt)的当前状态。Shift 也是一个整数,该参数的设置值见表 6.5。

表 6.5 Shiift 参数设置值

Shift 值	作 用
000(十进制 0)	未按转换键
001(十进制 1)	按下 Shift 键
010(十进制 2)	按下 Ctrl 键
011(十进制 3)	同时按下 Shift 和 Ctrl 键
100(十进制 4)	按下 Alt 键
101(十进制 5)	按下 Alt 和 Shirt 键
110(十进制 6)	按下 Alt 和 Ctrl 键
111(十进制 7)	同时按下 Shift、Ctrl 和 Alt 键

【例 6.6】 编制如图 6.7 所示的"画图程序"。当在窗体上按下鼠标左键并拖动时,在窗体上画出从细到粗的渐变线条,释放鼠标左键停止画线。当拖动时按住 Shift 键,画出的线条为黑色;按住 Ctrl 键,线条为绿色;按住 Alt 键,线条为红色;不按三个键,线条为黑色(默认颜色)。双击窗体,窗体上的线条被清空。

编写程序代码如下:

```
Dim Pain As Boolean
Sub Form_MouseDown(Botton As Integer, Shift As Integer, X As Single, Y As Single)
CurrentX = X                        '设置画线的起点
CurrentY = Y
DrawWidth = 4                       '设置初始线宽
    Pain = True                     '允许画图
End Sub
Sub Form_MouseUp(Botton As Integer, Shift As Integer, X As Single, Y As Single)
    Pain = False                    '停止画图
End Sub
Private Sub Form_DblClick()         '双击清空窗体内容
    Cls
End Sub
Private Sub Form_MouseMove(Button As Integer, Shift As Integer, X As Single, Y As
Single)
Dim color As Long
Dim n As Single
If Pain Then
    If Button = 1 Then              '根据按键不同选择颜色
        If Shift = 1 Then
            color = vbBlack
        ElseIf Shift = 2 Then
```

```
            color = vbGreen
        ElseIf Shift = 4 Then
            color = vbRed
        End If
    End If
    n = n + 1
    DrawWidth = DrawWidth + n           ' 增加线宽
    Line -(X, Y), color                 ' 画线
End If
End Sub
```

运行程序,在窗体上画图。程序界面及输出结果如图 6.8 所示。

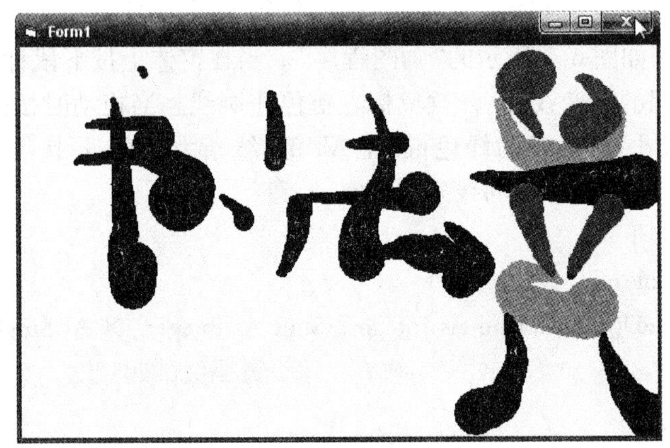

图 6.8　程序界面及输出结果

3. 鼠标拖放事件

所谓拖放,就是用鼠标从屏幕上把一个对象从一个地方"拖拉(Dragging)"到另一个地方再放下(Dropping)。Visual Basic 提供了让用户自由拖放某个控件的功能。

拖放的一般过程是,把鼠标光标移到一个控件对象上,按住鼠标左键,不要松开,然后移动鼠标,对象将随鼠标的移动而在屏幕上拖动,松开鼠标左键后,对象即被放下。通常把原来位置的对象叫作源对象,而拖动后放下的位置的对象叫作目标对象。在拖动的过程中,被拖动的对象变为灰色。

(1) 与拖放有关的属性

① DragMode 属性

该属性用来设置自动或人工拖放模式。在默认情况下,该属性值为 0(人工方式)。为了能对一个控件执行自动拖放操作,必须把它的 DragMode 属性设置为 1。该属性可以在属性窗口中设置,也可以在程序代码中设置。

② DragIcon 属性

在拖动一个对象的过程中,并不是对象本身在移动,而是移动代表对象的图标。也就是说,一旦要拖动一个控件,这个控件就变成一个图标,等放下后再恢复成原来的控件。DragIcon 属性含有一个图片或图标的文件名,在拖动时作为控件的图标。

(2) 与拖放有关的方法

Drag 方法是不管控件的 DragMode 属性如何设置，都可以用 Drag 方法来人为启动或停止一个拖放过程。其调用格式为：

控件. Drag 整数

"整数"的取值为0、1、2，其中0代表取消指定控件的拖放；1代表当 Drag 方法出现在控件的事件过程中时，允许拖放指定的控件；2代表结束控件的拖动，并发出一个 DragDrop 事件。

(3) 与拖放有关的事件

与拖放有关的事件是 DragDrop 和 DragOver。当把控件(图标)拖到目标位置之后，如果松开鼠标键，则产生一个 DragDrop 事件。该事件的事件过程格式如下：

```
Sub 目标对象名_DragDrop(Source As Control, X As Single, Y As Single)
……
End Sub
```

该事件过程含有三个参数。其中 Source 是一个对象变量，其类型为 Control，该参数含有被拖动对象的属性。例如判断被拖动对象的 Name 属性是否为 Folder：

```
If Source. Name = "Folder" Then……
```

参数 X、Y 是松开鼠标键放下对象时鼠标光标的位置。

DragOver 事件用于图标的移动。当拖动对象越过一个目标控件时，产生 DragOver 事件。其事件过程格式如下：

```
Sub 目标对象名_DragOver(Source As Control, X As Single, Y As Single, State As Integer)
……
End Sub
```

该事件过程含有四个参数。其中 Source 参数的含义同前，X、Y 是拖动时鼠标光标的坐标位置。State 参数是一个整数值，可以取以下三个值：0 表示鼠标光标正进入目标对象的区域；1 表示鼠标光标正退出目标对象的区域；2 表示鼠标光标正位于目标对象的区域之内。

6.2.2 通用过程

通用过程就是由程序设计者自定义的完成某一特定功能的独立程序段。如果应用程序中多处需要实现某个功能，仅仅是每次处理的数据不同而已，就可以将这个功能独立出来用一个通用过程来实现，在需要用到这个功能的地方，只需用一行语句调用一下这个通用过程就可以实现其相应的功能了。这样可以避免重复编写相同代码，使程序变得简洁而便于维护。如果应用程序中有比较复杂的算法，也可以将其独立出来用一个通用过程实现，这样可以增强程序的可读性。

通用过程分为公有(Public)过程和私有(Private)过程两种。公有过程可以被应用程序中的任一过程调用，而私有过程只能被同一模块中的过程调用。

通用过程的一般形式如下：

```
[Private |Public] [Static] Sub 过程名([形参表])
    [局部变量和常量的声明]
    语句块
```

```
                [Exit Sub]
                语句块
        End Sub
```

说明：

(1) Private|Public 声明了通用过程的作用域，Private 表示该通用过程是私有的，只能被本模块中的其他过程调用，不能被其他模块中的过程调用。Public 表示该过程是公有的，可在程序的任意模块的任意过程中调用它。缺省作用域声明时，系统默认过程作用域为 Public。

(2) Static 声明了过程内部的局部变量全部为“静态”变量。

(3) 通用过程的名称由程序设计者设定。设置过程名称时尽量使用能反映过程功能的有意义的名称，这样看到过程的名称就能知晓过程的作用，从而可以保证程序具有良好的可读性。过程名的命名规则与变量名相同。同一模块中，每个过程名都必须是唯一的，而且不能与模块级变量或调用该过程的主调过程中的局部变量同名。

(4) 过程名右边小括号内是参数列表，列表中的参数称为形式参数，它可以是变量或数组，不能是常量或表达式。若有多个参数时，各参数之间用逗号分隔。过程可以没有形参，不含参数的过程称为无参过程，但过程名右边的一对小括号不可以省略。

(5) 过程体中可以用 Exit Sub 语句提前结束过程，返回到该过程调用语句的下一条语句。Exit Sub 语句通常与 If 语句一起使用，用以实现在满足某个条件后无论过程是否执行完毕，都提前退出过程调用回到主程序中。

(6) End Sub 是过程结束的标识，必须和 Sub 成对出现。过程运行至此会返回到主调程序中调用该过程语句的下一条语句。

(7) VB 应用程序内部的所有 Sub 过程都必须是独立定义的，不能嵌套定义。Sub 过程可以嵌套调用，但在一个 Sub 过程的过程体中，绝对不允许出现其他 Sub 过程的定义语句。

【例 6.7】 定义一个名为 Exchange 的通用过程，实现交换两个变量的值。

程序实现代码如下：

```
Private Sub Form_Click()
        Dim a As Integer, b As Integer
        a = InputBox("请输入变量 a 的值")
        b = InputBox("请输入变量 b 的值")
        Print "a ="; a; "b ="; b
        Call Exchange(a, b)
        Print "a ="; a; "b ="; b
End Sub
Private Sub Exchange(x As Integer, y As Integer)
        Dim Temp As Integer
        Temp = x
        x = y
        y = Temp
End Sub
```

一个过程中只能包含调用其他过程的语句,而不能再出现定义其他过程的语句。因此正确的程序应当是在 Form_Click 事件过程的外部定义 Exchange 通用过程,然后在 Form_Click 中调用 Exchange 来实现两个变量值的交换。下面这段代码就犯了过程嵌套定义的错误。

```
Private Sub Form_Click()
        Dim a As Integer, b As Integer
        a = InputBox("请输入变量 a 的值")
        b = InputBox("请输入变量 b 的值")
        Print "a ="; a; "b ="; b
        Private Sub Exchange(x As Integer, y As Integer)
            Dim Temp As Integer
            Temp = x
            x = y
            y = Temp
        End Sub
        Print "a ="; a; "b ="; b
End Sub
```

6.2.3 Sub 过程的创建

一、事件过程的创建

事件过程的代码框架是由 VB 系统定义好的,因此程序设计者不得随意修改事件过程的名称及参数。事件过程的代码框架可以由 VB 集成环境自动生成。

双击窗体或控件,即可打开"代码编辑器"窗口,同时生成窗体或控件默认的事件过程框架。例如,窗体默认的事件为 Load,按钮默认的事件为 Click。

若要创建窗体或控件的非默认事件的过程框架,可以先打开"代码编辑器"窗口(双击窗体或单击工程资源管理器中的"查看代码"按钮可以打开),在代码编辑区上方的"对象"下拉列表中选择一个窗体/控件对象或菜单,右边的"过程"下拉列表中即会列出该对象所有可以响应的事件,在其中选择特定的事件后即可在代码框中生成相应的事件过程框架,如图 6.9 所示。

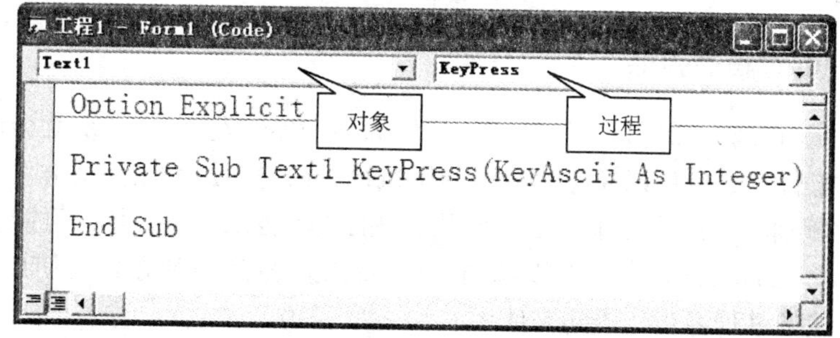

图 6.9 "对象"及"过程"下拉列表

当然,也可以在代码编辑区中完全手动输入事件过程的框架,但是不推荐这样做。因为这样不仅会降低编码效率,而且很可能会因键入代码时的疏忽造成过程名称或参数列表与标准形式不一致而产生运行错误。

事件过程的框架生成好后,就可以在 Private Sub 与 End Sub 之间输入过程体的代码。

二、通用过程的创建

通用过程的作用域、名称和参数完全由程序设计者设定。通常可以通过下面两种途径创建通用过程。

方法一:直接在代码编辑区的空白处手动输入通用过程的代码。即在代码编辑器的"对象"列表中选择"通用",光标即定位在代码编辑区的空白处。输入通用过程的第一行代码"[Private|Public] Sub 过程名(形参表)"后单击 Enter 键,系统会自动生成"End Sub"。过程框架创建好后,进而就可在过程体部分输入通用过程的代码。

方法二:通用过程的代码框架还可以通过菜单命令来自动生成,操作步骤如下:

(1) 打开"代码编辑器",执行"工具"菜单中的"添加过程"命令,打开如图 6.10 所示的"添加过程"对话框;

(2) 在"名称"后的文本框中输入通用过程的名称;在"类型"选项区中选择"子程序";若定义的过程是一个全局过程,就在"范围"选项区中选择"公有的";若过程的作用域是窗体级或模块级的则选择"私有的"。设置完成后单击"确定"按钮。

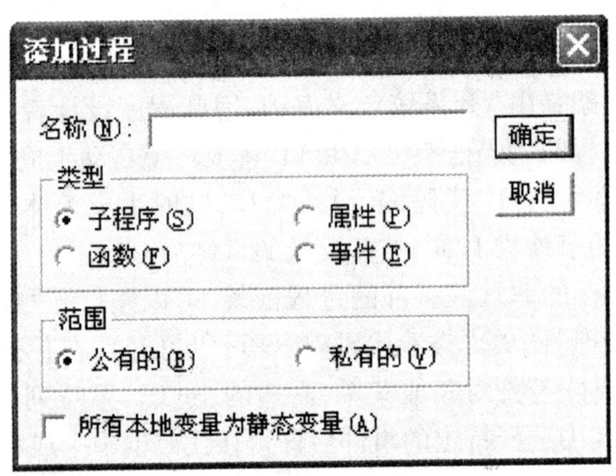

图 6.10 "添加过程"对话框

6.2.4 Sub 过程的调用

事件过程是事件驱动的,只要针对某个控件的某个事件发生了,系统就会调用执行相应的事件过程。事件过程也可以通过代码来调用执行。而通用过程完全是由程序设计者定义的,只能通过代码来调用执行它们,否则通用过程的代码将永无被执行的可能而遭闲置。

Visual Basic 语言有两种方式可以调用一个 Sub 过程:第一种方式是使用 Call 语句;第二种方式是直接把过程名当作语句来使用。

一、用 Call 语句调用 Sub 过程

其一般形式为:

Call 过程名 [(实参表)]

说明:

(1) 这种形式用关键字 Call 来调用一个过程,过程名右边小括号内的参数列表是实在参数列表。实在参数可以是变量、常量或表达式。

(2) 若有多个实在参数,各参数之间要用逗号分隔。

(3) 实在参数的类型、个数和顺序应与被调用过程的形式参数完全匹配,但是二者的名称可以相同也可以不同。

(4) 如果被调用过程是一个无参过程,则过程调用语句中过程名右边就不要有括号。

二、把过程名当作语句使用

其一般形式为:

过程名 [实参表]

说明:这种调用形式没有使用关键字 Call,实参表外面就不要有括号,而且实参表和过程名之间必须有空格分隔。

如例 6.7 中,除了可使用语句"Call Exchange(a, b)",还可使用语句"Exchange a,b"来调用 Exchange 过程实现交换两变量的值。以上介绍的两种调用语句既可以调用通用过程,也可以调用事件过程。主程序执行到过程调用语句时,会自动转到被调用子过程中去执行,同时实参按位置向形参传值。子程序运行到 End Sub 语句后会重新回到主程序中过程调用语句的下一条语句继续执行,如图 6.11 所示。

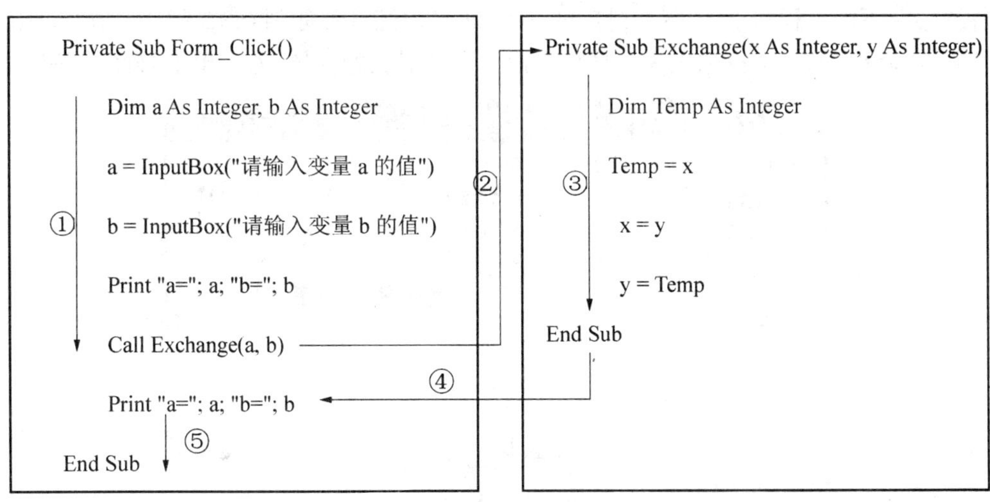

图 6.11 过程调用的执行流程

如果通用过程的作用域为公有的(Public),就可以被应用程序中任意其他过程调用。跨模块调用公有过程的方式取决于该公有过程是在窗体模块(对应.frm 文件)中定义的还是在标准模块(对应.bas 文件)中定义的。

（1）如果公有过程是在窗体模块中定义的，在其他模块中调用该过程时就必须指明其来自于哪个窗体模块。调用方式是在公有过程的名称前加上其所属窗体名作为前缀。

（2）如果公有过程是在标准模块中定义的，而且过程的名称在整个应用程序中是唯一的，在其他模块中调用该过程时就无须指明其来自于哪个模块，直接调用公有过程的名称即可。但如果标准模块中定义的公有过程名在整个应用程序中不是唯一的，即在不同模块中都定义了相同名称的公有过程，则在跨模块调用该过程时，还需要指明其来自于哪个模块。

如例 6.7 中如果工程中另外一个窗体 Form2 中定义了作用域为 Public 的通用过程 Exchange，就可以在 Form1 中调用它实现两变量值的交换。调用语句为：

```
Call Form2.Exchange(a, b)
```

如果工程中有一标准模块 Module1 中也定义了作用域为 Public 的通用过程 Exchange，由于 Form1 中也有同名过程 Exchange，因此要调用 Module1 中的 Exchange 就必须指明它来自于哪个模块。在 Form1 中调用它的语句应当为：

```
Call Module1.Exchange(a, b)
```

如果 Module1 中定义的实现两变量交换的公有过程名为 Swap，由于该名称在整个应用程序中唯一，在 Form1 中调用它的语句就可以写成：

```
Call Swap(a, b)
```

6.2.5 Sub Main 过程

应用程序总是默认从一个窗体开始启动，该窗体为 VB 集成环境下创建一个新的工程时系统自动提供的窗体 Form1（该窗体的名称可以修改，不是必须得叫 Form1，若该窗体重新命名了，工程的默认启动对象仍然是它，不会改变）。

如果一个工程中有多个窗体，也可以将其他窗体设置为启动对象。设置步骤为：执行“工程”菜单下的工程“属性”命令，打开“工程属性”对话框，如图 6.12 所示。在“通用”选项卡中的“启动对象”下拉列表中选择想要设为启动对象的窗体，然后单击“确定”按钮。

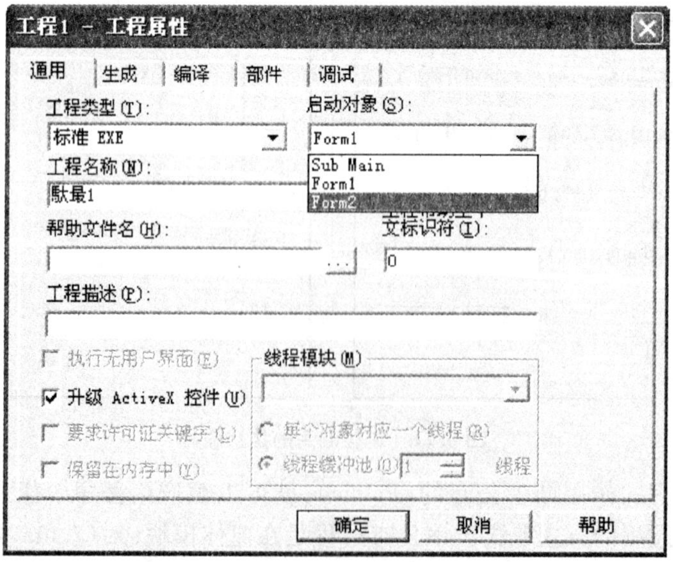

图 6.12 “工程属性”对话框

一个 VB 应用程序除了可以从窗体开始启动，还可以设置为从一个过程开始启动，但该过程必须是在标准模块中定义的一个名称为 Main 的通用 Sub 过程。

【例 6.8】 下面看一个既可以求两数最大公约数，也可以求两数最小公倍数的应用程序示例。该应用程序包含三个窗体 FrmMain、FrmGcd、FrmLcm 和一个标准模块 Module1。

窗体 FrmMain、FrmGcd、FrmLcm 的界面分别如图 6.13(a)、(b)、(c)所示。启动应用程序，首先打开的是程序的主界面 FrmMain 窗体，单击"最大公约数"或"最小公倍数"可以关闭主界面，打开可以求两数最大公约数的窗体 FrmGcd 或求两数最小公倍数的窗体 FrmLcm。在窗体 FrmGcd 中，输入两个自然数，单击"求最大公约数"，可以显示两数的最大公约数。在窗体 FrmLcm 中，输入两个自然数，单击"求最小公倍数"，可以显示两数的最小公倍数。两个窗体中都有"返回主界面"的按钮。标准模块 Module1 中定义了求两数最大公约数的公有过程 Gcd。

(a) FrmMain 窗体界面

(b) FrmGcd 窗体界面

(c) FrmLcm 窗体界面

图 6.13　窗体界面

窗体 FrmMain 中参考代码如下：

```
Private Sub Command1_Click()
    FrmMain. Hide
    FrmGcd. Show
End Sub
Private Sub Command2_Click()
    FrmMain. Hide
    FrmLcm. Show
End Sub
```

窗体 FrmGcd 中参考代码如下：

```
Private Sub CmdGcd_Click()
    Dim x As Integer, y As Integer, g As Integer
    x = Val(Text1)
    y = Val(Text2)
    Call gcd(x, y, g)
    Text3 = g
End Sub
Private Sub CmdClear_Click()
    Text1 = ""
    Text2 = ""
    Text3 = ""
    Text1.SetFocus
End Sub
Private Sub CmdReturn_Click()
    FrmGcd.Hide
    FrmMain.Show
End Sub
```

窗体 FrmLcm 中参考代码如下：

```
Private Sub CmdLcm_Click()
    Dim x As Integer, y As Integer, g As Integer
    x = Val(Text1)
    y = Val(Text2)
    Call gcd(x, y, g)
    Text3 = x * y / g
End Sub
Private Sub CmdClear_Click()
    Text1 = ""
    Text2 = ""
    Text3 = ""
    Text1.SetFocus
End Sub
Private Sub CmdReturn_Click()
    FrmLcm.Hide
    FrmMain.Show
End Sub
```

标准模块 Module1 中参考代码如下：

```
Public Sub gcd(ByVal a As Integer, ByVal b As Integer, g As Integer)
    Dim remainder As Integer
```

```
    Do
        remainder = a Mod b
        a = b
        b = remainder
    Loop While remainder <> 0
    g = a
End Sub
```

如果希望在启动工程后首先打开的是求最大公约数窗体,可以在“工程属性”对话框中将工程的“启动对象”设置成“FrmGcd”。

由于工程的启动对象只能为一个,如果希望启动工程后能将求最大公约数和最小公倍数的两个窗体同时显示在屏幕上,就需要通过代码来实现了。在 Module1 中定义通用过程 Sub Main,程序代码如下:

```
Private Sub Main()
    FrmGcd. Show
    FrmLcm. Show
End Sub
```

然后打开“工程属性”对话框,将工程的“启动对象”设置成“Sub Main”。重新启动程序,可以看到求最大公约数和最小公倍数的两个窗体同时显示在屏幕上。

6.3 Function 过程

Function 过程是具有返回值的过程。本书前文中介绍的 VB 内部函数就是系统预先定义好的 Function 过程。程序在执行到包含内部函数的代码时,会转到系统定义的函数内部去执行,执行完毕后产生一个返回值,该值被返回到主程序中调用内部函数的语句处,进而为主程序所使用。

程序设计者也可以根据程序的功能需要自己定义具有返回值的 Function 过程。由程序设计者定义的 Function 过程通常称为自定义函数,或简称为函数。

6.3.1 Function 过程的创建

自定义 Function 过程的一般形式如下:

```
[Private |Public] [Static] Function 函数名([形参表])[As 数据类型]
        [局部变量和常量的声明]
        语句块
        [函数名 =返回值]
        [Exit Function]
        [函数名 =返回值]
        语句块
End Function
```

说明:

(1) Function 过程的代码框架是以关键字 Function 开头，End Function 结束的。在 Function 与 End Function 之间是实现某些功能的过程代码，称为过程体或函数体。

(2) Function 过程的作用域、函数名的命名规则以及形参表的定义都与通用 Sub 过程相同。

(3) 形参表右边的"As 数据类型"声明的是函数返回值的数据类型。若没有这个声明，函数的返回值就为变体(Variant)型。

(4) Function 过程是通过"函数名 = 返回值"语句产生返回值的，即将函数的返回值赋给与函数同名的变量，这样函数运行结束后就能产生一个返回值。若 Function 过程中没有这条赋值语句，就返回函数返回值类型对应的初始值。例如，若函数返回值类型为 Integer，缺省返回值就是 0；若函数返回值类型为 String，缺省返回值就是空字符串。

(5) Function 过程体中可以用 Exit Function 语句与 If 语句一起使用，以实现在满足某个条件后无论函数是否执行完毕，都提前结束 Function 过程，返回到该函数调用语句的下一条语句。

(6) Function 过程也不能嵌套定义。

【例 6.9】 定义 Function 过程 Prime 判断一个数是否为素数。

分析：由于判断一个数是否为素数的结果只有两种："是"或者"不是"，因此函数的返回值应当定义为 Boolean 型。若判断结果是素数就给与函数同名的变量 Prime 赋值为 True，否则给 Prime 赋值为 False。

```
Private Function Prime(n As Integer) As Boolean
    Dim i As Integer
    Prime = False
    For i = 2 To Sqr(n)
        If n Mod i = 0 Then Exit For
    Next i
    If i > Sqr(n) Then
        Prime = True                    '若 n 是素数，就将函数返回值设为 True，
                                        否则设为 False
    End If
End Function
```

6.3.2 Function 过程的调用

调用 Function 过程的形式为：

函数名 [(实参表)]

说明：

(1) 函数名右边小括号内的参数列表是实在参数列表。实在参数可以是变量、常量或表达式。若有多个实在参数，各参数之间要用逗号分隔。

(2) 实在参数的个数、类型和顺序应与被调用 Function 函数的形式参数完全匹配。

(3) 如果被调用函数没有参数，则函数调用语句中函数名右边可以有括号，也可以无括号。

注意:由于 Function 过程有返回值,所以上述形式的调用不能单独写成一条语句,而应作为表达式出现在赋值语句的等号右边、成为分支语句的判断条件或 Print 语句的输出对象等。

【例 6.10】 使用上例中的 Prime 函数验证二重哥德巴赫猜想:任意一个不小于 6 的偶数都可以表示为两个素数之和。

要求:通过文本框输入一个不小于 6 的偶数,单击"判断"按钮,如果符合猜想,则输出和为该偶数的两个素数,否则输出"哥德巴赫猜想不成立!"。程序参考界面如图 6.14 所示。

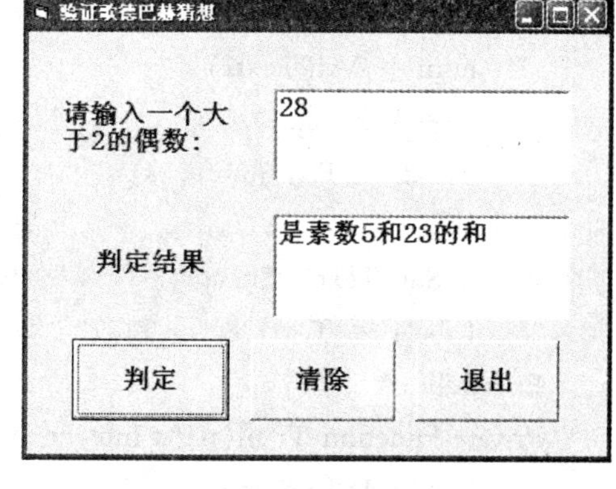

图 6.14 哥德巴赫猜想

分析:假设要找到和为偶数 x 的素数对,可以采用穷举法,将所有和为 x 的奇数对(和为 x 的偶数对不用考虑了,因为偶数除了 2 之外都不是素数)都考察一遍,若存在两数都为素数的奇数对(调用 Prime 函数来判断),就是符合哥德巴赫猜想的素数对。

```
Private Sub Command1_Click()
    Dim x As Integer, i As Integer
    x = Val(Text1.Text)
    For i = 3 To x\2 Step 2           '和为 x 的素数对中不可能有2,因此从素数
                                      3 开始考察
        If Prime(i) And Prime(x - i) Then
            Text2.Text = "是素数" & CStr(i) & "和" & CStr(x - i) & "的和"
            Exit For                  '一旦找到了符合要求的素数对就不用再
                                      考察了
        End If
    Next i
    If i > x\2 Then
        Text2.Text = "歌德巴赫猜想不成立!"
    End If
End Sub
```

【例 6.11】 编写一个把十进制数转换成任意 K 进制数的通用程序,十进制数和 K 的值由用户在程序运行界面输入。

要求:定义 Function 过程 Trans 实现进制转换。程序的参考界面如图 6.15 所示。

分析:由于主调过程要向函数 Trans 传递十进制数和 K 的值,因此函数 Trans 需要设置两个形参。函数体内将十进制数转换成 K 进制数后,可以将 K 进制数的值作为函数的返回值带回到主调过程。十进制数转换为 K 进制数采用的是除 K 取余法,一直除到商为 0 为止,因此可以用条件循环来实现反复除 K 取余的操作。如果十进制数要转换为十六进制

数,余数可能是一个大于 9 的数,因此循环体中对于 0 ~ 9 和 10 ~ 15 之间的余数要分别处理。

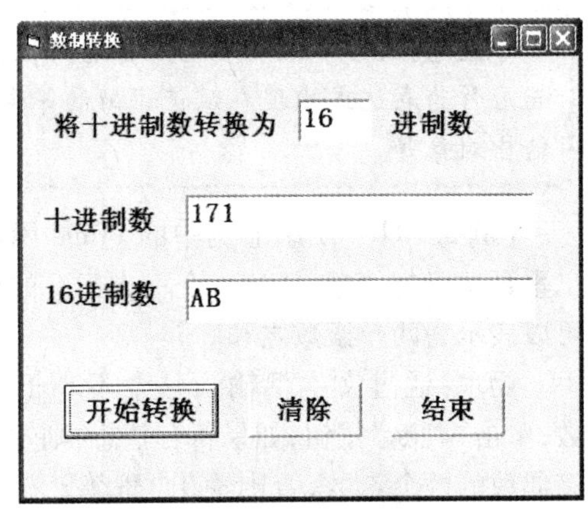

图 6.15 进制转换

程序的主要参考代码如下:

```
Option Explicit
Private Sub Command1_Click()
    Dim num As Integer, k As Integer
    num = Val(Text2)
    k = Val(Text1)
    Text3 = Trans(num, k)
End Sub
Private Sub Text1_Change()
    Label4 = Text1 & "进制数"
End Sub
Private Function Trans(n As Integer, k As Integer) As String
    Dim r As Integer
    Do Until n = 0
        r = n Mod k
        Select Case r
            Case 0 To 9
                Trans = CStr(r) & Trans
            Case 10 To 15                  '若余数是 10 ~ 15 间的数需要转换成 A ~ F
                Trans = Chr(r + 55) & Trans
        End Select
        n = n \ k
    Loop
End Function
```

Visual Basic 语言还允许用 Sub 过程的调用语句形式调用一个 Function 过程,因此下面两种调用语句在语法上是正确的:

Call 函数名[(实参表)]

函数名 [实参表]

但是采用这两种方法调用 Function 过程等于就放弃了函数的返回值,因此实际应用程序中一般不会使用。

如果 Function 过程的作用域为公有的(Public),就可以被跨模块调用,遵循的规则和通用 Sub 过程相同:窗体模块中定义的公有 Function 过程,跨模块调用它时必须加上其所属窗体的名称作为前缀;标准模块中定义的公有 Function 过程,跨模块调用它时要分情况:若该函数的名称在整个应用程序中是唯一的,则直接调用函数名即可;若标准模块中定义的 Function 过程的名称在整个应用程序中不是唯一的,调用该函数时还是需要指明其来自于哪个模块。

6.4 参数传递

调用通用 Sub 过程或 Function 过程时，通常都需要从主调过程中传递一些数据给被调过程，被调过程运行完毕后通常也会将一些运行结果返回给主调过程。主调过程与被调过程之间这样的数据传递主要是通过参数来实现的。如何根据过程的需要来正确设置参数的个数、类型和传递方式等，是定义和调用过程的关键，也是 VB 初学者的难点之一。

6.4.1 形参与实参

形式参数，简称形参，指在通用 Sub 过程或 Function 过程的定义语句中过程名或函数名后括号内定义的参数。形参可以是除定长字符串之外的任意类型的变量或数组。形参的主要作用是接收主调程序传递给子过程的数据。

实际参数，简称实参，指在过程调用语句中过程名或函数名后括号内提供的参数。过程调用发生时，实参按位置向对应的形参传递数据，因此实参才是子过程真正要处理的数据对象。实参可以是变量、数组、常数或表达式。若实参为变量或数组，其类型、个数和顺序应与被调用过程的形参完全匹配。若实参为常量或表达式，则允许实参的类型与形参不一致，系统会自动进行数据类型转换，并将转换之后的数值传递给形参。

形参可以看作是实参的替身，在过程被调用之前，形参只是一个虚拟的变量，直到程序转到被调过程中执行后，系统才会为形参分配内存，同时将实参的值或地址赋予形参。因此，过程体中定义的所有对形参的处理操作实质都是针对实参传递来的数据的。

形参的一般形式为：

[Optional] [ByVal] [ByRef] 变量名[()] [As 数据类型]

说明：

(1) 若形参前有关键字"Optional"声明，则表示该参数为可选参数，缺省 Optional 前缀的参数为必选参数。所谓可选参数就是在调用过程时，该形参对应的实在参数不是必须得提供的。若没有提供对应的实参，可选参数就使用某个默认值。可选参数必须放在所有必选参数的后面，而且每个可选参数都必须用关键字 Optional 声明。

(2) 若形参前有关键字"ByVal"声明，则表明该过程的参数传递方式为按值传递（ByVal 是 Passed By Value 的缩写）。若形参前有"ByRef"声明或缺省这一项关键字，则表明该过程的参数传递方式为引用传递（ByRef 是 Passed By Reference 的缩写）或可更形象的描述为按地址传递。

(3) 形参变量名必须符合 VB 变量的命名规则。若变量名后面有一对小括号，则表示这个形参是数组，形参数组名后的括号内不要有维界声明。

(4) "As 数据类型"用于声明形参的数据类型，缺省则表明该形参是变体型。若形参是变量，则该变量可以被声明为除定长字符串之外的任意数据类型。若形参变量被声明为 String 类型，在调用该过程时，对应的实在参数可以是定长字符串。若形参是数组，则形参数组允许被声明为包含定长字符串在内的任意数据类型。

假设有通用 Sub 过程 Example1，过程的定义如下：

```
Private Sub Example1(a As Integer, b As String, c() As Single)
```

```
        ……
End Sub
```

若要在窗体单击事件过程中调用该通用过程,可以使用下面的语句:

```
Private Sub Form_Click()
    Dim x As Integer, y As String
    Dim arr(5, 5) As Single
    x = 5: y = "hello"
    Call Example1(x, y, arr)
End Sub
```

如果另有通用 Sub 过程 Example2,过程的定义如下:

```
Private Sub Example2(d As Integer)
        ……
End Sub
```

若要在窗体单击事件过程中调用该通用过程,下面的调用语句就会报“参数类型不符”的错误,因为实参若为变量就必须与形参的类型完全一致。

```
Private Sub Form_Click()
    Dim x As Single, y As String
    x = 5.5 : y ="hello"
    Call Example2(x)
End Sub
```

如果将调用语句改成:

Call Example2(5.5)

程序就可以正常执行了,因为实参为常量或表达式是允许其类型与形参不一致的,系统会自动进行数据类型转换,形参 d 将被赋值为类型转换后的结果 6。VB 语法规定在变量外加一对小括号可以把变量转换成表达式。因此下面的调用语句也是正确的:

Call Example2((x))

需要注意的:并不是实参为常量或表达式就可以保证实参与形参类型不一致的过程调用都可以正确执行,上例过程中的调用语句如果改为:

Call Example2((y))

尽管实参是一个表达式,但字符串与数值变量间无法进行直接类型转换,程序仍然会产生“类型不匹配”的运行错误。

6.4.2 按值传递

调用通用 Sub 过程或 Function 过程时,主调过程中的实参会向子过程中的形参传递数据。参数的传递方式主要通过形式参数前声明的关键字来指定。如果形参前用关键字 ByVal 声明,表明参数的传递方式为“传值”。

所谓传值就是实参将其数值复制给形参。由于实参与形参各有自己的内存存储空间,因此实参将值传递给形参,等于只是将自己的一个副本给了形参,之后两者便再无关联。如果在过程体中改变了形参的值,改变的只是形参对应内存中存放的数据,对实参的值不会产生任何影响。因此,也可以说按值传递参数时,参数的传递方式是单向的。

下面看一段程序示例。

```
Private Sub Form_Click()
        Dim a As Integer, b As Integer
        a = 10: b = 20
        Print "交换前: "; "a ="; a; "b ="; b
        Call Swap(a, b)
        Print "交换后: "; "a ="; a; "b ="; b
End Sub
Private Sub Swap(ByVal x As Integer, ByVal y As Integer)
        x = x + y
        y = x - y
        x = x - y
End Sub
```

分析:由于子过程 Swap 中的两个形参 x 和 y 都是用 ByVal 声明的,因此过程调用发生时 x 和 y 可以获得实参 a 和 b 的值,但过程体中对形参 x 和 y 值的交换对实参 a 和 b 无任何影响。Swap 过程运行结束后实参 a 和 b 仍将保持原值,不会跟随 Swap 过程中的对应形参 x 和 y 发生交换。程序的运行结果为:

交换前: a =10 b =20

交换后: a =10 b =20

【例 6.12】 看一段小程序,思考单击窗体后程序的输出结果是什么。

```
Private Sub Form_Click()
    Dim x As Integer, y As Integer
    x = 10: y = 20
    Call Test(y, x)
    Print "主调过程中: ";
    Print "x ="; x; "y ="; y
End Sub
Private Sub Test(ByVal x As Integer, ByVal y As Integer)
    x = x + 10
    y = y - 10
    Print "子过程中: ";
    Print "x ="; x; "y ="; y
End Sub
```

分析:单击窗体后,在窗体单击事件过程中调用通用过程 Test,实参 y 和 x 按位置向对应的形参 x 和 y 传值,形参 x 和 y 分别获得值 20 和 10。在 Test 过程中,经过计算,x 和 y 值会变成 30 和 0。Test 过程运行结束后,程序回到窗体单击事件过程中。由于参数的传递方式为传值,因此实参 x 和 y 的值仍然为 10 和 20。程序的运行结果为:

子过程中: x =30 y =0

主调过程中: x =10 y =20

【例 6.13】 编写程序求 S = 2! + 4! + 6! + … + (2n)!。

要求:在第一个文本框输入项数,单击"计算"按钮,在第二个文本框可以给出计算结果。定义一个名为 Fact 的自定义函数用于计算一个数的阶乘。程序的参考界面如图 6.16 所示。

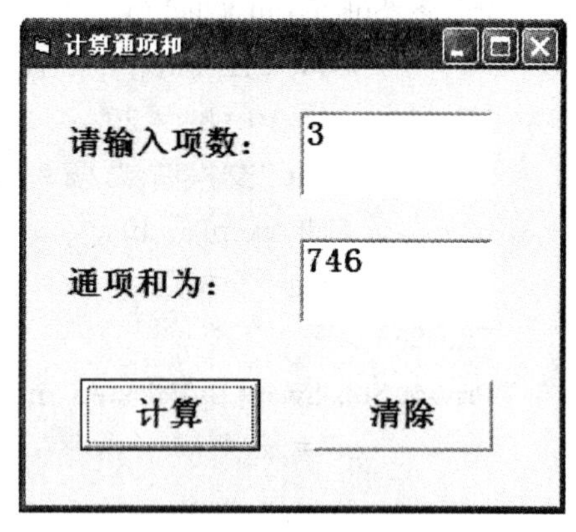

图 6.16 求通项和

程序的主要代码如下:

```
Private Sub Command1_Click()
    Dim i As Integer, n As Integer, s As Long
    n = Val(Text1)
    For i = 2 To 2 * n Step 2
        s = s + Fact(i)
    Next i
    Text2 = CStr(s)
End Sub
Private Function Fact(ByVal k As Integer) As Long
    Dim i As Integer
    Fact = 1
    Do
        Fact = Fact * k
        k = k - 1
    Loop Until k = 1
End Function
```

说明:函数 Fact 的形参必须声明为按值传递,因为调用 Fact 函数求某个数 i 的阶乘时,函数内部修改了形参 k 的值,当函数运行结束后 k 的值会变成 1,而程序希望实参 i 的值不变,只有将参数的传递方式定义为传值,才能保证 i 的值不会受 k 的影响仍保持原值。

6.4.3 按地址传递

如果形参前用关键字 ByRef 声明,表明实参与形参间的参数传递方式为"引用传递"或"按地址传递"。定义过程时,缺省的参数传递方式就是按地址传递。因此若形参前无关键字声明,也表明其参数传递方式为传地址。

所谓按地址传递,就是过程调用发生时,实参向形参传递的是它的内存地址。形参根据该地址就可以找到实参在内存中的存放位置,从而实现在子过程体中访问实参。由于形参和实参使用的是同一内存单元,因此过程体中所有对形参的处理操作实质上都是针对相应实参的,形参值的变化就是实参值的变化。因此,也可以说按地址传递参数时,参数的传递方式是双向的。

下面来看一段程序示例:

```
Private Sub Form_Click()
        Dim a As Integer, b As Integer
```

```
        a = 10: b = 20
        Print "交换前:"; "a ="; a; "b ="; b
        Call Swap(a, b)
        Print "交换后:"; "a ="; a; "b ="; b
End Sub
Private Sub swap(x As Integer, y As Integer)
        x = x + y
        y = x - y
        x = x - y
End Sub
```

分析:上面这段程序中同样定义了实现变量交换的子过程。由于 Swap 中的两个形参 x 和 y 没有关键字声明,表明它们的参数传递方式为按地址传递,因此过程调用发生时 x 和 y 可以直接访问实参 a 和 b 的内存从而获得它们的值。过程体中对形参 x 和 y 值的交换,就是对实参 a 和 b 的交换。Swap 过程运行结束后,实参 a 和 b 的值也会发生交换。程序的运行结果为:

交换前: a =10 b =20

交换后: a =20 b =10

【例 6.14】 若把上一节例 6.12 中的 Test 过程的两个形参由按值传递改为按地址传递,思考一下单击窗体后程序的输出结果又该是什么。

```
Private Sub Test(ByRef x As Integer, ByRef y As Integer)
    x = x + 10
    y = y - 10
    Print "子过程中:";
    Print "x ="; x; "y ="; y
End Sub
```

分析:单击窗体后,在窗体单击事件过程中调用通用过程 Test,实参 y 和 x 按地址向对应的形参 x 和 y 传递参数,形参 x 与实参 y 共用内存,形参 y 与实参 x 共用内存,因此形参 x 和 y 的值分别为 20 和 10。在 Test 过程中,经过计算,形参 x 和 y 值会变成 30 和 0。由于形参与实参共用内存,对应实参 x 和 y 的值也会变成 0 和 30。程序的运行结果为:

子过程中: x =30 y =0

主调过程中: x =0 y =30

【例 6.15】 找出所有四位回文数输出到列表框中,所谓回文数就是把这个数从左往右读和从右往左读数值完全相同的数。例如:1221、4664、5335 都是回文数。

要求:单击"找回文数"按钮,即可在列表框中输出所有的四位回文数。

分析:由于回文数顺着读和倒着读数值相同,判断一个数是否是回文数的时候可以考虑首先求出这个数的逆序数,再判断这个数的逆序数和它本身是否相等,如果相等这个数就是一个回文数。程序的参考界面如图 6.17 所示,参考代码如下:

```
Private Sub Command1_Click()
    Dim num As Integer, renum As Integer
```

```
    For num = 1000 To 9999
        Call Reverse(num, renum)
        If num = renum Then
            List1.AddItem CStr(num)
        End If
    Next num
End Sub
Private Sub Reverse(ByVal n As Integer, ren As Integer)
    Dim st As String, i As Integer
    For i = 1 To Len(CStr(n))
        st = Mid(CStr(n), i, 1) & st
    Next i
    ren = Val(st)
End Sub
```

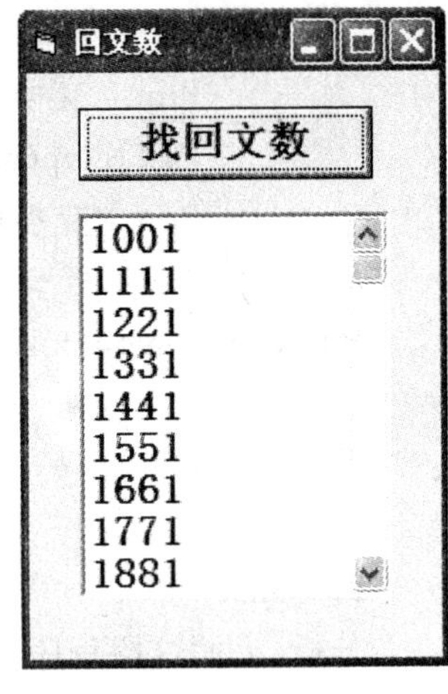

图 6.17　找回文数

说明:通用 Sub 过程 Reverse 的两个参数中 n 表示原来的四位数,ren 表示逆序数。参数 n 最好声明为传值,这样可以保证主调程序中的原四位数也就是实参 num 的值不受形参 n 影响。参数 ren 一定要声明为传地址,因为 Reverse 过程中会求出原四位数的逆序数并赋值给 ren,只有将形参声明为传地址,实参 renum 才能与形参 ren 共用内存,也成为逆序数。

定义过程的形参为按地址传递时,需要注意对应的实参不允许是常量或表达式。如果调用过程时提供的实参是常量或表达式,则无论形参如何声明,都是按照传值方式传递参数的。

如例 6.14 中的过程 Test,形参已经声明过程是按地址传递参数,但如果调用 Test 的语句这样写:

```
Call Test((y),(x))
```

用这种方式调用 Test,实参就是两个表达式(前面已介绍过在变量外加一对小括号,可以把变量转换成一个表达式)。这种情况下,无论形参如何声明,过程都是按照传值方式传递参数的。单击窗体后,程序的输出结果是:

子过程中: x =30 y =0

主调过程中: x =10 y =20

关于参数按地址传递还有一点要注意:如果某个运算表达式中调用了一个参数声明为按地址传递的自定义函数,而该函数的实参也参与了表达式中的运算,则随着程序转入函数中执行,函数中形参值的改变就可能影响到参与表达式运算的实参的值。下面看一个程序示例。

【例 6.16】　阅读下面程序,思考单击窗体后程序的输出结果是什么。

```
Private Sub Form_Click()
    Dim a As Integer, b As Integer
    a = 10: b = 20
    Print a + b + Test(a, b)
End Sub
```

```
Private Function Test(x As Integer, y As Integer) As Integer
    x = x + 1
    y = y + 1
    Test = x + y
End Function
```

分析:单击窗体后,变量 a 和 b 的值分别为 10 和 20,接下来在窗体上打印表达式 a + b + Test(a, b)的值。在计算这个表达式的值时,函数的调用会优先执行。在函数 Test 内部,形参 x 和 y 的值会分别变为 11 和 21,函数的返回值为 32。由于函数 Test 为按地址传递参数,因此实参 a 和 b 的值也会变为 11 和 21。当函数 Test 运行结束回到窗体单击事件过程中,程序将在窗体上打印 11 +21 +32 的和 64。

但是,同样的 Test 函数,如果把 Form_Click 中的调用语句做如下修改:

```
Private Sub Form_Click()
    Dim a As Integer, b As Integer, c As Integer
    a = 10: b = 20
    c = a + b + Test(a, b)
    Print c
End Sub
```

窗体上打印的将是 62 而不是 64。这是因为对于赋值语句,系统是从左往右进行运算的,先计算 10 +20,再调用 Test 函数,函数运行结束后,变量 c 被赋值为 10 +20 +32 的和 62。但是如果赋值语句中调用函数 Test 时有强制类型转换,例如:

```
c = a + b + Test(a, b) * 1!
```

系统则又会先执行函数 Test 再进行算术运算,窗体上将打印结果 64。

因此,如果函数调用出现在某个运算表达式中并不是一定就先调用函数再进行运算。函数调用的优先级是由诸多因素决定的。这些因素包括函数在表达式中的位置、函数本身的返回值类型、参与运算的其他元素的类型等。既然存在着这么多不确定的影响因素,编写程序时就要尽量避免写出这样的语句:运算表达式中调用了形参声明为按地址传递的函数,函数的实参也参与了该表达式的运算。

6.4.4 数组参数

数组也可以作为通用 Sub 过程或 Function 过程的参数。声明形参为数组的一般形式为:

数组名() [As 数据类型]

说明:

(1) 数组名后的括号内不能有数组的维数和维界声明。

(2) 数组只能按地址传递参数,因此形参数组前不能用 ByVal 声明。

若形参为数组,对应的实参也必须为数据类型相同的数组。调用过程时,实参只需要提供数组名即可,数组名后不要有小括号。若实参为定长数组,则不能在过程体中用 Dim 语句重定义形参数组,否则会产生“当前范围内的声明重复”的编译错误。仅当实参为动态数组时,过程体中可以用 ReDim 语句重定义形参数组。

尽管变量作形参不能被声明为定长字符串类型，但数组作形参还是可以被声明为定长字符串类型的，只是对应的实参也必须是定长字符串类型，字符串的长度不必相同。若形参数组被声明为变长字符串类型，则对应的实参也必须是变长字符串类型。

【例6.17】 编写程序找出一个5＊5两位随机整数数组中值最大的元素及其位置。

要求：定义名称为 Array_Ini 的通用 Sub 过程生成随机数数组，再定义名称为 Max 的 Function 过程查找二维数组中值最大的元素及其位置。程序参考界面如图6.18所示。

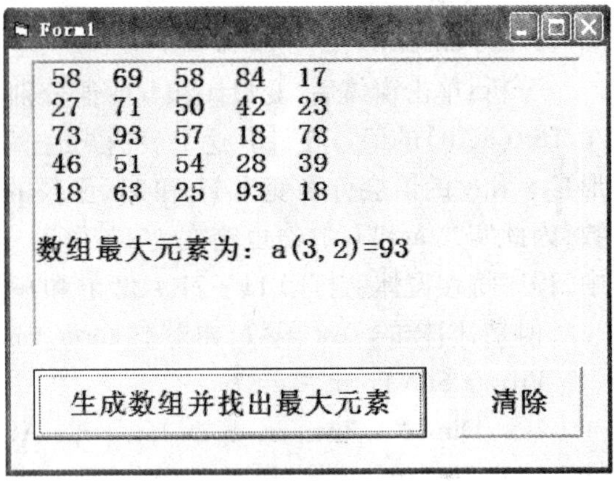

Form1				
58	69	58	84	17
27	71	50	42	23
73	93	57	18	78
46	51	54	28	39
18	63	25	93	18

数组最大元素为：a(3,2)=93

生成数组并找出最大元素　清除

图6.18　找数组最大元素

分析：由于两个自定义过程中都需要对数组中的全部数据进行处理，因此过程要传递的参数必须为数组。程序的参考代码如下：

```
Option Base 1
Dim mr As Integer, mc As Integer
Private Sub Command1_Click()
    Dim arr(5, 5) As Integer, m As Integer
    Call Array_Ini(arr)
    m = Max(arr)
    Picture1.Print
    Picture1.Print "数组最大元素为:" & "a(" & mr & "," & mc & ") =" & m
End Sub
Private Sub Array_Ini(a() As Integer)
    Dim i As Integer, j As Integer
    Randomize
    For i = 1 To UBound(a, 1)
        For j = 1 To UBound(a, 2)
            a(i, j) = Int(Rnd * 90) + 10
            Picture1.Print a(i, j);
        Next j
        Picture1.Print
    Next i
End Sub
Private Function Max(a() As Integer) As Integer
    Dim i As Integer, j As Integer
    Max = a(1, 1)
    mr = i : mc = j
    For i = 1 To UBound(a, 1)
        For j = 1 To UBound(a, 2)
```

```
            If Max  <a(i, j)  Then
                Max  = a(i, j)
                mr  = i : mc  = j
            End If
        Next j
    Next i
End Function
Private Sub Command2_Click()
    Picture1. Cls
End Sub
```

说明:由于数组作参数传递的只是数组首元素的地址,因此被调过程中如果想得到实参数组的维界,可以使用 UBound 或 LBound 函数。

【例 6.18】 编写程序将给定的整数分解成若干个质因子相乘的形式。

要求:从文本框输入一个整数,例如输入 28,单击"分解"按钮,在第二个文本框输出 28 = 2 * 2 * 7。定义名为 PrimeFactor 的通用 Sub 过程,实现查找一个数的质因子。

分析:由于不同整数分解得到的质因子个数无法预知,因此可以定义一个动态数组来存放某个数的所有质因子。在 PrimeFactor 过程中,可通过穷举法查找一个数的质因子,每找到一个新的质因子就存放到动态数组中。程序参考界面如图 6.19 所示,参考代码如下:

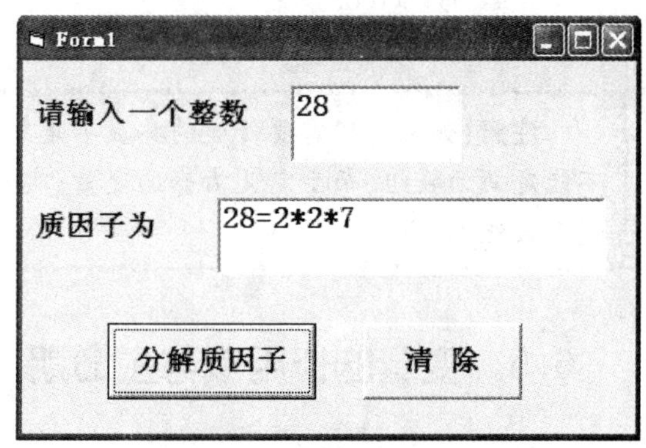

图 6.19 分解质因子

```
Private Sub Command1_Click()
    Dim num As Integer, arr() As Integer, i As Integer
    Dim st As String
    num  = Text1
    Call PrimeFactor(num, arr)
    st  = CStr(num)  &" ="
    For i  = 1 To UBound(arr)
        st  = st & arr(i)  &" * "
    Next i
    Text2  = Left(st, Len(st)  - 1)
End Sub
Private Sub PrimeFactor(ByVal n As Integer, a() As Integer)
    Dim p As Integer, i As Integer
    p  = 2
    Do
```

```
            If n Mod p  = 0 Then
                i  = i  + 1
                ReDim Preserve a(i)
                a(i)  = p
                n  = n \ p
            Else
                p  = p  + 1
            End If
        Loop Until n  = 1
    End Sub
    Private Sub Command2_Click()
        Text1  = ""
        Text2  = ""
        Text1. SetFocus
    End Sub
```

注意:如果过程需要传递的参数不是整个数组,而是数组中的某个元素,则形参就不能定义为数组,而要定义为普通变量;实参也应当是对数组中某个元素的引用,而不能是数组名。

6.5 变量的作用域与生命期

定义过程或变量时都需要声明它们的作用域。所谓作用域就是标明过程或变量在什么地方才有意义,可以被多大区域范围内的程序访问。根据变量的定义位置和声明关键字的不同,VB 中可以声明三种作用域类型的变量:过程级变量(局部变量)、模块级变量以及全局变量。

变量生命期是指变量从产生到消亡所经历的时间。变量的生命期与作用域有着很大的关联,不同作用域的变量,其生命期往往是不同的,但相同作用域的变量,其生命期也可能有所不同。

6.5.1 过程级变量

过程级变量也称为局部变量,是在过程内部用关键字 Dim 声明的变量。过程级变量只在声明它的过程内部才有意义,只能在该过程内部访问它,不能被其他过程访问。过程级变量可在过程中任何位置声明,但只有在声明之后才能使用。

当程序转入过程中运行时,系统会为过程级变量在内存的栈中分配存储空间,过程级变量开始发挥作用。过程运行结束后,系统会回收分配给该过程的栈内存,所有在过程内定义的变量将随之消逝。如果该过程再次被调用,过程内部的变量会被重新初始化,但此时过程内部的变量与前一次调用该过程时产生的变量已毫无关联。因此过程级变量只在过程内部有效,它的生命期也是起于过程开始,终于过程结束。

【例6.19】 阅读下面一段程序,思考单击两次按钮1,再单击两次按钮2,程序的输出是什么。

```
Private Sub Command1_Click()
    Dim a As Integer
    a = a + 1
    Print a;
End Sub
Private Sub Command2_Click()
    Dim a As Integer
    a = a + 1
    Print a;
End Sub
```

分析:第一次单击按钮1,系统为Command1_Click内的局部变量a分配内存,a的初值为0,经过加1操作后值会变成1。随着过程运行结束,局部变量a的值随之消失。第二次单击按钮1,系统会重新为局部变量a分配内存,a的初值还是0,经过加1操作后值变成1。第一次单击按钮2,系统为Command2_Click内的局部变量a分配内存,a的值变成1。第二次单击按钮2,a的值还是变成1。程序的输出为:

1 1 1 1

过程内部还可以用关键字Static声明一个变量,这类变量不同于普通的局部变量,称为静态变量。静态变量的作用域和普通局部变量相同,也是仅在过程内部有意义,但它的生命期却和普通局部变量不同。它的生命期不止限于过程的起始,而是可以贯穿整个应用程序始终。程序开始运行时系统即为静态变量在数据区分配内存,随着程序的运行,静态变量的值一直被保留。因此不论过程被调用多少次,静态变量的值都是可以从前一次过程调用过程保持到下一次过程调用的。

【例6.20】 设计一个验证登录密码的界面。

要求:在登录界面的文本框中输入登录密码后单击"确定"按钮,如果密码正确则程序转入另一个窗体;如果密码错误则弹出消息框要求用户再次输入,密码输入次数达到三次就禁止使用该程序,直接退出程序。

程序的参考界面如图6.20所示,参考代码如下:

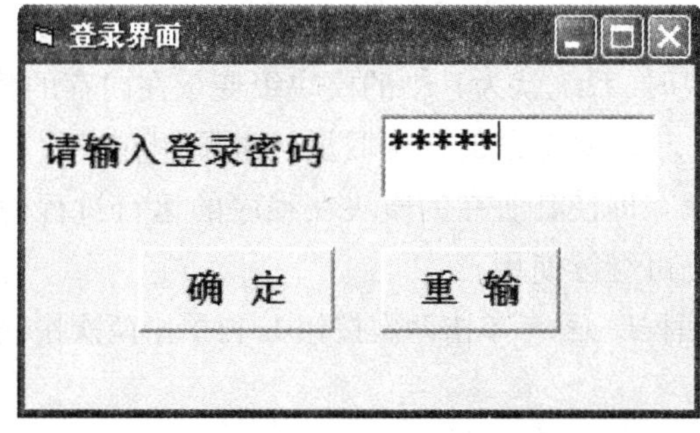

图6.20 登录界面

```
Private Sub Command1_Click()
    Dim password As String
    Static num_input As Integer
    password = Text1
    If password = "admin" Then
        FrmMain.Show
    Else
        num_input = num_input + 1        '统计密码输错的次数
        If num_input = 3 Then
            MsgBox "你已输错三次,系统拒绝向你提供服务!", 16, "退出"
            End
        Else
            MsgBox "密码错误,请重新输入!", 48, "密码错误"
        End If
    End If
End Sub
Private Sub Command2_Click()
    Text1 = ""
    Text1.SetFocus
End Sub
```

说明:由于用户每输入一次密码,"确定"按钮对应的单击事件过程就会被触发执行一次。要统计用户输入密码次数是否达到三次,过程内部定义的统计输入次数的变量值就必须是连续的,即使过程运行结束,它的值也要被保留。将该变量声明为一个静态变量正好可以满足程序这个需求。

6.5.2 模块级变量

模块级变量是在窗体模块或标准模块的通用部分用关键字 Private 或 Dim 声明的变量。模块级变量在其所声明的模块内有效,可以被模块内所有的过程访问,但不能被其他模块中的过程访问,因此模块级变量的作用域是被限制在其被定义的模块内部的。

当程序加载某个模块时,系统就为其中的模块级变量在内存的数据区分配存储空间,模块级变量开始发挥作用。模块级变量的作用域虽然被限制在模块内部,但它们的生命期一直能延续到应用程序结束。即使其所在的模块在程序的运行过程中被卸载又被重新装载,其中各模块级变量的值仍可继续使用。

【例 6.21】 阅读下面程序,思考单击两次按钮 1,再单击两次按钮 2,程序的输出是什么。

```
Dim a As Integer
Private Sub Command1_Click()
    a = a + 1
```

```
    Print a
End Sub
Private Sub Command2_Click()
    a = a + 1
    Print a
End Sub
```

分析:第一次单击按钮1,Command1_Click 内访问的是模块级变量 a,a 的值会变成1。第二次单击按钮1,访问的还是模块级变量 a,经过加1操作后 a 的值会变成2。第一次单击按钮2,Command2_Click 内访问的也是模块级变量 a,a 的值会变成3。第二次单击按钮2,a 的值再加1会变成4。程序的输出为:

1 2 3 4

【例6.22】 阅读下面程序,思考单击按钮1后程序的输出是什么。

```
Dim a As Integer
Private Sub Command1_Click()
    Dim b As Integer, c As Integer
    a = 100: b = 10
    c = Fun(a, b)
    Print a; b; c
End Sub
Private Function Fun(x As Integer, y As Integer) As Integer
    x = x + 10
    y = y + 10
    a = x + 10
    Fun = x + y + a
End Function
```

分析:单击按钮1后触发执行 Command1_Click 事件过程。程序执行到 c = Fun(a, b) 语句时调用 Fun 函数,形参 x 和 y 被赋值为100和10。在 Fun 函数中,经过计算,形参 x 和 y 的值会变成110和20,模块级变量 a 的值会变成120。由于形参 x 声明为按地址传递,因此形参 x 和实参 a 共享内存,x 的值也会变成120。接下来执行 Fun = 120 + 20 + 120,函数的返回值为260。Fun 函数结束后回到 Command1_Click 过程中,变量 c 被赋予函数返回值260,变量 a 和 b 则与形参 x 和 y 的值相同,分别为120、20。程序输出结果为:

120 20 260

6.5.3 全局变量

全局变量是在窗体模块或标准模块的通用部分用关键字 Public 声明的变量。全局变量在整个应用程序中都有效,可以被应用程序中的任意过程访问,因此全局变量的作用域是整个应用程序。

在窗体模块中声明的全局变量和在标准模块中声明的全局变量，对它们的访问方式是不同的。若要访问某个在其他窗体模块中定义的全局变量，必须将全局变量所在的窗体模块名作为该变量的前缀，而要访问某个在其他标准模块中定义的全局变量，就不需要加模块名作前缀，直接引用该全局变量的名称就可以了。

例如在窗体模块 Form2 中声明一个全局变量 a，在标准模块 Module1 中声明一个全局变量 b，在 Form1 中要打印全局变量 a 和 b 的值可以使用下面的语句：

```
Print Form2. a
Print b
```

虽然全局变量可以被应用程序的任意过程访问，但也不能认为将变量全部声明为全局作用域便可省去过程间参数传递的麻烦。相反，由于程序的任何地方都可以修改全局变量的值，滥用全局变量很可能会造成全局变量值被某些代码不明缘由的修改而导致程序的运行结果产生错误。因此定义变量为何种作用域，还是要根据变量在程序中所起的作用和其使用范围来具体设置。

全局变量的生命期贯穿于应用程序始终，全局变量所在模块被加载后，系统就会为其中声明的全局变量在内存的数据区分配存储空间，它们的生命期将一直延续到应用程序结束。

关于全局变量还有一点语法规定要注意：即不能在窗体模块中定义作用域为 Public 的符号常量、数组以及定长字符串类型的变量，只能在标准模块中声明这几种类型的数据为全局作用域。

6.5.4 同名变量

作用域相同的两个变量不允许使用相同名称，这是变量的命名规则所规定的，但作用域不相同的两个变量是允许具有相同名称的。VB 规定，当变量作用域不同而名称相同时，在作用域较小的范围内优先访问局限性大的也就是作用域较小的变量。

假设一个工程中有两个窗体 Form1 和 Form2，两个窗体中的代码如下：

Form1 中的代码：

```
Public a As Integer
Private b As Integer
Private Sub Form_Click()
    Print a                         '访问 Form1 中的全局变量 a
    Print Form2. a                  '访问 Form2 中的全局变量 a
    Print b                         '访问 Form1 中的模块级变量 b
    Print Form2. b                  '访问 Form2 中的全局变量 b
End Sub
Private Sub Command1_Click()
    Dim a As Integer
    Print a                         '访问 Command1 中的局部变量 a
End Sub
```

Form2 中的代码：

```
Public a As Integer, b As Integer
```

说明：(1)两个窗体中分别定义了作用域为 Public 的变量 a。虽然两个 a 都是全局变量，但它们分属不同的窗体模块，因此它们的名称是允许相同的。在 Form1 中要访问本模块内定义的 a 则直接引用其变量名称即可；若要访问 Form2 中的全局变量 a，就必须加上 a 所属的窗体模块的名称 Form2 作为前缀。

(2) Form1 中定义了模块级变量 b，Form2 中定义了全局变量 b。由于两个变量分属于不同的模块，因此它们的名称也是允许相同的。在 Form1 中要访问本模块内的 b 就直接引用其变量名称；若在 Form1 中要访问 Form2 中的全局变量 b，则需加上 Form2 作为 b 的前缀。

(3) Form1 中的 Command1 单击事件过程中也定义了局部变量 a，由于局部变量 a 的作用域被限制在过程内部，因此和通用部分声明的全局变量 a 不冲突，允许它们名称相同。在过程中直接引用变量 a，访问到的将是局部变量 a。因为若局部变量与全局变量或模块级变量同名，在过程内优先访问的是作用域较小的局部变量。

【例 6.23】 阅读下面程序段，思考单击按钮 1，再单击按钮 2，程序的输出是什么？

```
Dim n As Integer
Private Sub Command1_Click()
    Dim n As Integer
    n = n + 1
    Print n;
End Sub
Private Sub Command2_Click()
    n = n + 10
    Print n;
End Sub
```

分析：单击按钮 1，触发按钮 1 的单击事件过程，由于过程内部也定义了局部变量 n，n = n + 1 是针对局部变量 n 进行的加 1 操作，n 的值变成 1。再单击按钮 2，会触发按钮 2 的单击事件过程，n = n + 10 是针对模块级变量 n 进行的加 10 操作，而模块级变量 n 的初值仍然为 0，加法运算后模块级变量 n 的值变成 10。程序的运行结果为：1 10。

6.6 递归过程

过程调用通常都是发生在两个不同的过程之间的。过程的定义语句中也可以通过调用自身来完成某些功能，如果一个过程的过程体中有直接或间接调用自身的语句，这类过程就称为递归过程。简单地说，递归就是过程自己调用自己。递归是推理和求解问题的一种重要方法，很多经典的数学模型和算法设计都采用了递归结构来求解问题，而且很多问题采用递归结构来描述算法比非递归结构显得更加简洁易懂，可读性更好。

递归过程的一个典型应用就是求一个数的阶乘。前面介绍过采用非递归方法求解一个数的阶乘的算法,假设要编写一个名称为 Fact 的自定义函数求一个数的阶乘,相应的程序代码如下:

```
Private Function Fact(n As Integer) As Long
    Dim i As Integer
    Fact = 1
    For i = 1 To n
        Fact = Fact * i
    Next i
End Function
```

如果使用递归过程求解,可以经过下面的推理思考:由于数学上有定义:

$$n! = \begin{cases} n! = 1, & n = 0 \text{ 或 } n = 1 \\ n! = n*(n-1)!, & n > 1 \end{cases}$$

如果自定义函数 Fact 可以求一个数的阶乘,就有 Fact(n) = n * Fact(n - 1)。在定义函数 Fact 求解 n 阶乘的代码中,可以通过调用 Fact 来求 n - 1 的阶乘。

根据上述分析,可以编写出使用递归过程求解 n! 的函数过程如下:

```
Private Function Fact(ByVal n As Integer) As Long
    If n = 0 Or n = 1 Then
        Fact = 1
    Else
        Fact = n * Fact(n -1)           '注意,这里要赋值给与函数同名的变量
    End If
End Function
```

如果调用该递归过程求解一个自然数的阶乘,主调程序可以如下定义:

```
Private Sub Form_Click()
    Dim n As Integer
    n = InputBox("请输入一个自然数")
    Print n; "! ="; Fact(n)
End Sub
```

分析:运行程序,单击窗体打开输入框,通过键盘输入自然数 3,窗体上将打印“3! = 6”。程序的执行流程如图 6.21 所示。第一次调用 Fact 函数时,形参 n 的值为 3,不满足分支语句的判断条件,程序会执行到 Fact = 3 * Fact(3 - 1)。由于该表达式中又有函数调用,于是系统进一步调用 Fact 函数求解 2 的阶乘。此时,形参 n 的值为 2,程序会执行到 Fact = 2 * Fact(2 - 1),系统再一次调用 Fact 函数求解 1 的阶乘。在求解 1 阶乘的函数内部,由于形参值为 1,满足分支语言的判断条件,因此程序会执行到 Fact = 1,之后函数 Fact(1)运行结束,程序带着 Fact(1)的返回值 1 回到 Fact(2)中调用 Fact(1)的语句处,执行 Fact = 2 *1。接下来函数 Fact(2)也运行结束,程序带着返回值 2 回到 Fact(3)中调用 Fact(2)的语句处,执行 Fact = 3 *2。最后,程序带着 Fact(3)的返回值 6 回到主调程序中调用

Fact(3)的语句处,在窗体上打印3的阶乘为6。

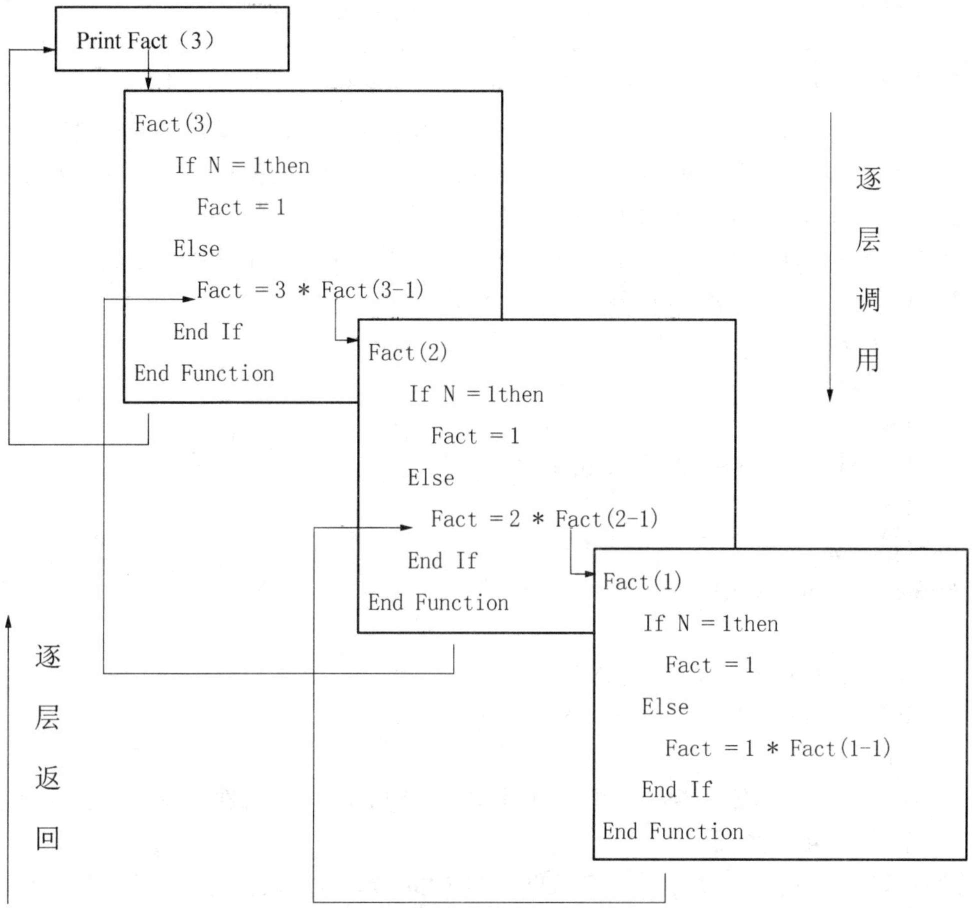

```
Print Fact (3)
```

```
Fact(3)
   If N = 1then
     Fact = 1
   Else
     Fact = 3 * Fact(3-1)
   End If
End Function
```

```
Fact(2)
   If N = 1then
     Fact = 1
   Else
     Fact = 2 * Fact(2-1)
   End If
End Function
```

```
Fact(1)
   If N = 1then
     Fact = 1
   Else
     Fact = 1 * Fact(1-1)
   End If
End Function
```

逐层调用

逐层返回

图6.21 Fact(3)的递归过程

从上述分析可以看出递归是一个逐层调用,之后再逐层返回的过程。编写递归过程时要特别注意设置递归的终止条件。因为正确的递归必须是有穷递归,逐层调用过程的次数必须是有限的,这就需要有一个终止条件,使得最内层的递归过程可以满足该终止条件后结束。就像上例中的 n = 1 就是递归的终止条件,它可以使得最内层的 Fact(1)运行结束返回到上一层的过程中。一个缺乏递归终止条件的递归过程将会永无休止的递归下去,不但无法得到程序的运行结果,还会因过多次调用过程导致内存耗尽,引起更加严重的系统错误。

【例6.24】 新药实验室买了一对小兔子,小兔子一个月后成年具有生育能力,之后每过一个月可以生出一对小兔子,新生的兔子一个月后有了生育能力,再过一个月后就可以再生出一对小兔子,编写程序统计一年后新药实验室共有多少对兔子?

分析:根据题目所描述的兔子的生长生育规律可以知道,第一个月有1对小兔子,第二个月有1对成年兔子,第三个月有1对可生育的兔子和1对小兔子,第四个月有1对可生育的兔子、1对成年兔子和1对小兔子,第五个月有2对可生育的兔子、1对成年兔子和2对小兔子。依此类推,可以发现兔子的数量刚好呈下面的数列规律递增:

1,1,2,3,5,8,13,21,34……

该数列即为著名的 Fibonacci 数列，该数列第 12 项的数值即为一年后兔子的个数。若用 F_n 表示数列第 n 项，则 Fibonacci 数列可以用如下表达式描述：

$$F_n = \begin{cases} 1, & n=1,2 \\ F_{n-1}+F_{n-2}, & n \geqslant 3 \end{cases}$$

从该表达式中能看出，求 Fibonacci 数列第 n 项值的算法若用递归过程来描述非常合适。因为数列第 n 项恰等于前两项之和，若定义函数 Fib 求数列第 n 项，那么在函数体中可以再通过调用 Fib 求数列前两项的值。该递归的终止条件为 n = 1 或 n = 2。

经过上述分析，可以编写如下代码求解一年后新药实验室共有多少对兔子。

```
Private Function Fib(ByVal n As Integer) As Integer
    If n = 1 Or n = 2 Then
        Fib = 1
    Else
        Fib = Fib(n - 2) + Fib(n - 1)
    End If
End Function
Private Sub Form_Click()
    Dim month As Integer
    month = InputBox("请输入")
    Print month & "个月后共有" & Fib(month) & "对兔子"
End Sub
```

启动程序后单击窗体，在弹出的输入框中输入 12 后确定，即可在窗体上看到输出结果“12 个月后共有 144 对兔子”。

【例 6.25】 用递归的方法重新定义例 6.11 中的 Trans 函数，实现把十进制数 n 转换为 k 进制数。

分析：十进制数转换为 k 进制数采用的是除 k 取余法。如果采用递归方法来实现进制转换，可以考虑这样来处理。假设要求解十进制数 27 对应的二进制数，首先，用 27 除以 2 得到余数 1 和商 13，接下来就可以调用 Trans 本身去求商 13 的二进制数，如果程序可以正确执行将会得到返回值“1101”，将本轮的商“1”连到“1101”的后面就可以得到 27 对应的二进制数“11011”。另外要注意，如果十进制数要转换为十六进制数，余数可能是一个大于 9 的数，因此递归过程中对于 0 ~ 9 和 10 ~ 15 之间的余数要分别处理。程序的参考代码如下：

```
Private Function Trans(n As Integer, k As Integer) As String
    Dim r As Integer
    If n <> 0 Then
        r = n Mod k
        If r <10 Then
            Trans = Trans (n \ k, k) & r
        Else
            Trans = Trans (n \ k, k) & Chr(55 + r)
        End If
```

```
    End If
End Function
```

【例6.26】 用递归方法重新定义例6.8中的gcd函数,实现功能:求两自然数的最大公约数。

程序的参考代码如下:

```
Public Function gcd(ByVal a As Integer, ByVal b As Integer)
    Dim remainder As Integer
    remainder = a Mod b
    If remainder =0 Then
        gcd =b
    Else
        a =b
        b = remainder
        gcd =gcd (a, b)
    End If
End Function
```

回到工作场景

通过对本章内容的学习,应该掌握了过程的使用方法,并能够用以设计程序,此时足以完成导入场景中的“入学适龄儿童身高统计”的程序设计。下面我们将回到前面介绍的工作场景中,完成工作任务。

【分析】本问题重点在于编写一个独立的过程,用于求平均数。注意:若要得到通用过程中的平均值,采用Sub过程和Function过程是有区别的。

采用Sub过程 参考程序代码如下:

```
Option Base 1
Dim a(10), b(10), c(10)
Private Sub Command1_Click()
Dim i As Integer
For i = 1 To 10
    a(i) = Int(Rnd * 41) + 100: Text1.Text = Text1.Text & a(i) &" "
Next i
For i = 1 To 10
    b(i) = Int(Rnd * 41) + 100: Text2.Text = Text2.Text & b(i) &" "
Next i
For i = 1 To 10
    c(i) = Int(Rnd * 41) + 100: Text3.Text = Text3.Text & c(i) &" "
Next i
End Sub
```

```
Private Sub av(x(), average As Single)
Dim i As Integer, sum As Long
For i = 1 To UBound(x)
    sum = sum + x(i)
Next i
average = sum / UBound(x)
End Sub

Private Sub Command2_Click()
Dim av1 As Single, av2 As Single, av3 As Single
    Call av(a, av1)
    Call av(b, av2)
    Call av(c, av3)
    Text4 = av1 & "cm"
    Text5 = av2 & "cm"
    Text6 = av3 & "cm"
End Sub
```

采用 Function 过程参考程序代码如下：

```
Option Base 1
Dim a(10), b(10), c(10)                 '多个过程使用同一数组，故声明为窗体级
Private Sub Command1_Click()
Dim i As Integer
For i = 1 To 10
    a(i) = Int(Rnd * 41) + 100           '随机生成 100～140 区间的整数
    Text1 = Text1 & a(i) & " "           '将每次生成的数据串接显示到文本框中
Next i
For i = 1 To 10
    b(i) = Int(Rnd * 41) + 100
    Text2 = Text2 & b(i) & " "           '双引号内有一个空格，用于间隔数据
Next i
For i = 1 To 10
    c(i) = Int(Rnd * 41) + 100
    Text3 = Text3 & c(i) & " "
Next i
End Sub

Private Function av(x()) As Single      '函数有值、有类型
Dim i As Integer, sum As Long
For i = 1 To UBound(x)
```

```
        sum = sum + x(i)
    Next i
    av = sum / UBound(x)
    End Function

    Private Sub Command2_Click()
        Text4 = av(a())           '此处实参 a()也可写成 a,但不能写成 a(10)
        Text5 = av(b())
        Text6 = av(c())
    End Sub
```

习 题

一、选择题

1. 某窗体上有两个文本框,如果想要在启动程序后,光标在第二个文本框中跳动,可以在下面________窗体事件过程中添加语句 Text2. SetFocus。
   A. Form_Initialize　B. Form_Load　C. Form_Activate　D. Form_GotFocus
2. 下面有关 Sub 过程的叙述中,正确的是________。
   A. 事件过程不能被调用,仅当事件发生时才能被触发执行
   B. 通用 Sub 过程的名称不能与模块级变量的名称相同
   C. 调用其他模块中定义的公有过程,必须要以其所属模块名作为过程的前缀
   D. 通用 Sub 过程中只要有给过程名赋值的语句,过程就可以有返回值
3. 下列有关自定义 Function 函数的描述中,错误的是________。
   A. 自定义 Function 函数只能有一个返回值
   B. 可以用 Call 语句调用一个自定义 Function 函数
   C. 若自定义 Function 函数内部没有给函数名赋值的语句,该函数就没有返回值
   D. 自定义 Function 函数内部可以用 Exit Function 语句提前结束函数的调用,回到主调程序中调用函数的语句处
4. 下列有关通用 Sub 过程或自定义函数的叙述中,正确的是________。
   A. 可选参数可以放在必选参数的前面
   B. 调用过程时,只要实参为常量或表达式,就可以与形参的类型不一致
   C. 参数的缺省传递方式为引用传递
   D. 若形参用 Ref 声明,则参数只能按地址传递
5. 下列有关数组参数的说明中,错误的是________。
   A. 形参数组前用 ByVal 修饰,表明参数的传递方式为传值;形参数组前用 ByRef 修饰或无修饰,表明参数的传递方式为传地址
   B. 形参数组可以定义为任意数据类型
   C. 若过程的形参为数组,调用该过程时实参也必须为数组,且只要数组名即可
   D. 过程体中不可以用 Dim 语句再次声明形参数组

6. Form1 的通用部分有下面几条声明语句，只有________是正确的。

A. Public a As String * 5　　　　B. Public b

C. Public Const c As Integer = 5　　　　D. Puclic d(5) As Integer

7. 下列有关变量作用域的叙述中，正确的是________。

A. 访问其他模块中的全局变量时，必须用其所属的模块名作为变量的前缀

B. 模块级变量就是在模块的通用部分用 Private 关键字声明的变量

C. 作用域不相同的两个变量允许其名称相同

D. 过程内部只能用 Dim 声明一个局部作用域的变量

8. 如果 Form1 的 Form ________ Click 事件过程中有这样几条定义语句：Dim x As Single，a1() As Integer，a2() As String，另有通用 Sub 过程定义为 Private Sub Sub1(a As Integer，b() As String)，则在 Form ________ Click 事件过程中调用 Sub1 过程，下面几条调用语句中哪条是正确的________。

A. Call Sub1(x)　　B. Sub1 (x)　　C. Call Sub1(a1)　　D. Call Sub1(a2())

二、编程题

1. 编写程序找出 1 ~ 100 之间的所有孪生素数。所谓孪生素数，就是两个素数之差为 2，如 3 和 5、5 和 7、11 和 13 都是孪生素数。要求定义独立的函数判断一个数是否为素数。

2. 编写程序找出所有的四位 Armstrong 数并输出到列表框中，所谓四位 ArmStrong 数，就是这个数各位数的 n 次方之和等于这个数，n 为这个数的位数。例如：$1^4+6^4+3^4+4^4=1634$。要求自定义函数判断一个数是否为 Armstrong 数。

3. 用递归过程编写求两个自然数的最大公约数的程序。

4. 编写程序把一个 N 进制数转换为十进制数。要求通过文本框分别输入一个数的进制和数值，单击“转换”按钮可以在第三个文本框显示该 N 进制数数对应的十进制数，定义自定义函数实现 N 进制数到十进制数的转换。

5. 编写程序找出一个 5 * 5 二维随机数组的鞍点。所谓鞍点，就是一个数值在其所在行最大、在其所在列最小的元素。如果数组中没有鞍点，也要有“该数组中无鞍点”的提示输出。要求定义通用 Sub 过程查找一个数组中的鞍点并输出。

6. 编写程序验证三重哥德巴赫猜想：每个不小于 9 的奇数都可以表示为三个素数之和。

7. 编写程序找出一个长度为 10 的随机数数组中第 n 大的数。要求在窗体装载事件里生成随机数数组，通过文本框输入 n 的值后单击“查找”按钮，即可在图片框输出数组和数组中第 n 大元素的值。定义通用 Sub 过程对数组进行排序。

8. 编写一个多窗体应用程序，一个窗体可以实现求一个数的排列，一个窗体可以实现求一个数的组合，两个窗体间可以相互切换。要求在标准模块中定义名为 Fact 的公共函数，实现求一个数的阶乘。

【微信扫码】

参考答案 & 相关资源

第 7 章

文　　件

本章要点

- 通用对话框。
- 文件的结构。
- 顺序文件、随机文件和二进制文件的操作。
- 文件控件和文件处理函数的使用。
- 文件系统对象的编程。

工作场景导入

【工作场景】

医院为了对患者信息进行有效的管理，需要编写一个小型患者信息管理系统，系统包括如下功能：添加功能、修改功能、保存功能、查找功能和删除功能，显示患者信息功能。系统中要求建立一个患者记录随机文件，每个记录包括医保卡号、姓名、性别、年龄、联系电话，将其存入随机文件，数据通过键盘输入。程序设计界面如图 7.1 所示。

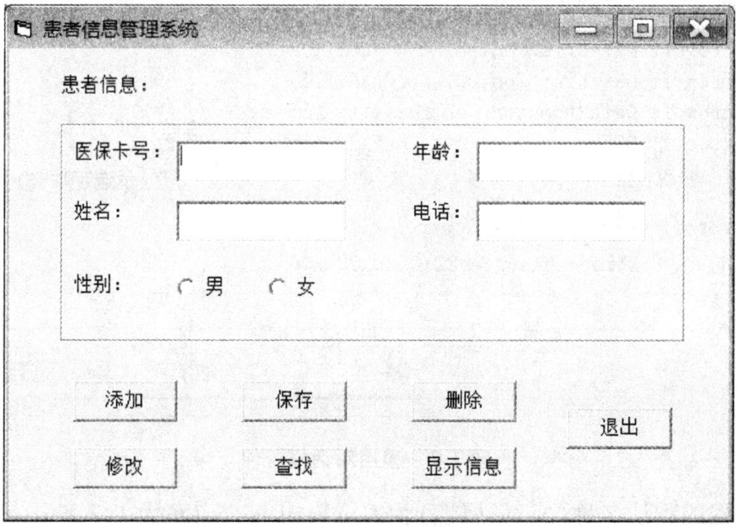

图 7.1　程序界面

【引导问题】

(1) 如何编写程序实现数据的保存和添加?

(2) 如何编写程序实现数据的读取?

(3) 如何在程序中运用多窗体模块?

7.1 通用对话框

Visual Basic 6.0 提供了通用对话框控件,用它可以定义较为复杂的对话框,通用对话框是一种 ActiveX 控件。在一般情况下,启动 Visual Basic 6.0 后,在工具箱中没有通用对话框控件。为了把通用对话框控件添加到工具箱中,可按如下步骤操作。

(1) 选择"工程"菜单中的"部件"命令,打开"部件"对话框。

(2) 在对话框中选择"控件"选项卡,然后在控件列表框中勾选"Microsoft Common Dialog Control 6.0"前的复选框。

(3) 单击"确定"按钮,通用对话框即被加到工具箱中,如图 7.2 所示。

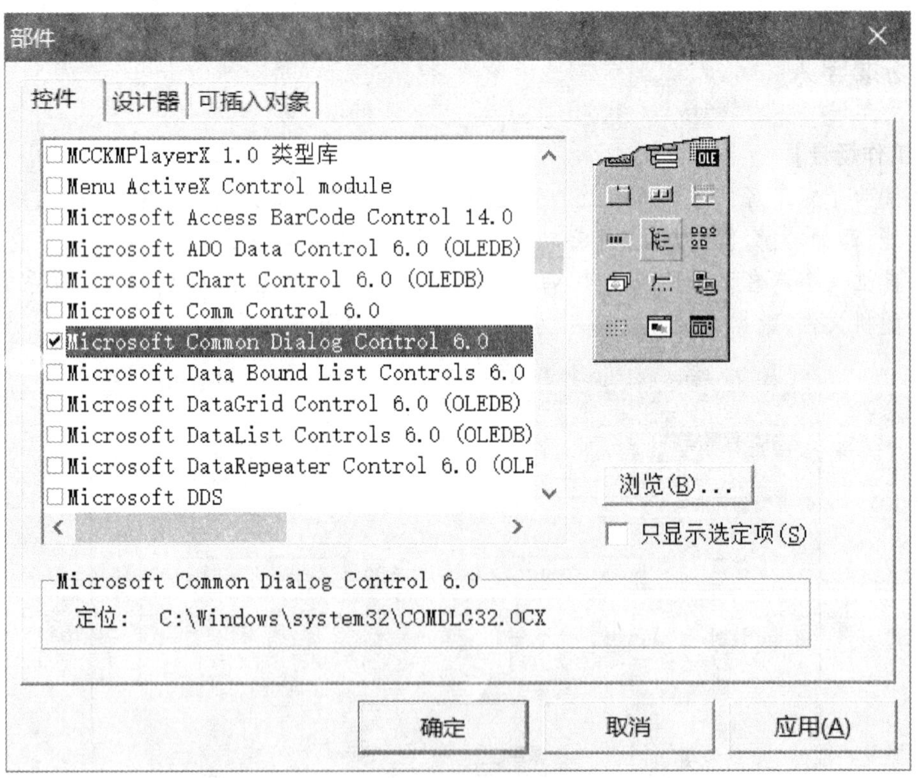

图 7.2 通用对话框控件

通用对话框的默认名称(Name 属性)为 CommonDialogn(n 为 1,2,3……),用户通用对话框控件可以在窗体上设计六种不同类型的标准对话框,如打开文件对话框(Open)、保存文件对话框(Save As)、颜色设置对话框(Color)、字体对话框(Font)、打印机对话框(Printer)和帮助对话框(Help)等。对话框的类型可以通过控件 Action 属性设置,也可以用相应的方法设置。表 7.1 列出了各类对话框所需要的 Action 属性值和方法。

表 7.1 对话框类型

对话框类型	Action 属性值	方 法
打开文件对话框	1	ShowOpen
另存为对话框	2	ShowSave
颜色对话框	3	ShowColor
字体对话框	4	ShowFont
打印对话框	5	ShowPrinter
帮助对话框	6	ShowHelp

在设计阶段,通用对话框按钮以图标形式显示,不能调整其大小(与计时器类似),程序运行时,窗体上不会显示通用对话框控件。下面将介绍如何建立 Visual Basic 提供的几种通用对话框,即文件对话框(打开、另存为)、颜色对话框、字体对话框、打印对话框。

7.1.1 文件对话框

文件对话框分为打开文件对话框和保存文件对话框。打开文件对话框可以让用户指定一个文件,由程序使用。而用保存文件对话框可以指定一个文件,并以这个文件名保存当前文件。这两个对话框具有相似的外观,其差别仅体现在对话框标题、按钮的名称上。

一、文件对话框的属性

打开和另存为对话框共同的属性如下。

1. DefaultExt 属性

返回或设置对话框中默认文件类型,即扩展名。

2. DialogTitle 属性

返回或设置该对话框标题栏所显示的字符串,即标题。在默认情况下"打开"对话框的标题是"打开","保存"对话框的标题是"保存"。

3. FileName 属性

返回或设置要打开或保存的文件的路径及文件名。如果选择了一个文件并单击"打开"或"保存"按钮,所选择的文件即作为属性 FileName 的值,然后就可把该文件名作为要打开或保存的文件。

4. FileTitle 属性

返回要打开或保存文件的名称(不包括路径)。该属性与 FileName 属性的区别是

FileName 属性用来指定完整的路径，如 D:\vbporg\prog1. frm，而 FileTitle 只指定文件名，如 prog1. frm。

5. Filter 属性

用来指定在对话框中显示的文件类型，用该属性可以设置多个文件类型，供用户在对话框的“文件类型”的下拉列表中选择。Filter 的属性值由一对或多对文本字符串组成，每对字符串用管道符“|”隔开，在“|”前面的部分称为描述符，后面的部分一般为通配符和文件扩展名，称为“过滤器”，如 *. txt 等，各对字符串之间也用管道符隔开。其格式如下：

[窗体.]对话框名. Filter = "描述符1|过滤器1|描述符2|过滤器2……"

如果省略窗体，则为当前窗体。例如：

CommonDialog1. Filter ="Word Files |(*. Doc)"

执行该语句后，在文件列表栏内将只显示扩展名为. DOC 的文件。

6. FilterIndex 属性

用来指定默认的过滤器，其设置值为一整数。用 Filter 属性设置多个过滤器后，每个过滤器都有一个值，第一个过滤器的值为 1，第二个过滤器的值为 2……用 FilterIndex 属性可以指定作为默认显示的过滤器。

7. InitDir 属性

用来指定对话框的初始目录。如果没有设置 InitDir 属性，则显示当前目录。

8. MaxFileSize 属性

设定 FileName 属性的最大长度，以字节为单位。取值范围为 1 ~2048，默认为 256。

9. CancelError 属性

如果该属性被设置为 True，单击 Cancel（取消）按钮关闭文件对话框时，将产生 CdlCancel 错误，如果该属性被设置为 False（默认），则不显示出错信息。

10. HelpCommand、HelpContext 等属性

指定对话框中具体的帮助信息和帮助形式。

由于 Visual Basic 提供的通用对话框控件使用了 Windows 的系统资源，所以，在不同的 Windows 版本中，所打开的对话框的外观可能会有不同，但整体的设置和使用方法是相同的。通用对话框类似于计时器，在设计应用程序时，可以把它放在窗体中的任何位置，其大小不能改变，程序运行时不出现在窗体上。

二、文件对话框举例

【例 7.1】 编写程序，建立“打开”和“保存”对话框。

在窗体上画一个通用对话框控件，其 Name 属性为 CommonDialog1（默认值），再设计菜单控件，菜单项属性设置见表 7.2，设计的窗体界面如图 7.3 所示，然后编写两个事件过程。

建立“打开”对话框的事件过程如下：

```
Private Sub Open_Click()
    CommonDialog1.Filename = ""
    CommonDialog1.Flags = 2048
    CommonDialog1.Filter = "All Files( *. *) |*. * |所有可执行文件 |*.exe"
    CommonDialog1.FilterIndex = 2
    CommonDialog1.DialogTitle = "打开"
    CommonDialog1.Action = 1
    If CommonDialog1.Filename = "" Then
        MsgBox "没有选择任何文件!", vbInformation, "警告"
    Else
        MsgBox "你选择的文件是: "&CommonDialog1.Filename, vbInformation, "提示"
    End If
End Sub
```

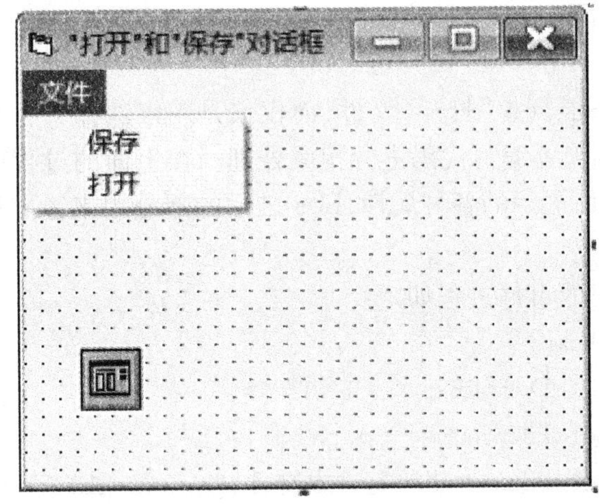

图 7.3 “打开”和“保存”对话框界面

表 7.2 菜单项属性设置

分类	标题	名称	内缩符号	可见性	热键
主菜单项	文件	FileOp	无	True	无
子菜单项 1	保存	Save	1	True	无
子菜单项 2	打开	Open	1	True	无

该事件过程用来建立一个“打开”对话框(如图 7.4 所示)，可以在这个对话框中选择要打开的文件，选择后单击“打开”按钮，所选择的文件名即作为对话框的 FileName 属性值。过程中的语句“CommonDialog1. Action = 1”用来建立“打开”对话框，它与下面的语句等价：

CommonDialog1.ShowOpen

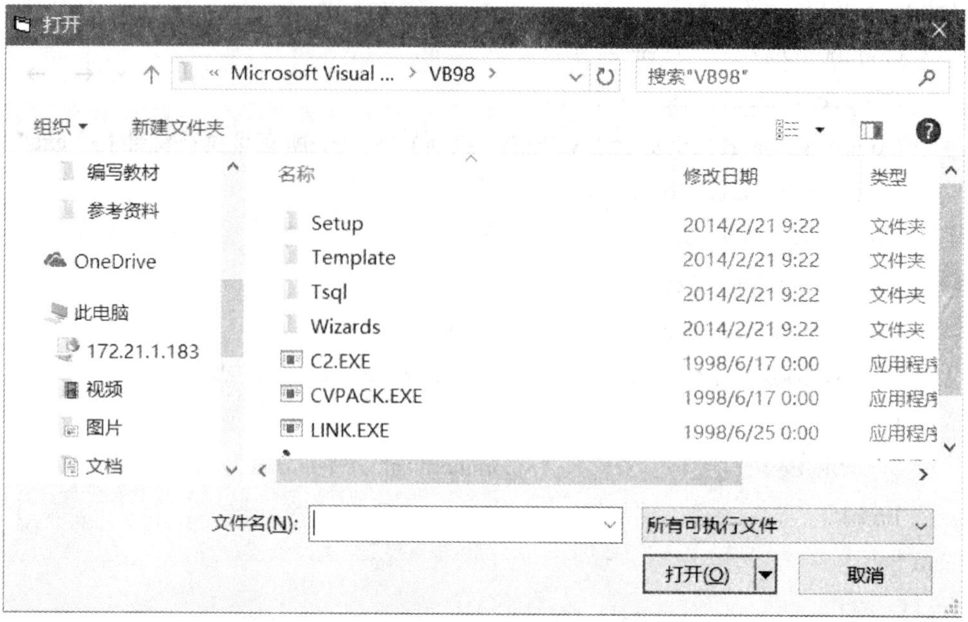

图 7.4 “打开”对话框

“打开”对话框并不能真正“打开”文件，而仅仅是用来选择一个文件，至于选择以后的处理，包括打开、显示等需要编写代码进行相应处理。在上面的过程中，前半部分用来建立“打开”对话框，设置对话框中的各种属性，Else 之后的部分用来输出你选择的文件，通过信息框说明选择的文件。

建立“保存”对话框的事件过程如下：

```
Private Sub Save_Click()
    CommonDialog1.DefaultExt = "TXT"
    CommonDialog1.Filename = "aa.txt"
    CommonDialog1.Filter = "所有文本文件|(*.txt)|All Files(*.*)|*.*|"
    CommonDialog1.FilterIndex = 1
    CommonDialog1.DialogTitle = "保存"
    CommonDialog1.Flags = cdlOFNPathMustExist Or cdlOFNOverwritePrompt
    CommonDialog1.Action = 2
End Sub
```

该事件过程用来建立一个“保存”对话框（如图 7.5 所示），可以在这个对话框中选择要保存的文件，选择后单击“保存”按钮，所选择的文件名即作为对话框的 FileName 属性值，过程中的语句“CommonDialog1.Action = 2”用来建立“保存”对话框，它与下面的语句等价：

CommonDialog1.ShowSave

图 7.5 "保存"对话框

和"打开"对话框一样,"保存"对话框也只能用来选择文件,其本身并不能执行保存文件的操作。

注意:在不同版本的 Windows 中,所打开的对话框的外观可能不一样,上面的对话框是在 Windows 10 中打开的。

7.1.2 颜色(Color)对话框

颜色对话框用来供用户选择颜色,当 CommonDialog 控件的属性 Action 为 3 或者用 ShowColor 方法可以打开颜色对话框,如图 7.6 所示。它具有与文件对话框相同的一些属性,包括 CancelError、DialogTitle、HelpCommand、HelpContext、HelpFile 和 HelpKey。

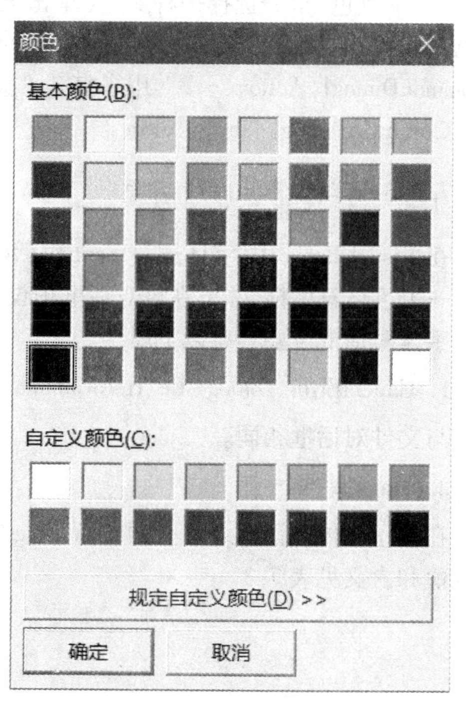

图 7.6 颜色对话框

在颜色对话框中,Color 属性用来返回或设置选定的颜色,该属性是一个长整型数。

【例 7.2】 通过颜色对话框设置窗体的背景颜色。

在窗体上画一个通用对话框和一个"设置颜色"的命令按钮,完成后的窗体界面如图 7.7 所示。

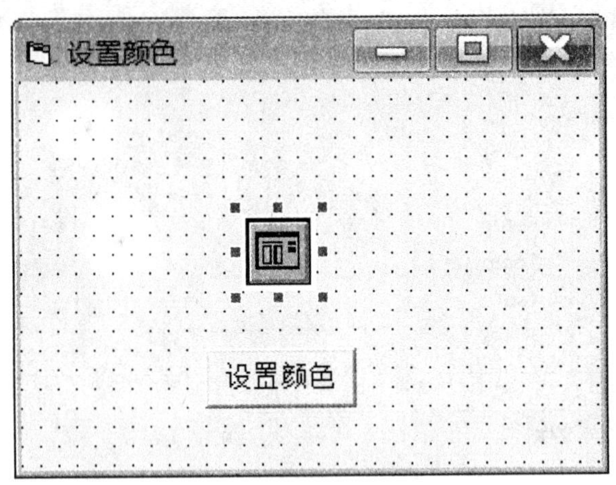

图 7.7　设置窗体的背景颜色

为“设置颜色”命令按钮编写如下代码:

```
Private Sub Command1_Click()
    CommonDialog1. DialogTitle  = "颜色"
    CommonDialog1. Action  = 3
    Form1. BackColor = CommonDialog1. Color
End Sub
```

执行程序,单击“设置颜色”按钮,将显示一个“颜色”对话框,如图 7.6 所示。在该对话框的“基本颜色”部分选择一种颜色(单击某个色块),或者通过自定义颜色按钮,选择一种颜色,最后单击“确定”按钮,即可把窗体的背景色设置为所选择的颜色。过程中的语句“CommonDialog1. Action = 3”用来打开“颜色”对话框,它与下面的语句等价:

```
CommonDialog1. ShowColor
```

7.1.3　字体(Font)对话框

在 Visual Basic 中,字体通过 Font 对话框或字体属性设置。利用通用对话框控件,可以建立一个字体对话框,并可在该对话框中设置应用程序所需要的字体。

字体对话框主要具有以下属性。

1. CancelError、DialogTitle、HelpCommand、HelpContext、HelpFile 和 HelpKey 属性

与文件对话框相同。

2. Flags 属性

在显示字体对话框之前必须设置 Flags 属性,否则将发生不存在字体的错误。Flags 属性取值和含义见表 7.3。

表 7.3 Flags 取值(字体对话框)

符号常量	十六进制整数	十进制整数	作 用
cdlCFScreenFonts	&H1&	1	只显示屏幕字体
cdlCFPrinterFonts	&H2&	2	只列出打印机字体
cdlCFBoth	&H3&	3	列出打印机和屏幕字体
cdlCFEffects	&H100&	256	允许中划线、下划线和颜色

3. FontBold、FontItalic、FontName、FontSize、FontStrikeThru、FontUnderline 属性

使用这些属性对对话框进行初始化,还可以利用这些属性的返回值对对象的字体属性进行修改。

4. Max 和 Min 属性

指定字体大小的范围。字体大小用点度量,一个点的高度是 1/72 英寸。在默认情况下,字体大小的范围为 1 ~ 2048 个点。如果要设置 Max 和 Min 属性,必须把 Flags 属性值设置为 8192。

Font 对话框可以通过 ShowFont 方法或 Action 属性(=4)建立,看下面的例子。

【例 7.3】 用字体对话框设置桌面上显示的字体。

在窗体上画一个通用对话框,编写如下的程序:

```
Private Sub Form_Click()
    Cls
    Dim str1 As String
    CommonDialog1. Flags = cdlCFBoth Or cdlCFEffects
    CommonDialog1. ShowFont
    Form1. FontName = CommonDialog1. FontName
    Form1. FontSize = CommonDialog1. FontSize
    Form1. FontBold = CommonDialog1. FontBold
    Form1. FontItalic = CommonDialog1. FontItalic
    Form1. FontUnderline = CommonDialog1. FontUnderline
    Form1. FontStrikethru = CommonDialog1. FontStrikethru
    str1 = "用字体对话框设置字体"
    CurrentX = (ScaleWidth - TextWidth(str1)) / 2      '将文本显示在窗体中间
    CurrentY = (ScaleHeight - TextHeight(str1)) / 2
    Print str1
End Sub
```

上面的程序首先把通用对话框的 Flags 属性设置为 cdlCFBoth Or cdlCFEffects,从而可以设置屏幕显示和打印机的字体,而且可以使用中划线、下划线和颜色,接着用 ShowFont 方法建立字体对话框,然后把在字体对话框中设置的字体属性赋给窗体字体的属性,并在窗体上显示出所设置的值。程序运行后,单击窗体,显示如图 7.8 所示的字体对话框,根据需要在对话框中设置字体,然后单击“确定”按钮,其结果如图 7.9 所示。可以看出,窗体打印的字

体已按对话框中设置的属性显示。

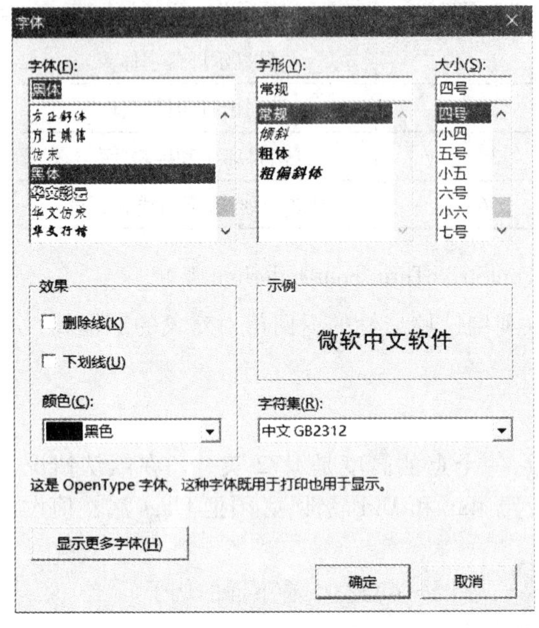

图 7.8 用字体对话框设置字体

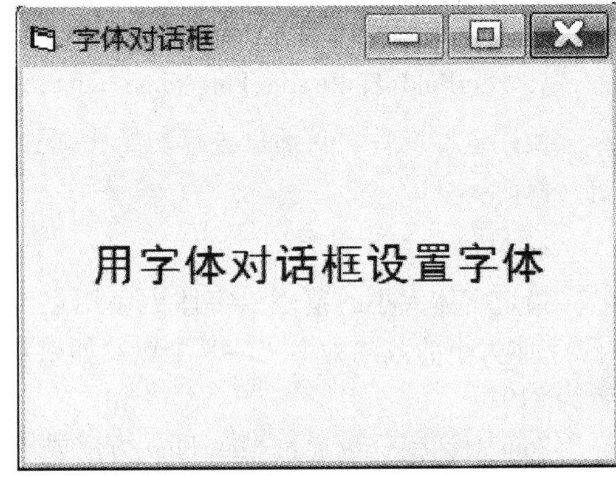

图 7.9 执行结果

7.1.4 打印(Printer)对话框

用打印对话框可以选择要使用的打印机，并可为打印处理指定相应的选项，如打印范围、数量等。打印对话框并不能处理打印工作，仅仅是一个供用户选择打印参数的界面，所选参数存于各属性中，再由编程来处理打印操作。打印对话框除具有前面讲过的 CancelError、DialogTitle、HelpCommand、HelpContext、HelpFile 和 HelpKey 等属性外，还具有以下属性。

1. Copies 属性

指定打印文档的拷贝数。若把 Flags 属性值设置为 262144，则 Copies 属性值总为 1。

2. Flags 属性

该属性的取值和作用见表 7.4 和 7.5。

3. FromPage 和 ToPage 属性

指定要打印文档的页范围。如果要使用这两个属性，必须把 Flags 属性设置为 2。

4. hDC 属性

分配给打印机的句柄，用来识别对象的设备环境，用于 API 调用。

5. Max 和 Min 属性

用来限制 FromPage 和 ToPage 的范围，其中 Min 指定所允许的起始页码，Max 指定所允许的最后页码。

6. PrinterDefault 属性

该属性是一个布尔值，在默认情况下为 True。当该属性值为 True 时，如果选择了不同的打印设置(如将 Fax 作为默认打印机等),Visual Basic 将对 Win. ini 文件作相应的修改。如果把该属性设为 False,则对打印设置的改变不会保存在 Win. ini 文件中,并且不会成为打印机的当前默认设置。

打印对话框通过 ShowPrinter 方法或 Action 属性(=5)建立。

表 7.4 Flags 取值的取值(打印对话框)

符号常量	十六进制整数	十进制整数
cdlPDAllPages	&H0&	0
cdlPDCollate	&H10&	16
cdlPDDisablePrintToFile	&H80000&	524288
cdlPDHidePrintToFile	&H100000&	1048576
cdlPDNoPageNums	&H8&	8
cdlPDNoSelection	&H4&	4
cdlPDNoWarning	&H80&	128
cdlPDPageNums	&H2&	2
cdlPDPrintSetup	&H40&	64
cdlPDPrintToFile	&H20&	32
cdlPDReturnDC	&H100&	256
cdlPDReturnIC	&H200&	512
cdlPDSelection	&H1&	1
cdlPDHelpButton	&H800&	2048
cdlPDUseDevModeCopies	&H40000&	262144

表 7.5 Flags 属性取值的含义(打印对话框)

值	作 用
0	返回或设置“所有页”(All Pages)选项按钮的状态
1	返回或设置“选定范围”(Selection)选项按钮的状态
2	返回或设置“页”(Pages)选项按钮的状态
4	禁止“选定范围”选项按钮
8	禁止“页”选项按钮
16	返回或设置检验(Collate)复选框的状态
32	返回或设置“打印到文件”(Print To File)复选框的状态
64	显示“打印设置”(Print Setup)对话框(不是 Print 对话框)
128	当没有默认打印机时,显示警告信息
256	在对话框的 hDC 属性中返回“设备环境”(Device Context),hDC 指向用户选择的打印机
512	在对话框的 hDC 属性中返回“信息上下文”(Information Context),hDC 指向用户选择的打印机

续表

值	作　用
2048	显示一个“Help”按钮
262144	如果打印机驱动程序不支持多份拷贝，则设置这个值将禁止拷贝编辑操作（即不能改变拷贝份数），只能打印 1 份
524288	禁止“打印到文件”复选框
1048576	隐藏“打印到文件”复选框

【例 7.4】 建立打印机对话框。

在窗体上画一个通用对话框和一个命令按钮，然后编写如下事件过程：

```
Private Sub Command1_Click()
    CommonDialog1.CancelError = True
    CommonDialog1.Copies = 1
    CommonDialog1.Flags = cdlPDUseDevModeCopies Or cdlPDSelection
    CommonDialog1.ShowPrinter
End Sub
```

运行上面的程序，单击命令按钮，将弹出“打印”对话框，如图 7.10 所示。

利用打印对话框，可以选择要使用的打印机、设定打印范围和打印份数。但是应注意，用上面程序建立的打印对话框并不能启动实际的打印过程，为了执行具体的打印操作，必须编写相应的程序代码。

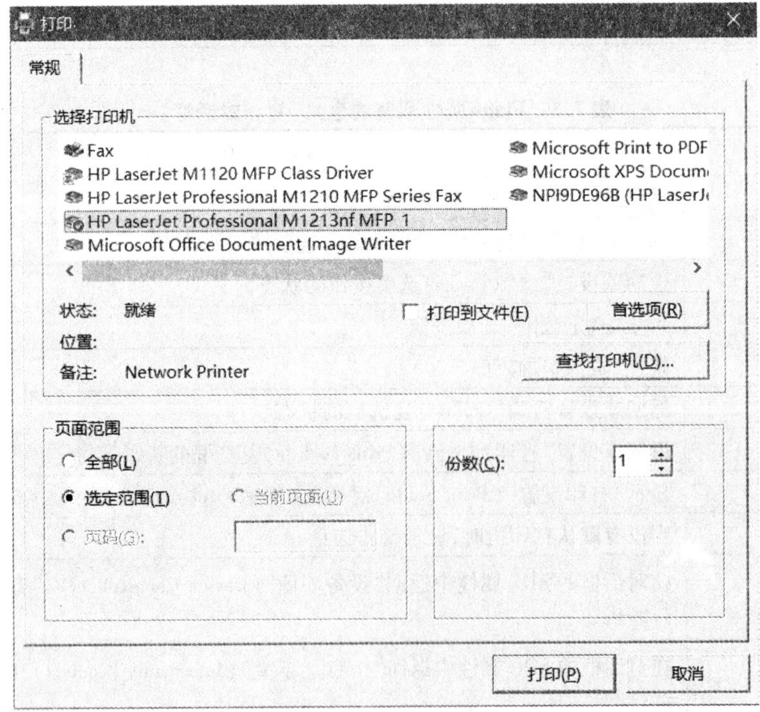

图 7.10 “打印”对话框

7.2 文件的结构及种类

所谓文件,是指存放在外部存储介质上的数据或程序等信息的集合。例如,用 Word 或 Excel 编辑制作的文档或表格就是一个文件,把它存放在磁盘上就是一个磁盘文件,输出到打印机上就是一个打印机文件。广义上讲,任何输入输出设备都是文件。计算机以这些设备为对象进行输入输出,对这些设备统一按“文件”进行处理。

7.2.1 文件结构

为了有效存取数据,数据必须以某种特定的方式存放,这种特定的方式称为文件结构。在 Visual Basic 系统中文件由记录组成,记录由字段组成,字段由字符组成。

在 Visual Basic 系统中把文件分为三类:顺序文件、随机文件和二进制文件。

(1) 顺序型文件结构比较简单,文件中的记录一个接一个地存放。在这种文件中,只知道第一个记录的存放位置,其他的记录的位置无从知道。

(2) 随机型文件由相同长度的记录集合组成,适用于读写有固定长度记录结构的文本文件或二进制文件。

(3) 二进制文件适用于读写任意有结构的文件,用来存储所希望的任何类型的数据。

7.2.2 文件的访问类型

在 Visual Basic 系统中有三种文件访问类型:顺序访问、随机访问、二进制访问。

(1) 顺序访问适用于普通的文本文件。文件中的每一个字符代表一个文本字符或者文件格式符(如回车、换行符等)。文件中的数据以 ASCII 码方式存储。当要查找某个数据时,从文件头开始,一个记录一个记录地顺序读取,直至找到要查找的记录为止。

(2) 随机访问的文件适用于有固定记录长度的文本文件,或者二进制文件。例如,可以使用用户自定义的类型来创建由字段组成的记录,每个字段可以有不同的数据类型。以随机方式访问的数据将被作为二进制信息存储。此外,每个记录都有个记录号,在写入数据时,就可以把数据直接存入指定位置;在读数据时,只要给出记录号,就能直接读取该记录。

(3) 二进制访问的文件适用于读写任意结构的文件。它没有对数据类型和记录长度的设定,为了能正确地检索,必须知道数据是如何写入的,以便正确地读写它们。在二进制访问模式中,不能随意定位读取数据。二进制访问的文件中的数据是顺序地、成块地被读取的。

7.3 顺序文件的操作

文件的操作主要包括打开、关闭和写入三方面,本节主要讲解顺序文件的操作。

7.3.1 打开顺序文件

打开文件使用 Open 语句,其语法格式为:

Open 文件名 For 模式 As [#] 文件号

其中"文件名"为字符串类型，指定文件的路径及文件名，如果文件处于当前驱动器的当前文件夹下，可以只写文件名。

"模式"(mode)决定文件的打开方式，有 Input、Output、Append 三种方式。打开方式不同，对文件的操作模式也不同，详见表 7.6。

表 7.6 文件的打开方式

关键字	描　述
Input	从文件读入数据，如果文件不存在，则会出错
Output	把数据写入文件中，如果文件不存在，则创建新文件；如果文件存在，覆盖文件中原有的内容
Append	追加数据到文件的末尾，不覆盖文件原来的内容；如果文件不存在，则创建新文件

"文件号"是代表被打开文件的文件号，它应该是 1 ~ 511 之间的整数，文件前面的#可有可无。Visual Basic 要求为每个打开的文件赋一个唯一的文件号。打开文件之后，读文件的操作均要通过文件号来代替文件，一个被占用的文件号不能再用来打开其他的文件。文件号不要求连续，也不要求第一个打开的文件的文件号必须为 1。

7.3.2 关闭文件

对文件操作完毕后，都应该及时关闭它来释放占用的系统资源，关闭顺序文件的语法结构如下：

Close [[#]文件号 1,[#]文件号 2……]

"文件号 n"是已经打开的文件号。Close 命令可以关闭任何一种以 Open 方式打开的文件。Close 语句一次可以关闭多个文件，如果 Close 后面没有参数，则关闭所有通过 Open 语句打开的文件。如下面语句：

```
Open "C:\myfirst.txt" For Output As #1        '打开文件
Open "C:\second.txt" For Output As #2         '打开文件
……
Close #1                                      '关闭文件
Close                                         '关闭文件
```

注意：文件被关闭后，它所占用的文件号被释放，可供以后的 Open 语句使用。

7.3.3 相关函数

下面这些与文件操作相关的函数，无论哪种文件类型均常用到。

1. Seek 函数

该函数格式为：

Seek(文件号)

功能：返回"文件号"指定文件的当前的读写位置，返回值为长整型。对于随机文件，这个值表示记录号；对于顺序文件和二进制文件，这个值表示从文件开头算起以字节为单位的位置。如果程序中下一条读写操作语句没有提供读写位置参数,默认地就会从这个位置开始进行读写。

2. Seek 语句

该函数格式为:

Seek [#] 文件号, 位置

功能:将“文件号”所代表文件的下一次读写位置设置在“位置”参数指定处。随机文件的单位是记录;顺序文件和二进制文件的单位是字节。如果指定的位置超出文件长度,会使文件变大。

3. LOF 函数

该函数格式为:

LOF(文件号)

功能:返回用 Open 语句打开的文件的长度,该大小以字节为单位。

4. Loc 函数

该函数格式为:

Loc(文件号)

功能:返回一个在已打开的文件中指定的当前读/写位置。具体情况如下:对于随机文件,返回最近被访问的记录号;对于顺序文件,返回该文件被打开以用来读或写的字节数除以 128 后的值;对于二进制文件,返回上一次读出或写入的字节位置。

5. EOF 函数

该函数格式为:

EOF(文件号)

功能:判断是否到文件结尾。如果是,则返回 True;否则,返回 False。有的文件操作语句或函数在执行时,如果超出文件末尾,会导致出错。应该在使用前利用本函数进行检测。

6. Filelen 函数

该函数格式为:

Filelen(文件名)

功能:返回以“文件名”指定的文件长度(以字节为单位)。文件不要求打开,如果文件已打开,则返回的是打开前的文件长度。

7. FreeFile 函数

该函数格式为:

FreeFile[(文件号范围)]

功能:得到一个在程序中没有使用的文件号。当打开的文件较多时,这个函数很有用。特别是当在通用过程中使用文件时,用这个函数可以避免使用其他在 Sub 或 Function 过程中正使用的文件号。利用这个函数,可以把未使用的文件号赋给一个变量,用这个变量做文件号,不必知道具体的文件号是多少。

7.3.4 读顺序文件

要从顺序文件中读入数据到变量中以供后续处理,必须以 Input 方式打开顺序文件。

顺序文件的读操作分三步进行,即打开文件、读数据文件和关闭文件。其中打开文件和关闭文件前面已经介绍,读数据的操作可以使用以下的语句。

1. Input #语句

该语句格式为:

Input # 文件号, 变量表

功能:从一个顺序文件中读出数据项,并把这些数据项赋给程序变量。

编程者应该保证变量的类型与文件中相应数据项的类型一致。如果不一致,VB 系统会做一些默认的转换,无法转换时产生“类型不匹配”错误,此语句读入数据项不受回车换行符的影响。例如:

Input #1, A, B, C

上面的语句从文件 1 中读出三个数据分别赋给 A、B、C 三个变量。

2. Line Input #语句

该语句格式为:

Line Input # 文件号, 变量名

功能:使用 Line Input 语句一次可以把“文件号”所代表文件中的一整行数据作为一个字符串读入,赋予指定的字符串变量。这个语句把一行中所有界定符、分隔符都当成字符串的组成部分。读入的内容中不包含行末的回车符与换行符。

7.3.5 写顺序文件

写顺序文件之前,必须使用 Output 或 Append 关键字打开文件,可以使用下列语句把变量、常量、属性或表达式的值写入顺序文件。

1. Print #语句

该语句的语法格式为:

Print #文件号, 一个或多个参数

Print #语句与窗体的 Print 方法很类似。多个参数可以使用逗号分隔也可以使用分号分隔。用逗号分隔时,写入文件中的数据项之间有较多的空格分隔;用分号分隔时,写入文件中的数据项只间隔最多一个空格。如果此语句以一个逗号或分号结尾,则下一条写文件语句的输出不换行,否则换到下一行。

如果要在两个输出项之间加入 n 个空格,可以使用 Spc(n) 函数;如果要把一个输出项输出到指定的第 n 列上,可以使用 Tab(n) 函数。Spc 和 Tab 函数的具体用法参考前面章节的介绍。

2. Write #语句

该语句的语法格式为:

Write #文件号, 一个或多个参数

用 Write 语句与 Print 语句的语法格式完全相同,但是输出到文件中的结果不一样,主要表现在:Write 输出到文件中的各数据项之间用逗号分隔;Write 输出参数如果是字符类型,则文件中对应的输出项被加以引号,如果是日期时间类型、逻辑类型参数所对应的输出项两边加上#号,Print 方法输出都没有附加引号或#号。

7.3.6 读写顺序文件练习

下面的两个事件过程分别完成对顺序文件的写和读的操作。

```
Private Sub Form_Click()
    Open "c: \mydocment. txt" For Output As #1            '以 Output 方式打开顺序文件
    Print #1, "姓名: 刘建", "病历号: 3464558 "; Date; True
    Write #1, "姓名: 刘建", "病历号: 3464558 "; Date; True
    Close #1
End Sub
Private Sub Form_DblClick()                               '读出数据
    Open "c: \mydocment. txt" For Input As #1
    Do While Not EOF(1)
        Input #1, val1
        Print val1
    Loop
    Close
End Sub
```

运行以上程序,单击窗体,将在 C 盘目录下建立 mydocment. txt 文件,内容如图 7.11 所示;双击窗体,将在窗体上打印出数据,如图 7.12 所示。

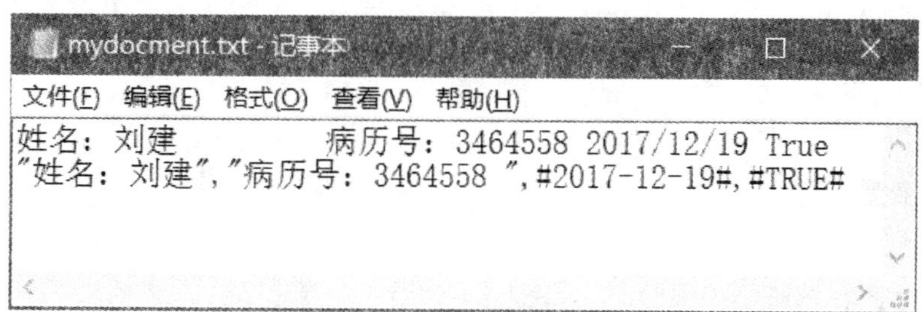

图 7.11 mydocment. txt 文件内容

图 7.12 双击窗体事件效果

注意:Input 语句在读入数据时是按文件中的分隔符来区分数据的,一般应该用 Input 语句读取 Write 语句写入的数据,如果用 Input 语句读 Print 写入的数据,可能出现不可预料的结果。

7.4 随机文件的操作

随机文件可以看成是由相同长度的记录集合组成的文件,并按记录进行访问。由于每个记录长度是固定的,查找时可不通过前面的记录而直接查找要访问的记录,所以能够直接快速访问文件中的任意一条记录。随机文件中的每个记录可以具有多个字段,对应于用户自定义类型。在随机文件中的每个记录都有一个记录号,只要指出记录号,就可以对该文件进行读写。如果随机文件太大,通常还会建立一个附加的索引文件。

7.4.1 记录类型定义

1. 定义记录类型

如记录由多个字段组成,则须在标准模块中定义一个类型。

例如:

```
Type Student
    Name As String * 8
    Student_Id As Integer
End Type
```

2. 声明变量

例如:

```
Public wj As Student
```

7.4.2 打开随机文件

要打开随机文件,可以使用以下语法的 Open 语句:

Open 文件名 [For Random] As #文件号 Len =记录长度

其中"文件名""文件号"参数的意义与前面介绍的顺序文件相同;"For Random"关键字指定文件是以随机方式打开的,因为随机方式打开文件是默认方式,所以"For Random"可以省略,以随机方式打开的文件既可以读也可以写,如果文件不存在,则创建文件;"记录长度"指定读写操作时一条记录的长度(以字节为单位),可以使用 Len 函数计算一个变量,尤其是自定义变量所占的存储空间的大小。

7.4.3 读写随机文件

随机文件的读操作语法格式为:

Get [#] 文件号, [记录号], 变量名其中“文件号”参数指定要读取的随机文件；“记录号”指定要读入随机文件中的第几条记录，如果省略此参数，则为上一次读写记录的下一条记录，如果尚未读写，则为第一条记录；“变量名”确定读入的数据存入哪个变量中，此变量的类型应与写文件时使用的变量类型一致，否则读出的数据可能没有意义。

随机文件的写操作的语法格式为：

Put [#]文件号，[记录号]，表达式

其中“文件号”是已打开的随机文件的文件号；“记录号”指定数据将写在文件中的第几个记录上，如果省略，则写在上一次读写记录的下一条记录上，如果尚未读写，则为第一条记录；“表达式”是指要写入文件的数据来源。

在写操作时，如果该记录上原本有数据，会被新的内容覆盖，其他记录的内容不会受到影响。

对于随机文件，读写操作时可以指定记录号，并且记录号不要求连续也不要求递增，这就是称为“随机”的原因。

对于随机文件，应使用 Put 语句来写，Get 语句来读。与顺序文件不同的是，随机文件中的记录之间不换行也无特殊分隔符。以 For Random 方式打开的文件，既可以读也可以写，并且读写操作不受当前文件中的记录数的限制。

7.4.4 关闭随机文件

关闭随机文件的语法格式为：

Close [文件号]

其中，可选的“文件号”参数为一个或多个带#的文件号，若省略该参数，将关闭 Open 语句打开的所有活动文件。

7.4.5 编辑随机文件

如要编辑随机文件，先把记录从文件读到程序变量，然后改变各变量的值，最后，把变量写回该文件。使用 Get 语句把记录读到变量，然后使用 Put 语句把记录添加或者替换到随机文件。

要向随机文件的尾端添加新记录，可使用 Put 语句。把记录号的值设置为文件中的记录数加 1。

通过清除其字段可删除一个记录，但是该记录仍在文件中存在。最好把余下的记录拷贝到一个新文件，然后删除旧文件。操作要用到文件处理函数。

要清除随机文件中删除的记录，可按以下步骤执行。

(1) 创建一个新文件。

(2) 把所有有用的记录从原文件复制到新文件。

(3) 关闭原文件并用 Kill 语句删除它。

(4) 使用 Name 语句把新文件以原文件的名字重新命名。

7.4.6 读写随机文件练习

下面的程序使用自定义数据类型对随机文件进行读写。

```
Private Type patient                              '定义数据类型
    strname As String * 6
    Mrnumber As String * 10                       '病历号码
    sex As String * 2
    age As Integer
    Telenumber As String * 12                     '电话号码
End Type

Private Sub Command1_Click()
Dim pat(2) As patient                             '声明自定义类型的数组
    Open "c: \patient. txt" For Random As #1 Len = Len(pat(1))
                                                  '以随机方式打开文件
    pat(1).strname = "张江水"
    pat(1).Mrnumber = "32456187"
    pat(1).sex = "男"
    pat(1).age = 66
    pat(1).Telenumber = "13945681258"
    pat(2).strname = "刘卫东"
    pat(2).Mrnumber = "41200428"
    pat(2).sex = "男"
    pat(2).age = 58
    pat(2).Telenumber = "15840014588"
    Put #1, 1, pat(1)                             '写入数据
    Put #1, 2, pat(2)
    Close
End Sub
Private Sub Command2_Click()
Dim pat1 As patient
    Open "c: \patient. txt" For Random As #1 Len = Len(pat1)
    Get #1, , pat1                                '读出数据在窗体上打印
    Print "姓名: "; pat1.strname; "病历号: "; pat1.Mrnumber; _
"性别: "; pat1.sex; "年龄: "; pat1.age; "电话: "; pat1.Telenumber
    Get #1, , pat1
    Print "姓名: "; pat1.strname; "病历号: "; pat1.Mrnumber; _
"性别: "; pat1.sex; "年龄: "; pat1.age; "电话: "; pat1.Telenumber
    Close
End Sub
```

运行上面的程序,单击“写入病人信息”按钮,将在 C 盘目录下创建 student. txt 文件;单击“读取病人信息”按钮,程序将读数据并在窗体上打印,如图 7.13 所示。

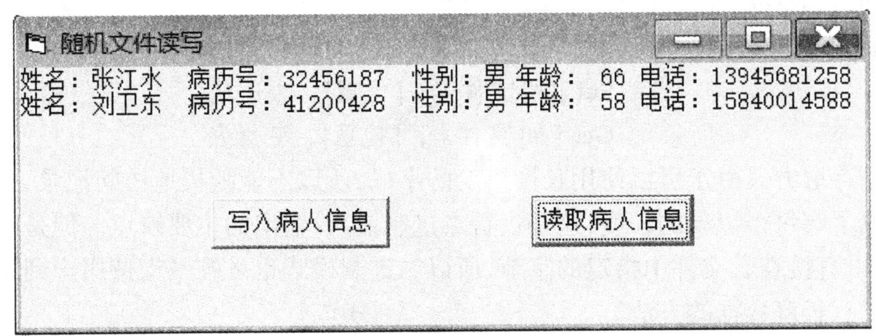

图7.13　窗体界面

7.5　二进制文件的操作

二进制文件与随机文件类似，不同的是：不必限制于固定长度，可以用喜欢的方式来存取文件。二进制访问能提供对文件的完全控制，因为文件中的字节可以代表任何东西，并且可以在文件的任何位置进行读写操作。例如，通过创建长度可变的记录可节省磁盘空间。当要求保存文件的大小尽量小时，应使用二进制型访问。

7.5.1　二进制文件的打开和关闭

使用 For Binary 关键字来打开二进制文件，语句格式为：

Open 文件名 For Binary As [#] 文件号

以二进制方式打开的文件，既可以读也可以写。如果文件不存在，则创建新文件。

二进制文件的关闭与顺序文件、随机文件相同，用 Close 语句实现，格式如下：

Close [文件号]

7.5.2　二进制文件的读写

通过使用二进制型访问可使磁盘空间的使用降到最小。因为二进制文件不需要固定长度的字段，类型声明语句可以省略字符串长度参数。例如，可以为 student 类型添加一个字段 other 来记录学生的一些其他信息：

```
Type student
    name as string * 8
    age as integer
    number as string * 6
    other as string
End Type
```

因为 other 字段中内容的长度是不固定的，而且往往相差很多，有的可能没有，而有的可能会很长，如果使用固定长度的 string 类型势必会造成设置字符串长度的矛盾：太长会浪费磁盘空间，而太短又无法容纳某些长长的文字。而在二进制文件中每个记录只占用所需字节，所以不必为字段指定长度。当记录中的字段需要包含大段文字时，使用二进制文件可以节省大量的磁盘空间。

二进制文件的读写使用与读写随机文件相同,它的语句为:

Put [#] 文件号, [位置], 表达式

Get [#] 文件号, [位置], 变量名

二进制存取方式由于可以使用长度可变的字段,所以不能随机地访问记录,必须顺序地访问记录以了解每个记录的长度,这是进行二进制输入/输出的主要缺点。但是在这种文件模式下,可以直接查看文件中指定的字节,所以二进制模式也是唯一支持用户到文件的任何位置读写任意长度数据的方法。

为了可以同时使用随机文件和二进制文件的优点,可以使用这样的组合:当字段的长度固定或者长度变化不大时,可以将这些字段存储在随机文件中,而对于长度变化很大的字段,可以保存在二进制文件中,而在随机文件的记录中设置一个字段指定它在二进制文件中的位置即可。这样,既可以利用随机文件的方便快捷,又可以大大节省磁盘空间。

7.5.3 读写二进制文件练习

下面的程序演示了如何操作二进制文件。

```
Private Sub Command1_Click()
    Dim int1 As Integer
    Dim sng1 As Single
    Dim dtm1 As Date
    Dim str1 As String * 10
    int1 = 10: sng1 = 1.2
    dtm1 = #1/2/1978#
    str1 = "你好"
    Open "c:\wy.txt" For Binary As #1                '以二进制方式打开文件
    Put #1, , int1                                   '写入数据
    Put #1, , sng1
    Put #1, , dtm1
    Put #1, , str1
    Close
End Sub
Private Sub Command2_Click()
    Dim int1 As Integer
    Dim sng1 As Single
    Dim dtm1 As Date
    Dim str1 As String * 10
    Open "c:\wy.txt" For Binary As #1
    Get #1, 3, sng1                                  '读出数据
    Get #1, 7, dtm1
    Get #1, 1, int1
```

```
    Get #1, 15, str1
    Print sng1, dtm1, int1, str1
    Close
End Sub
```

运行以上程序,单击“写入”按钮,在C盘下生成wy.txt文件,单击“读取”按钮,读出数据并在窗体上输出,输出结果如图7.14所示。

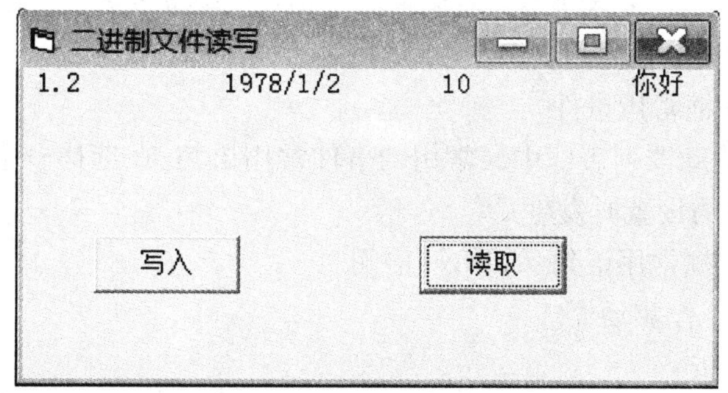

图7.14 窗体界面

7.6 文件控件和文件处理函数

7.6.1 文件控件

Visual Basic提供的内部控件有三个是文件系统控件,它们分别是:驱动器列表框、目录列表框和文件列表框,如图7.15所示。下面简要介绍三个文件控件的含义及功能。

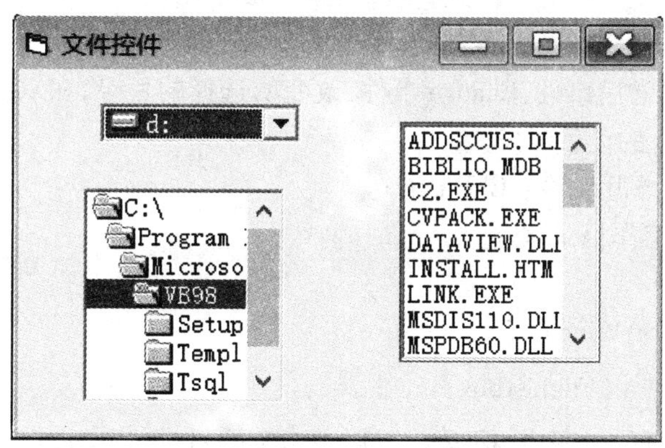

图7.15 文件控件

1. 驱动器列表框控件(DriveListBox)

驱动器列表框其实是一个下拉式列表框,它自动列出计算机上所有硬盘、软盘、光盘驱动器,甚至网络共享驱动器,并在每个驱动器号前显示不同类型的图标。用户可以根据需要从中选择一个驱动器。与列表框控件不同,程序不能改变驱动器列表框中的条目。

DriveListBox 控件最重要的一个属性就是 Drive 属性，可以在程序的运行阶段通过设置 Drive 属性的值来改变 DriveListBox 控件的默认驱动器。

(1) 驱动器列表框常用属性

① Name 属性：控件的名称，缺省时，值为"Drive1"。

② Drive 属性：用来设置和返回驱动器列表框中的当前驱动器。此属性是运行时属性，不能在属性窗口中设置。设置语句格式为：

<驱动器列表框名>. Drive =驱动器名

例如：Drive1. Drive = "C:\"。

(2) 驱动器列表框常用事件

Change 事件是驱动器列表框中最常用的事件常用语句，在选择一个新的驱动器或通过代码改变 Drive 属性的设置时发生。

(3) 驱动器列表框常用语句：ChDrive 语句

功能：改变当前工作驱动器。

格式：ChDrive　Drive

例如：ChDrive "D"。

2. 目录列表框控件(DirListBox)

目录列表框以层次结构显示指定目录中的所有第一级子目录及其所有的父目录。用户可以双击一个目录来指定当前目录。

(1) 目录列表框常用属性

① Name 属性：控件的名称，缺省时值为"Dir1"。

② Path 属性：用来设置和返回目录列表框中的当前目录。此属性是运行时属性，不能在属性窗口中设置。设置语句格式为：

<目录列表框名>. Path =路径

例如：Dir1. path = "C:\Program File\aa"。

(2) 目录列表框常用事件：Change 事件，改变所选择的目录，在双击一个新的目录或通过代码改变 Path 属性的设置时发生。

(3) 目录列表框常用命令：ChDir 语句

功能：设置当前工作目录

格式：ChDir 路径

例如：ChDir　"C:\Windows"。

3. 文件列表框控件(FileListBox)

功能：在程序运行的过程中，根据 path 属性指定的目录，将文件定位并列举出来。

显示的文件的类型由 FileListBox 控件的 pattern 属性来决定，它的默认值为"*.*"，即显示所有的文件，如果要显示特定的文件类型，可以通过设置 pattern 属性来实现。

(1) 文件列表框常用属性

① Name 属性：控件的名称，缺省时，值为"File1"。

② Path 属性：用来设置和返回文件列表框中所显示文件的路径。此属性是运行时属性，不能在属性窗口中设置。设置语句格式为：

File1. Path =路径或　　File1. Path =Dir1. Path

③ Pattern 属性:用来设置在程序运行时文件列表框要显示的某一种类的文件,该属性即可在属性窗口设置,也可以通过程序代码设置。设置语句格式为:

[窗体.] <文件列表框名>. Pattern =属性值[;属性值]

例如:File1. Pattern =" * . exe"。

④ FileName 属性:用来设置和返回文件列表框中将显示的文件名称。该属性可以带有路径和通配符。该属性是运行时的属性。设置语句格式为:

[窗体名.] <文件列表框名>. FileName =文件名称

例如:File1. Filename ="D:\ * . exe"。

⑤ ListCount 属性:返回控件内所列项目的总数。该属性是运行时属性。

(2) 文件列表框常用事件

PathChange 事件:当文件列表框的 Path 属性改变时发生。

PatternChange 事件:当文件列表框的 Pattern 属性改变时发生。

驱动器列表框、目录列表框和文件列表框常常是配合起来使用的,供用户从计算机的整个文件系统中选择一个或多个文件,要使三者联动,就必须在一个控件发生改变之后立即刷新其他控件。下面的事件过程可以使三种列表框同步操作。

```
Private Sub Dir1_Change()
File1. Path  =  Dir1. Path
End Sub

Private Sub Drive1_Change()
Dir1. Path  =  Drive1. Drive
End Sub
```

7.6.2 文件处理函数

1. Kill 语句

该语句的语法格式为:

Kill 文件名

此语句从磁盘上中删除"文件名"所指定的文件。"文件名"中可以使用" * "和"?"做为通配符。如果文件正在打开,则不能删除。例如:

Kill "D: \docment\ * . exe"

2. FileCopy 语句

该语句的语法格式为:

FileCopy 源文件, 目标文件

FileCopy 语句用于拷贝文件。它的语法中包括两个参数,其中"源文件"用来表示要被复制的源文件名,而"目标文件"用来指定要复制的目标文件名。在"源文件"和"目标文件"参数中都要包含文件所在的目录或文件夹以及驱动器。

3. Shell 函数

该语句的语法格式为:

Shell(pathname [, windowstyle])

其中 pathname 为所要执行的应用程序的名称及其路径;windowstyle 表示在程序运行时窗口的样式。其中 windowstyle 的设置及其说明如下。

0:窗口被隐藏,且焦点会移到隐藏式窗口;

1:窗口具有焦点,且会还原到它原来的大小和位置;

2:窗口会以一个具有焦点的图标来显示;

3:窗口是一个具有焦点的最大化窗口;

4:窗口会被还原到最近使用的大小和位置,而当前活动的窗口仍然保持活动;

6:窗口会以一个图标来显示,当前活动的窗口仍然保持活动。

功能:执行一个可执行文件,同时返回一个 Variant(Double),如果成功的话,代表这个程序的任务 ID,若不成功,则会返回 0。

4. RmDir 语句

该语句的语法格式为:

Rmdir path

其中参数 path 是一个字符串表达式,用来指定要删除的目录或文件夹。如果在参数 path 中没有指定驱动器,则 Rmdir 会在当前驱动器上删除为空的目录或文件夹。

功能:RmDir 语句的功能是删除一个存在的而且为空的目录或文件夹。

5. Name 语句

该语句的语法格式为:

Name oldpathname As newpathname

其中包括以下两个部分:oldpathname 为字符串表达式,由它来指定已存在的文件名和位置。newpathname 也是字符串表达式,它指定新的文件名和位置。都要包含文件夹以及驱动器。

功能:重新命名一个文件、目录或文件夹。

回到工作场景

通过对本章内容的学习,应该掌握了文件的处理方法,并能够运用来设计程序,此时足以完成患者信息处理程序的设计。下面我们将回到前面介绍的工作场景中,完成工作任务。

【分析】 本问题重点在于文件的处理方法,在标准模块中定义记录类型,Form1 窗体加载后,用 Open 打开一个文件当作数据文件,过程中的操作过程都对打开的文件进行操作,实现信息的添加、修改、保存、查找等功能。

【工作过程一】 设计用户界面

工程包括两个窗体模块一个标准模块,第一个窗体(Form1)包含 4 个文本框,5 个标签,2 个单选按钮,7 个命令按钮,如图 7.1 所示;第二个窗体中包含 1 个图片框,2 个命令按钮,如图 7.16 所示。

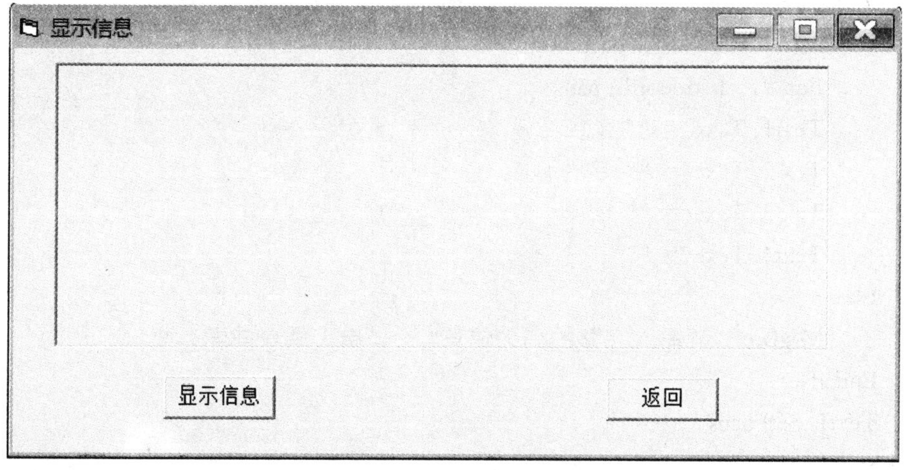

图 7.16 显示信息界面

【工作过程二】 编写代码

(1) 在标准模块中编写如下代码定义 student 记录类型:

```
Public Type patient                           '定义数据类型
    strname As String * 6                     '姓名
    Mrnumber As String * 10                   '病历号码
    sex As String * 2                         '性别
    age As Integer                            '年龄
    Telenumber As String * 12                 '电话号码
End Type
```

(2) 在 Form1 模块中编写如下代码:

```
Option Explicit
Dim pat As patient
Dim lastrecord As Integer
Dim recno As Integer
Private Sub Form_Load()                       '窗体的加载事件
  Open "c: \record. txt" For Random As #1 Len = Len(pat)
  lastrecord = LOF(1) / Len(pat)
End Sub
Private Sub Command1_Click()                  '单击"添加"按钮事件
If Text1. Text <> "" And Text2. Text <> "" And Text3. Text <> "
"And Text4. Text <> "" Then
        pat. Mrnumber = Text1. Text
        pat. strname = Text2. Text
        pat. sex = IIf(Option1. Value, "男", "女")
        pat. age = Text3. Text
        pat. Telenumber = Text4. Text
```

```
            lastrecord = lastrecord + 1
            Put #1, lastrecord, pat
            Text1.Text = ""
            Text2.Text = ""
            Text3.Text = ""
            Text4.Text = ""
        Else
            MsgBox "请输入完整的病人信息", , "病人信息部完整"
        End If
        Text1.SetFocus
    End Sub

    Private Sub Command2_Click()                        '单击"保存"按钮事件
            pat.Mrnumber = Text1.Text
            pat.strname = Text2.Text
            pat.sex = IIf(Option1.Value, "男", "女")
            pat.age = Text3.Text
            pat.Telenumber = Text4.Text
            Put #1, recno, pat
            Command2.Enabled = False
            Command4.Enabled = True
    End Sub
    Private Sub Command3_Click()                        '单击"删除"按钮的事件
    Dim n As Integer
       Dim i As Integer
       Open "c:\temp.txt" For Random As #2 Len = Len(pat)
       lastrecord = LOF(1) / Len(pat)
       n = InputBox("请输入要删除的记录号,记录号范围在 1 -" & Str(lastrecord), "输
入删除号")
       Do While n > lastrecord
           MsgBox ("记录号超出范围,重新输入")
           n = InputBox("请输入要删除的记录号,记录号范围在 1 -" & Str(lastrecord), "
输入删除号")
       Loop
       For i = 1 To lastrecord
           If i <> n Then
             Get #1, i, pat
             Put #2, , pat
```

```
        End If
    Next
    Close
    Kill "c: \record. txt"
    Name "c: \temp. txt" As "c: \record. txt"
    Open "c: \record. txt" For Random As #1 Len  = Len(pat)
End Sub

Private Sub Command4_Click()                    '单击"修改"按钮的事件过
        recno  = InputBox("请输入要修改的记录号", "输入记录号")
        Get #1, recno, pat
        Text1. Text  = pat. Mrnumber
        Text2. Text  = pat. strname
        Text3. Text  = pat. age
        Text4. Text  = pat. Telenumber
      If pat. sex  = "男" Then
        Option1. Value  = True
      Else
        Option2. Value  = True
      End If
      Command2. Enabled  = True
      Command4. Enabled  = False
End Sub

Private Sub Command5_Click()                    '单击"查找"按钮的事件过程
  Dim i As Integer
    Dim flag As Boolean
    Dim s As String * 6
    flag  = False
    Dim str1 As String * 6
    str1  = InputBox("请输入要查找的姓名", "输入姓名")
    For i  = 1 To lastrecord
        Get #1, i, pat
        If pat. strname  = str1 Then
          flag  = True
          Exit For
        End If
    Next
    If flag  = True And i  <=  lastrecord Then
```

```
            Text1. Text = pat. Mrnumber
            Text2. Text = pat. strname
            Text3. Text = pat. age
            Text4. Text = pat. Telenumber
            If pat. sex = "男" Then
              Option1. Value = True
            Else
              Option2. Value = True
            End If
            MsgBox ("记录已经找到")
        Else
            MsgBox ("没有找到姓名为" & str1 & "的记录")
        End If
End Sub

Private Sub Command6_Click()                    '单击"显示信息"按钮的事件过
  Form1. Hide
  Form2. Show
End Sub
Private Sub Command7_Click()                    '单击"退出"按钮的事件
      Close
      End
End Sub
```

(3) 在 Form2 模块中编写如下程序：

```
Private Sub Command1_Click()
      Dim pat As patient
      Dim i As Integer
      lastrecord = LOF(1) / Len(pat)
      Picture1. Cls
      Picture1. Print
      Picture1. Print "病历号", "姓名", "性别", "年龄", "电话"
      Picture1. Print "-----------------------------------"
      For i = 1 To lastrecord
            Get #1, i, pat
            Picture1. Print pat. Mrnumber, pat. strname, pat. sex, pat. age, pat. Telenumber
      Next
End Sub

Private Sub Command2_Click()
```

```
        Form2.Hide
        Form1.Show
    End Sub
```

【工作过程三】 运行程序并保存

(1) 运行程序,进入程序主界面Form1窗体,按要求输入患者信息,窗体界面如图7.1示。单击“添加”按钮,将信息写入文件,所有患者信息输入完毕后单击“显示信息”按钮,运行Form2窗体,单击Form2窗体中的“显示信息”按钮会将所有患者信息显示到图片框中,如图7.17所示为Form2窗体的运行界面。此外该程序还能实现修改、查找、删除等功能。

(2) 保存工程文件和窗体文件。

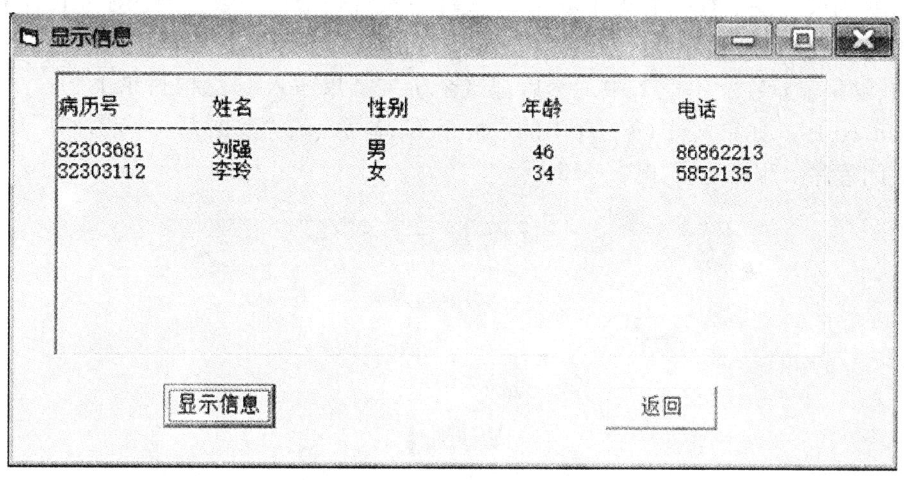

图7.17 Form2窗体的运行界面

习 题

一、选择题

1. 下面对语句Open “Text.Dat”For Output As #FreeFile功能说明中错误的是________。
   A. 以顺序输出模式打开文件“Text.Dat”
   B. 如果文件“Text.Dat”不存在,则建立新文件
   C. 如果文件“Text.Dat”已经存在,则打开该文件,新写入的数据将添加到该文件尾
   D. 如果文件“Text.Dat”已经存在,则打开该文件,新写入的数据将覆盖原文件
2. 以下哪种方式打开的文件,只能读不能写________。
   A. Input　　B. Output　　C. Random　　D. Append
3. 读随机文件中的记录信息时,应使用下面哪个语句________。
   A. Read　　B. Get　　C. Input　　D. Line Input
4. 下面那个不是写文件的语句________。
   A. Put　　B. Print　　C. Write　　D. Output

二、填空题

1. 用 Open 语句打开数据文件时,其方式 Mode 参数可设为____________________、____________________或____________________。
2. 要关闭所有已打开的文件,可以使用的语句为____________________。
3. 为了获得当前还没有使用的文件号,可以使用____________________函数。
4. 若要在 8 号通道上建立顺序文件“C:\dir1\file2. dat”,使用的语句应当为________________。
5. 假设随机文件“C:\dir1\file3. dat”的每条记录占用 100 个字节的存贮空间,则在 5 号通道上打开该随机文件使用的语句为____________________。

三、编程题

1. 在 C 盘的根目录下有一个文件 test. txt,文件中只有一个正整数。编程建立窗体界面,当按下按钮“计算阶乘”时,从文件中读入那个正整数,显示在文本框中,并计算该数的阶乘值,结果显示在文本框 2 中。然后把这个阶乘结果写入 C 盘根目录下的一个新文件 testout. txt 中。如果文件 test. txt 中的数大于 12,显示一个“数据太大不能计算”的消息框并关闭程序。程序运行如图 7. 18 所示。

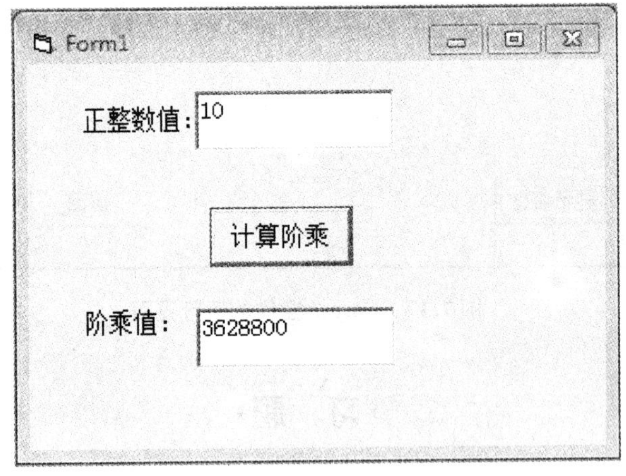

图 7. 18　窗体界面

2. 编写程序,建立一个计算机考试成绩的文件,数据项包括学号、姓名、计算机文化基础成绩、VB 成绩等,并能按学号或姓名检索成绩。

【微信扫码】
参考答案 & 相关资源

第 8 章

数 据 库

本 章 要 点

➢ 数据库的基本知识。
➢ VB 数据库的设计。
➢ 数据控件的使用。
➢ 数据绑定控件的使用。

工作场景导入

【工作场景】

编写一个模拟医院挂号管理系统的数据库程序,该程序能够实现以下功能:

(1) 输入病人的编号或医保卡号,即可输出病人的全部信息,如果该病人第一次在该医院看病,则需要再录入该病人的相关信息。如果该病人留下的信息不全或某些信息有变动,可以对其进行修改。

(2) 接下来输入病人要挂的科室,即可给出该科室坐诊的全部医生信息。

(3) 选择医生后确定,即可在出诊医生和就诊病人间建立起对应关系。

程序界面如图 8.1 和图 8.2 所示。

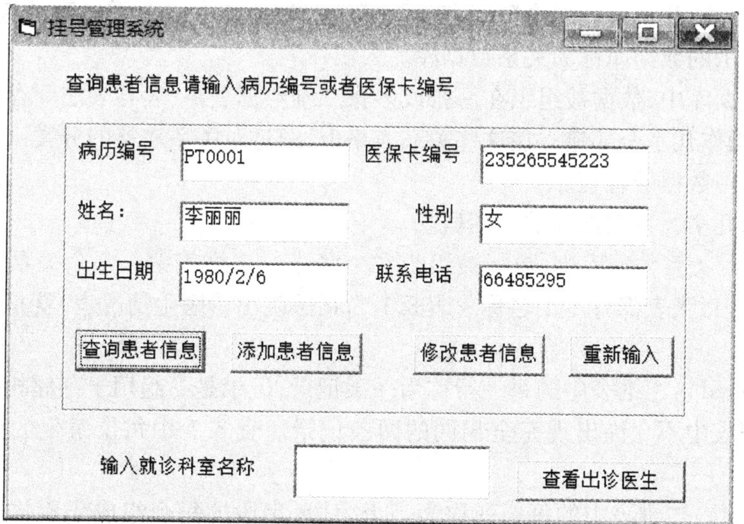

图 8.1　挂号管理系统初始界面

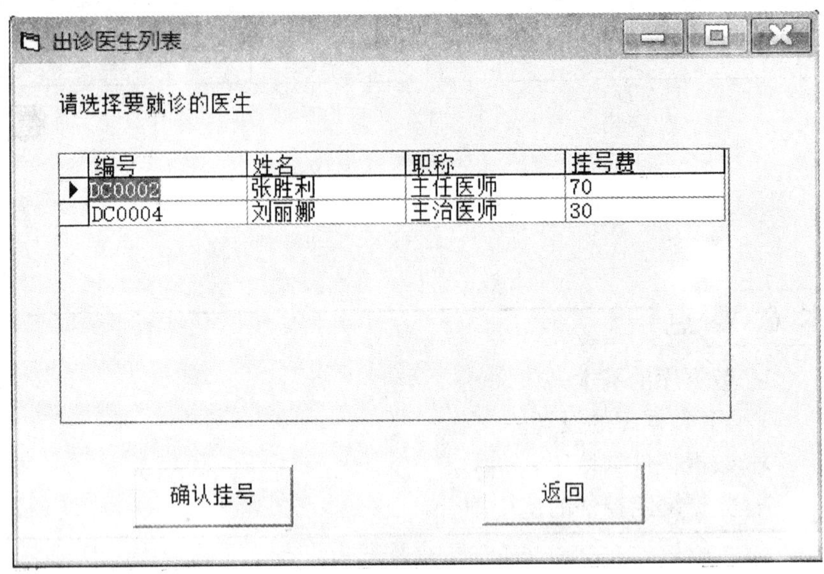

图 8.2　出诊医生列表界面

【引导问题】

(1) 如何连接数据库?

(2) 如何通过控件实现对数据库的添加、删除等操作?

(3) 如何编写完整的程序?

8.1　数据库概述

数据库(DataBase,DB)是按照数据结构来组织、存储和管理数据的仓库,是一个长期存储在计算机内的有组织的可共享的统一管理的数据集合。数据库按其存储的数据的组织方式的不同可分为网状模型、层次模型和关系模型三种。其中以关系模型的应用最为普遍。以关系模型表示的数据库称为关系数据库。

在关系数据库中,数据被组织在一张或多张二维数据表中,表与表之间存在着一定的关系,对数据的操作几乎全部建立在这些关系表格上,通过对关系表格的分类、合并、连接或选取等运算来实现数据的管理。

下面介绍几个关系数据库的常用概念。

表(Table):关系数据库中,数据被组织在一张张的二维表中。一个关系数据库通常由若干张表构成,每张表都有一个名称。表 8.1 为某医院出诊医生情况表,就是一张典型的关系数据库表。

记录(Record):二维表中的每一行称为一条记录,记录是一组用于存储相关数据的字段的集合。一张表中不允许出现完全相同的两条记录。表 8.1 中每位医生的信息就是一条记录。

字段(Field):二维表中的每一列称为一个字段,字段的每个组成元素描述了其所在记录的某方面属性。表就是由其包含的各个字段定义的,建立数据表时需要指定每个字段的名称、数据类型、最大长度等属性。二维表的第一行为各字段的名称。表8.1中"编号""姓名""性别""所属科室""职称"和"挂号费"都是组成表的字段。

主键(Primary Key):主键即主要关键字。关键字是为实现快速检索而被索引的一个或多个字段,关键字可以唯一也可以重复,但主要关键字一定是表中可以唯一标识每条记录的一个字段。表8.1中"编号"字段就可以作为表的主键。

索引(Index):索引是对数据库表中一个或多个字段的值进行重新排序的一种结构。使用索引可快速访问数据库表中的特定信息。索引中仅列出原数据表中某个关键字段的值及其相应记录的地址,且采用了比表搜索算法快许多的排序算法,可以大大加快对索引字段中数据的检索速度。

关系:数据库中的表之间通过相关联的字段建立联系。用来建立表与表之间关系的关键字称为外键。

常见的关系型数据库有分布式数据库 Oracle、SQL Server、Sybase 等以及桌面数据库 Visual FoxPro、Access、dBASE 等。分布式数据库主要为大型的、分布式的、多用户访问的数据库应用软件的开发提供支持,桌面数据库主要为小型的、单机操作的数据库应用程序的开发提供支持。

表8.1 某医院出诊医生情况表

编 号	姓 名	性 别	所属科室	职 称	挂号费
DC0001	张建国	男	外科	主任医师	￥50.00
DC0002	李胜利	男	内科	副主任医师	￥40.00
DC0003	孙伟	男	口腔科	主任医师	￥50.00
DC0004	赵丽	女	妇科	主治医师	￥30.00
DC0005	周翔	男	皮肤科	副主任医师	￥40.00
DC0006	马蓉	女	外科	主治医师	￥30.00
DC0007	刘美霞	女	内科	主任医师	￥50.00
DC0008	王珊珊	女	外科	副主任医师	￥40.00

8.2 数据库的创建与访问

创建某个应用程序的关系数据库之前,首先需要按照关系数据库设计原则对用户提供的信息和要求进行综合分析,对现实世界的事物进行抽象,然后确定应用程序需要建立几个数据库,每个数据库包含几张表,每张表要包含哪些字段以及表与表之间如何建立关联,最后再利用数据库管理软件完成数据库的创建,并以文件的形式保存起来。

VB 支持对多种类型数据库的访问和维护,无论是 Visual FoxPro、Access 等小型桌面数据库,还是 Oracle、SQL Server 等大型分布式数据库,都可以成为 VB 应用程序的后台数据库。但受 Basic 语言自身条件限制,VB 开发的数据库应用程序主要还是针对中小型数据库系统的。

VB 集成开发环境提供了非常实用的可视化数据管理器来建立和管理某些特定的数据

库，它们分别是 Microsoft Access、Dbase、Visual FoxPro 和 ParaDox。其中，Access 作为适合中小型数据库应用的数据库管理系统，在 VB 开发的数据库软件中的得到了最广泛的应用。下面即以 Access 为例介绍在 VB 集成环境中创建和维护数据库的方法。

8.2.1 在 VB 环境中创建 Access 数据库

【例 8.1】 利用 VB 的可视化数据管理器创建一个名为“Hospital”的数据库，保存到 F 盘的 DataBase 文件夹下，并在数据库中建立一张名为“Doctors”的表。

一、启动可视化数据管理器

在 VB 集成环境中执行“外接程序”菜单中的“可视化数据管理器”命令，打开 VisData（可视化数据管理器）窗口，如图 8.3 所示。

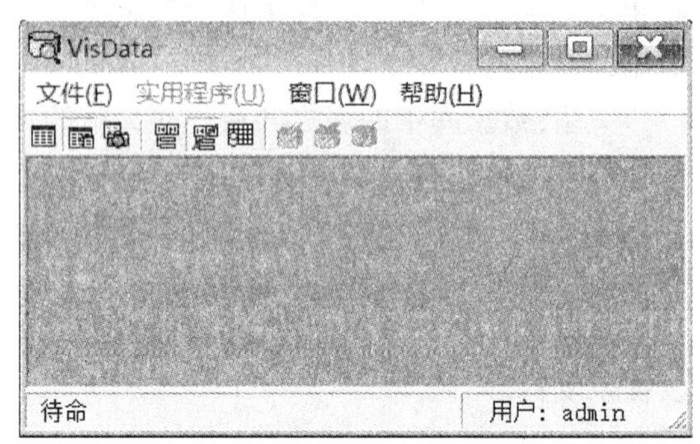

图 8.3 可视化数据管理器窗口

二、建立数据库

在 VisData 窗口中选择“文件”菜单中的“新建”，在下一级子菜单中选择“Microsoft Access”再选择“Version 7.0 MDB”，在弹出的对话框中输入要创建的数据库文件的名称“Hospital.mdb”并保存到指定位置。随后在 VisData 窗口的工作区将出现如图 8.4 所示的“数据库窗口”和“SQL 语句”窗口。

图 8.4 数据库窗口与 SQL 语句窗口

三、建立数据表

在"数据库窗口"中的空白处单击右键，从弹出的菜单中选择"新建表"菜单项，打开如图8.5所示的"表结构"对话框，输入表名称"Doctors"后，单击"添加字段"按钮，打开如图8.6所示的"添加字段"对话框。在"名称"文本框中输入字段的名称，在"类型"下拉列表中选择字段的类型，若字段为"Text"类型，则还要在"大小"文本框中设置字段值的长度，然后单击"确定"按钮，刚添加的字段便会出现在"表结构"窗口的字段列表中。表中所有字段都添加完成后，单击"生成表"按钮即可完成数据表的建立。新建成功的数据表名称会出现在"数据库窗口"中。单击表名称前的加号可以展开和表有关的一些信息。

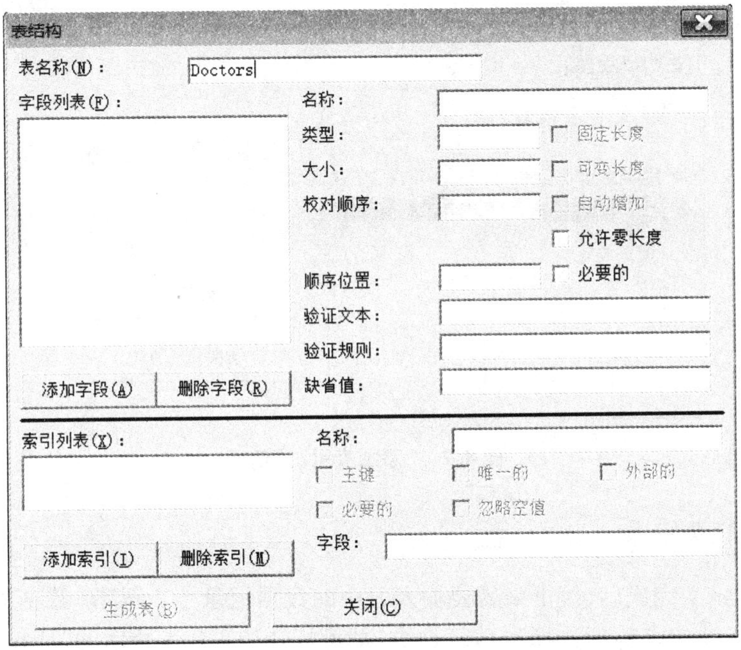

图8.5 "表结构"对话框

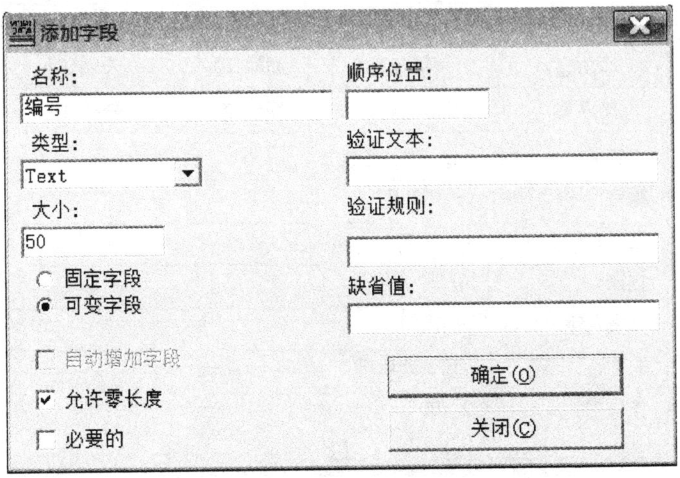

图8.6 "添加字段"对话框

四、添加索引

若想提高数据检索的速度可以给数据表添加索引。给表添加索引的方法是：在数据库窗口中右键单击要添加索引的表名称，在弹出菜单中选择“设计”，即可再次打开“表结构”对话框。在对话框中单击“添加索引”按钮可打开如图 8.7 所示的“添加索引到 Doctors”对话框。在“名称”文本框中输入索引名称（如“Num”），在“索引列表”列表框中选择需要为其设置索引的字段（如“编号”），并设置其是否为“主要的”或“唯一的”。

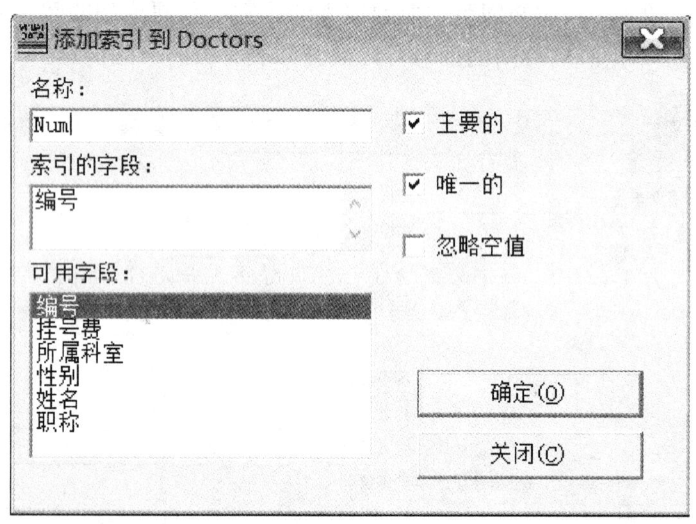

图 8.7 “添加索引”对话框

五、输入记录

表的结构定义完成后，接下来就要输入表中的数据记录了。双击“数据库窗口”中的表名称，或右键单击表名称后选择“打开”命令，都可打开如图 8.8 所示的“Dynaset：Doctors”对话框，在此对话框中可以对表进行如下一些基本操作。

Dynaset:Doctors

添加(A)	编辑(E)	删除(D)	关闭(C)
排序(S)	过滤器(I)	移动(M)	查找(F)

字段名称： 值 (F4=缩放)
编号： DC001
姓名： 马云
性别： 男
所属科室： 内科
职称： 主任医师
挂号费： 80
1/5

图 8.8 “Dynaset”对话框

1. 添加记录

单击“添加”按钮，在弹出的对话框中输入一条记录中的每个字段的值后单击“更新”按钮即可向表中添加一条新的记录。

2. 删除记录

通过窗口下方的滚动条定位到需要删除的记录，单击“删除”按钮，在随后弹出的“删除当前记录吗?”的消息框中选择“是”按钮。

3. 修改记录

通过窗口下方的滚动条定位到需要修改的记录，单击“编辑”按钮，在弹出的对话框中修改记录中内容，然后单击“更新”按钮，即可完成记录的修改。

除此之外，还可以利用对话框中的按钮对数据表进行一些简单的查找、排序和过滤操作。

8.2.2 用 Microsoft Access 创建数据库

如果用户的计算机中安装有 Microsoft Office Access 软件的话，也可以使用它来创建数据库和表。

首先启动 Microsoft Office Access（下面以 Access 2003 的界面为例介绍），在“文件”菜单下选择“新建”，在工作区右侧打开的“新建文件”浮动面板中单击“空数据库”命令。在弹出的“文件新建数据库”对话框中设置数据库文件的名称和保存位置，然后单击“创建”按钮。

数据库创建成功后，在 MS Access 窗口会出现如图 8.9 所示的“数据库”窗口。在该窗口中双击“使用设计器创建表”命令，可以打开表设计器窗口“表1:表”，如图 8.10 所示。在表设计器窗口中可以根据需要输入数据表中各字段的名称、数据类型及其他常规字段属性。

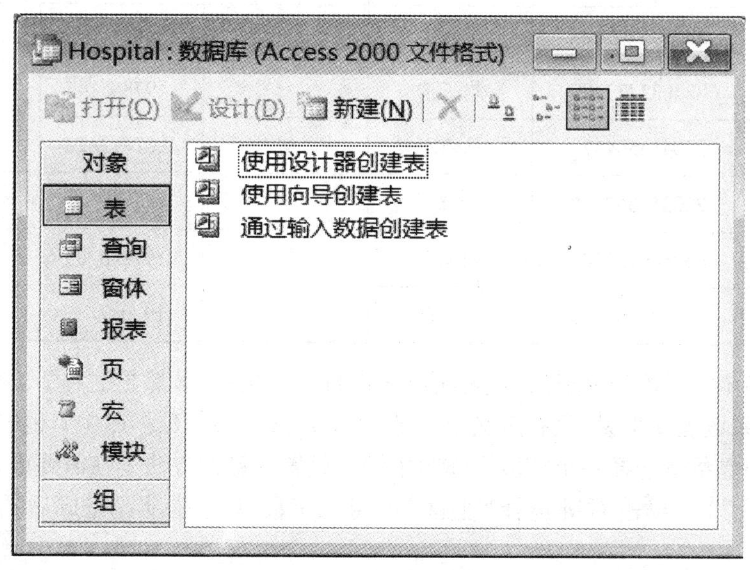

图 8.9 Access“数据库”窗口

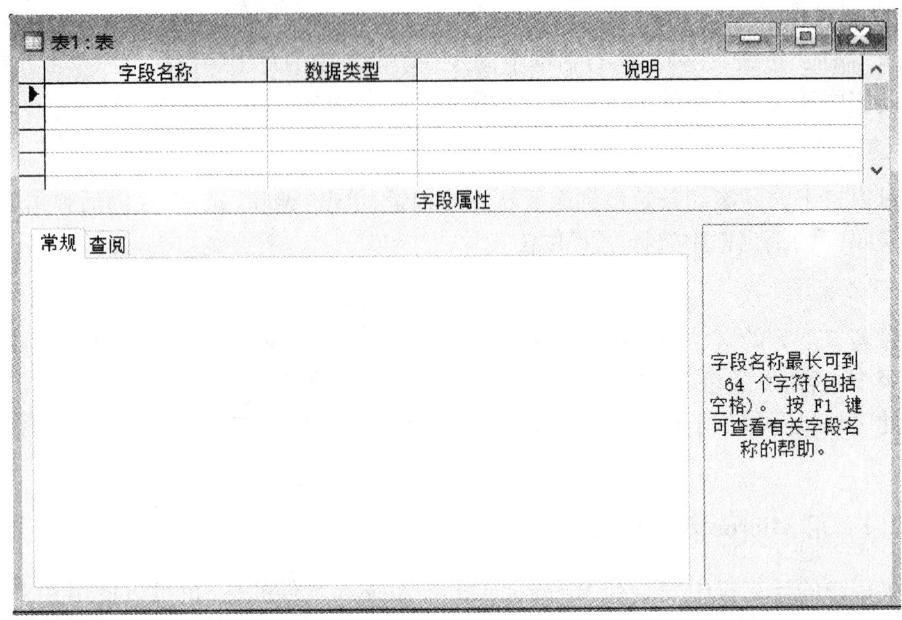

图 8.10 “表 1:表”设计视图

如果要往例 8.1 中已创建的数据库 Hospital 中添加一张医院就诊病人情况表,见表 8.2,表名设为 Patients。可以先在 Access 中打开“Hospital”数据库,双击“使用设计器创建表”打开“表 1:表”的表设计视图窗口,然后输入表 8.2 中各字段的名称、数据类型及其他常规属性。

表 8.2 某医院就诊病人情况表

编 号	医保卡号	姓 名	性 别	出生日期	联系电话
PT0001	235265545223	李丽丽	女	1980/2/6	66485295
PT0002	323032877489	赵子清	女	1978/5/4	88745112
PT0003	230415564578	马建军	男	1967/12/22	87421568
PT0004	230314567788	李奇	男	1977/4/12	56124772
PT0005	450560122780	刘强东	男	1972/8/8	78845661
PT0006	323034450120	周爱珍	女	1970/7/8	57689932

表中的各个字段添加完成后,最好再给表设置一个主键,虽然主键对于表来说不是必需的,但对于关系数据库来说,只有定义了主键,才能定义该表与数据库中其他表之间的关系,因此每张表都要尽量选择一个字段来作为主键。设置主键的方法是在需要设置为主键的字段名(如“编号”)上单击右键选择“主键”即可。字段和主键设置完成后的表如图 8.11 所示。

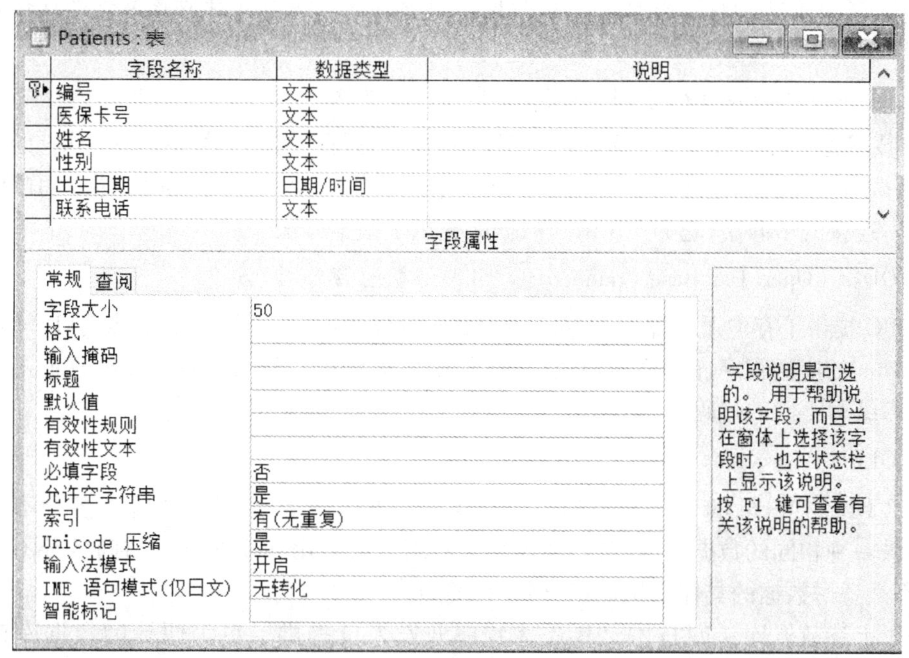

图 8.11 "表 1"设计完成后界面

表结构定义完成后，执行"文件"菜单下的"保存"命令，在弹出的"另存为"对话框中设置表的名称为"Patients"。

在数据库窗口中双击表名称"Patients"将打开表格形式显示的数据表，如图 8.12 所示，在其中输入表中各条数据记录后保存。

Patients : 表

编号	医保卡号	姓名	性别	出生日期	联系电话
PT0001	235265545223	李丽丽	女	1980/2/6	66485295
PT0002	323032877489	赵子清	女	1978/5/4	88745112
PT0003	230415564578	马建军	男	1967/12/22	87421568
PT0004	230314567788	李奇	男	1977/4/12	56124772
PT0005	450560122780	刘强东	男	1972/8/8	78845661
PT0006	323034450120	周爱珍	女	1970/7/8	82155642
PT008	231478910	李建国	男	1968/12/5	23456789

记录: 1 共有记录数: 7

图 8.12 "Patients"表

8.2.3 访问数据库

数据库和其中的表文件创建完成后，接下来就需要将 VB 程序与数据库提供的接口连接起来，通过接口对数据库中的数据进行操作。由于不同的数据库提供的访问接口各异，因此就需要一些数据库访问技术来屏蔽这些接口的差异，为应用程序提供统一的数据访问接口，这样才可以使用相同的编程技术实现对不同数据库的访问。

VB 的数据库访问技术有三种：Jet（数据库引擎技术）、ODBC（开放式数据库连接）、OLE DB（万能的数据访问技术）。

1．Jet（Joint Engineering Technology）数据库引擎技术

Jet 技术是 Microsoft 公司开发的一个应用程序与数据库之间的接口。这个接口不仅 VB 可使用，微软公司的其他产品也可使用该项技术与数据库建立连接。Jet 数据库引擎是 VB 与数据库连接的中间层，它为 VB 访问数据库提供了基本方法。

2．ODBC（Open DataBase Connectivity）开放式数据库连接

ODBC 提供了存取服务器端数据库的快捷而有效的途径，它是一个公共接口，能够使基于 Windows 的应用程序连接到多种数据库（包括 SQL Server、Sybase、Oracle 等），而不需为各种数据库编写不同的代码。

3．OLE DB

OLE DB 是 Microsoft 公司提供的一个万能的数据访问接口，其核心是对各种不同的数据源提供一种相同的数据访问接口，使得数据使用者可以用同样的方法访问各种不同的数据，而不必考虑数据的具体存储地点、格式和类型。

基于上述数据库访问技术，VB 还为程序开发人员提供了更为便捷的数据库访问工具——数据对象。使用数据对象则不需要掌握复杂的数据库访问技术就能实现对数据库的访问，这样便大大简化了数据库应用程序的开发工作。VB 可以使用三种数据对象实现对数据库的访问：DAO（数据访问对象）、RDO（远程数据对象）、ADO（ActiveX 数据对象）。其中 ADO 是学习的重点，也是当今数据库应用程序开发中主要采用的数据访问对象。

（1）DAO（Data Access Objects）

DAO 称为数据访问对象，是 VB 最早引入的数据库访问技术，可通过 Jet 引擎和 ODBC 两种方式访问数据库。

（2）RDO（Remote Data Object）

RDO 称为远程数据对象，是从 DAO 派生出来的，主要用于访问远程数据库。RDO 一般通过 ODBC 访问数据库。

（3）ADO（Active Data Object）

ADO 称为 ActiveX 数据对象，是 Microsoft 推出的最新数据库访问对象。ADO 是独立于开发工具和开发语言的数据访问接口，它采用 OLE DB 接口访问数据库，使数据使用者能用同样的方法访问各种不同的数据，而不必考虑数据的具体存储地点、格式和类型。这样开发人员在编写访问数据的代码时就不用关心数据库是如何实现的。ADO 扩展了 DAO 和 RDO 所使用的对象模型，具有更加简单灵活的操作性能。除此之外，ADO 的功能更强大、通用性好、效率高、占空间少，因此几乎已经取代 DAO 和 RDO 成为微软数据库发展的主流。

ADO 和 DAO 对象在 VB 数据库编程中的具体体现就是 Adodc（ADO 数据控件在 VB 工具箱中的名称）和 Data 这两种数据控件。其中 Adodc 是 VB 开发数据库应用软件使用的主要数据控件，是数据库应用软件开发人员必须掌握的技术；而 Data 数据控件因其具有数据库访问的简便易行性，对学习 VB 数据库访问技术和开发单机版小型应用程序具有很好的现实意义。

通过数据控件可以将 VB 应用程序与数据库建立起联系，并操作数据库中的数据。但

数据控件只能从数据库获得程序所需要的数据记录集(Recordset),其本身不能显示数据,必须再将数据控件与某些数据感知控件绑定起来,才能通过这些数据感知控件显示记录集中的数据。常用的数据感知控件有标签、文本框、图片框、列表框和组合框等。所谓绑定,就是在数据控件与数据感知控件间建立起约束关系,通常是通过设置数据感知控件的DataSource属性来实现的。数据库、数据控件、数据感知控件三者之间的关系,如图8.13所示。

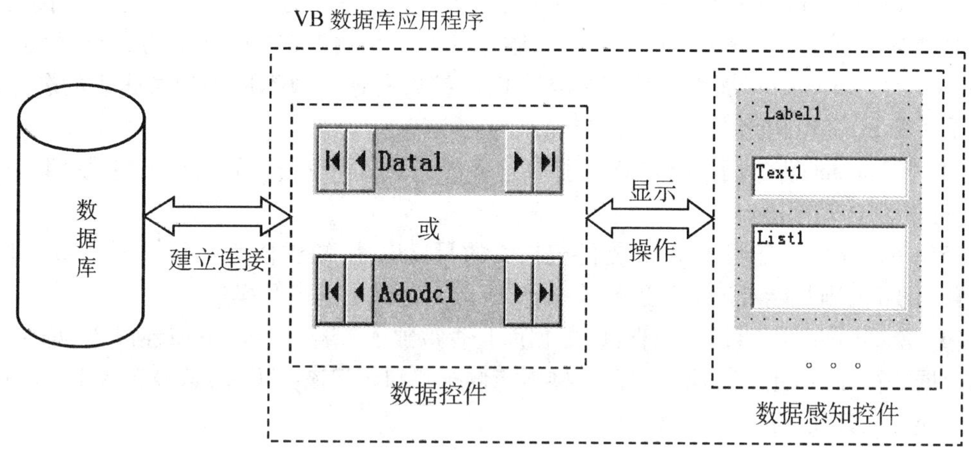

图8.13 数据库、数据控件、数据感知控件的关系

8.3 Visual Basic的Data数据控件

数据控件Data是VB编写数据库应用程序时常用的控件对象,使用它不需要编写代码就可以方便快捷地打开、访问并操作已有的数据库。Data控件使用Microsoft的Jet数据库引擎来实现数据访问,用户只需要设置控件的几个关键属性,并用一些数据感知控件把数据显示出来就可以创建数据库应用程序,实现对多种格式标准的数据库的无缝访问。但Data控件在很多方面的功能都不够完善,因此通常只适用于单机版小型应用软件的开发。

从VB工具箱中找到Data控件,并在窗体上添加一个Data控件对象。Data控件的图标和控件对象的外观如图8.14所示。Data控件的默认名称为Data1,通过控件的Caption属性可以修改这个名称。Data控件上有四个按钮,第一个按钮的作用是访问记录集的第一条记录,第二个按钮的作用是访问当前记录的前一条记录,第三个按钮的作用是访问当前记录的后一条记录,第四个按钮的作用是访问记录集的最后一条记录。

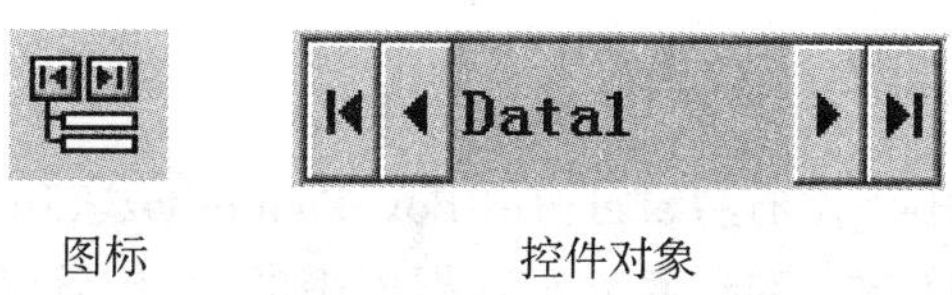

图8.14 Data图标与控件对象

8.3.1 Data 控件的常用属性、方法和事件

一、Data 控件的常用属性

(1) Connect:用于指定与 Data 控件连接的数据库类型,缺省为 Access 数据库文件。

(2) DataBaseName:用于指定 Data 控件所连接的数据库文件的名称和保存路径。

(3) RecordSource:用于指定 Data 控件的记录源。当程序与数据库正确建立连接后,就应当通过 Data 控件的 RecordSource 属性确定所访问的数据,这些数据构成记录集对象 Recordset。RecordSource 属性既可以指定为 Data 控件所连接数据库中的某张表的名称,也可以是一条 SQL(结构化查询语言)语句。

(4) RecordsetType:用于指定 Data 控件连接的记录集类型,包括表、动态集、快照三种类型,缺省值为 1,表示动态集。

(5) Readonly:用于设置 Data 控件记录集的只读属性,缺省值为 False。若 Readonly 属性设置为 True,则只能对记录集进行读操作,不能对记录集进行写操作。

(6) Exclusive:用于设置被打开的数据库是否被独占。若 Exclusive 属性设置为 True,表示该数据库被独占,此时其他应用程序将不能再打开和访问该数据库;若设置为 False,则该数据库允许被其他应用程序共享。

二、Data 控件的常用方法

(1) AddNew:用于添加一条新记录。

(2) Delete:用于删除当前记录。

(3) Edit:用于对可更新的当前记录进行编辑修改。

(4) Refresh:在程序运行中,若改变了 Data 控件的 Connect、DatabaseName、RecordSource 等属性的值,则必须用 Refresh 方法使这些更新及时生效。

(5) UpdateControls:可以将数据从数据库中重新读到与 Data 控件绑定的控件上。此方法可以防止用户对绑定控件上显示的数据做修改,执行 UpdateControls 方法后,绑定控件即恢复为原先所显示的数据库中记录内容。

三、Data 控件的常用事件

(1) Reposition:当某条记录成为当前记录之后引发该事件。

(2) Validate:当某条记录成为当前记录之前,或在 Update、Delete、Unload 或 Close 操作之前引发该事件。

8.3.2 数据感知控件的介绍

VB 中常用的数据感知控件有:Label、TextBox、PictureBox、ListBox、ComboBox 等。若要将这些控件与 Data 控件绑定在一起,并显示数据库中的记录,就必须对这些数据感知控件的 DataSource 和 DataField 属性进行设置。

DataSource 用于设置所绑定的数据控件的名称,DataField 用于设置数据感知控件中要显示的字段名称。

【例8.2】 编写VB数据库应用程序,要求使用Data控件与例8.1中的数据库Hospital建立连接,再通过文本框控件查看数据库中的表Doctors中记录的所有医生信息。

(1) 首先设计程序界面:在窗体上放置6个标签、6个文本框和1个Data控件,调整好各控件的位置、大小、外观和字体。

(2) 然后按照表8.3设置窗体及各控件的主要属性。

① 先设置好窗体和各标签的属性。

② 然后设置数据控件Data1的属性,其中:Connect属性就使用缺省值“Access”;单击DataBaseName属性设置项中的“…”按钮,在弹出的“DatabaseName”对话框中找到F盘DataBase文件夹下保存的数据库文件“Hospital. mdb”,这样Data1控件就和数据库建立好了连接;接下来在RecordSource属性设置项的下拉列表中选择表Doctors,表示Data1要访问表Doctors所包含的所有数据记录。最后设置RecordsetType属性为“0 - Table”。

③ 接下来设置各文本框的属性,其中:DataSource属性都指定为Data1,表示6个文本框都与Data1绑定;与数据控件建立好绑定关系后,各文本框的DataField属性设置项的下拉列表中就会列出Doctors表的所有字段名称,选择各文本框将要显示的字段内容即可。

表8.3 例8.2中窗体及各控件的属性设置

对　象	属　性	属性值	对　象	属　性	属性值
Form1	Caption	出诊医生	Text2	Text	空
Label1	Caption	姓名		DataSource	Data1
Label2	Caption	编号		DataField	编号
Label3	Caption	科室	Text3	Text	空
Label4	Caption	性别		DataSource	Data1
Label5	Caption	职称		DataField	科室
Label6	Caption	挂号费	Text4	Text	空
Data1	Caption	查看出诊医生		DataSource	Data1
	Connect	Access		DataField	性别
	DataBaseName	F:\DataBase\Hospital. mdb	Text5	Text	空
	RecordSource	Doctors		DataSource	Data1
	RecordsetType	0 - Table		DataField	职称
Text1	Text	空	Text6	Text	空
	DataSource	Data1		DataSource	Data1
	DataField	姓名		DataField	挂号费

(3) 运行程序,可以看到表Doctors的第一条记录中各字段的值显示在对应的文本框中,如图8.15所示。单击Data1上的“首记录”“前一记录”“下一记录”或“末记录”按钮,可以切换查看表中其他各条记录的内容。

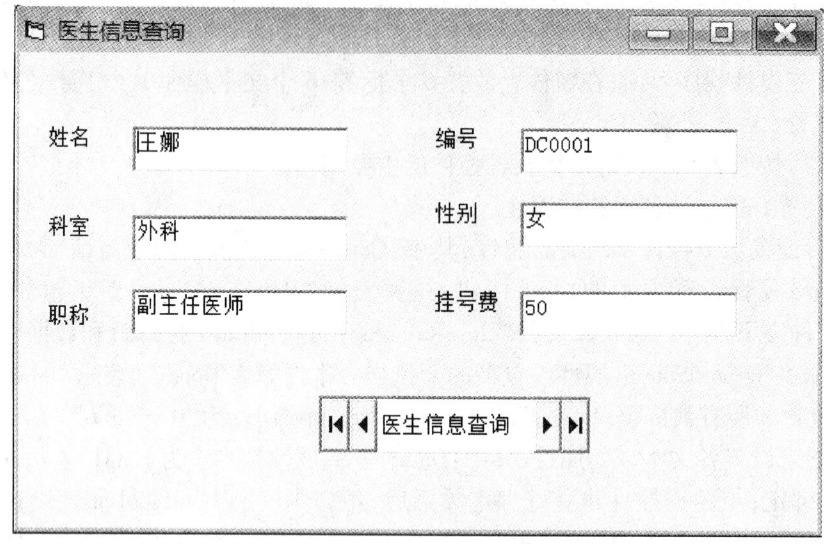

图 8.15　例 8.2 运行界面

（4）如果想修改表 Doctors 中某条记录，只要先定位到要修改的那条记录，在文本框中直接对记录的内容进行修改，然后单击数据控件上的任意一个按钮，系统就会把修改后的记录内容重新保存到数据库的 Doctors 表中。

（5）如果想往表 Doctors 中添加记录或删除已有记录，通过界面操作是无法完成的，需要通过编写代码来实现，在此不再详述。

8.4　ADO 访问数据库

在 VB 数据库编程中，使用 Data 控件访问数据库是一种简单直观的方法，编程人员不需要进行复杂的代码设计就能完成一个数据库应用程序。但 Data 控件只适用于 Access 和 VFP 等小型桌面数据库的控制，如果要访问网络数据库或实现更为复杂灵活的数据库应用程序，就需要用到 ADO 数据访问对象来完成。

VB 提供了利用 ADO 访问数据库的两种方式：ADO 数据控件和 ADO 对象编程模型。这两种方法可以单独使用，也可以结合使用。使用 ADO 数据控件的优点是代码少，一个简单的数据库应用程序甚至可以不用编写任何代码。它的缺点是功能简单，不够灵活，不能满足编制较复杂的数据库应用程序的需要。使用 ADO 对象编程模型的优点是具有高度的灵活性，可以编制复杂的数据库应用程序；它的缺点是代码编写量较大，对初学者来说有一定困难。

8.4.1　ADO 数据控件

使用 ADO 数据控件访问数据库的过程与 Data 控件类似。通过设置 ADO 数据控件的一些基本属性就可快速建立与数据库的连接。

一、创建 ADO Data 控件

由于 ADO Data 控件不是 VB 工具箱中的标准控件,因此使用前需要先将其添加到工具箱中。

单击“工程”菜单中的“部件”选项(或在工具箱中空白处单击右键,在弹出菜单中选择“部件”),打开如图 8.16 所示的“部件”对话框,在其中选中“Microsoft ADO Data Control 6.0 (OLEDB)”后单击“确定”,即可在工具箱中看到新添加的 Adodc 控件图标。在窗体上放置一个 Adodc 控件对象,可以看到它的外观和 Data 控件基本相同,但默认名称为 Adodc1,通过控件的 Caption 属性可以修改这个名称。Adodc 控件的图标和控件对象的外观如图 8.17 所示。和 Data 控件相同,Adodc 控件上也有四个按钮,四个按钮的功能分别为首记录、前一记录、下一记录和末记录。

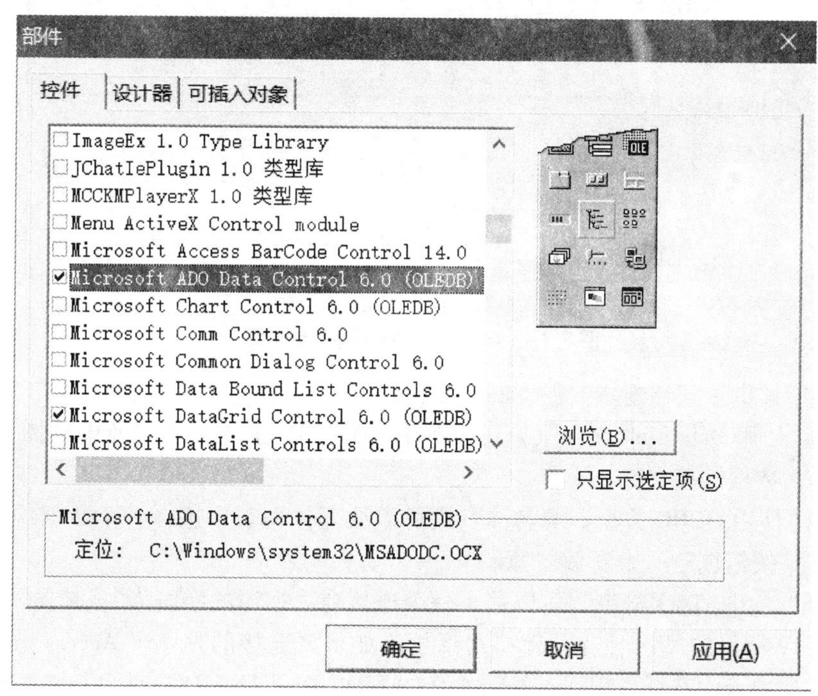

图 8.16 添加 Adodc 控件

图 8.17 Adodc 图标与控件对象

二、Adodc 控件的基本属性

Adodc 控件的属性既可在设计状态通过属性窗口设置,也可在程序代码中进行设置。其中和数据库连接相关的几个基本属性如下:

(1) ConnectionString：用于将 Adodc 控件连接到一个指定的数据库。设置 ConnectionString 属性时，会弹出一个“属性页”对话框，如图 8.18 所示，

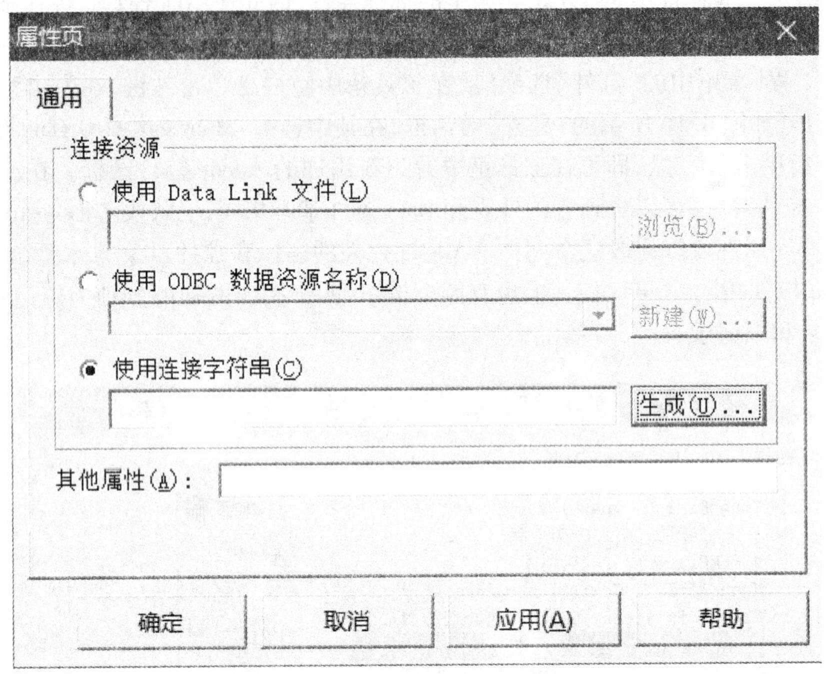

图 8.18 ConnectionString“属性页”

对话框中提供了三种连接数据库的方法：

① 选择“使用 Data Link 文件”，则可以单击“浏览”按钮，在外存储器中选择一个已创建好的 Microsoft 数据链接文件。

② 选择“使用 ODBC 数据资源名称”，则可以从下拉列表中选择一个数据源名称，也可以单击“新建”按钮创建一个新数据源。

③ 选择“使用连接字符串”，可以输入一个连接到数据源的字符串，或单击“生成”按钮打开如图 8.19 所示的“数据链接属性”对话框。如果要连接的是一个 Access 数据库，就在“提供程序”选项卡中选择 “Microsoft Jet 4.0 OLE DB Provider”选项，然后单击“下一步”，进入“连接”选项卡，如图 8.20 所示，在“选择或输入数据库名称”下方的文本框中输入要连接的数据库文件名称和保存路径，或单击“…”按钮在外存储器中选择一个数据库文件。设置完成后，可以单击下方的“测试连接”按钮，测试一下是否能够与数据库成功连接。如果测试连接成功，就可以单击“确定”按钮关闭“数据链接属性”对话框回到“属性页”对话框，这时可以看到连接字符串已经自动生成好了。最后单击“确定”按钮，完成对 ConnectionString 属性的设置。

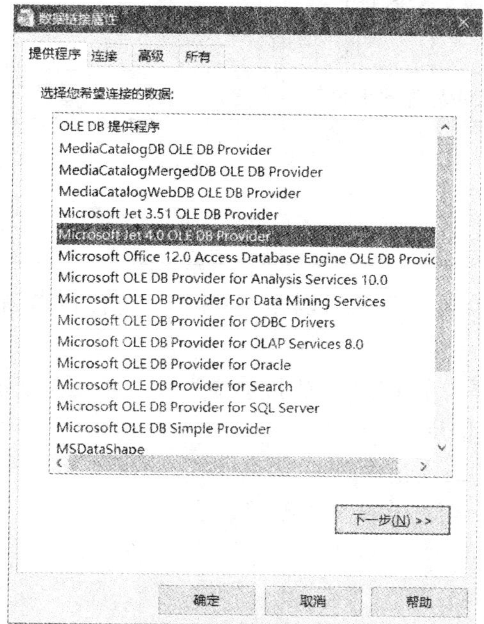

图 8.19　设置“提供程序”

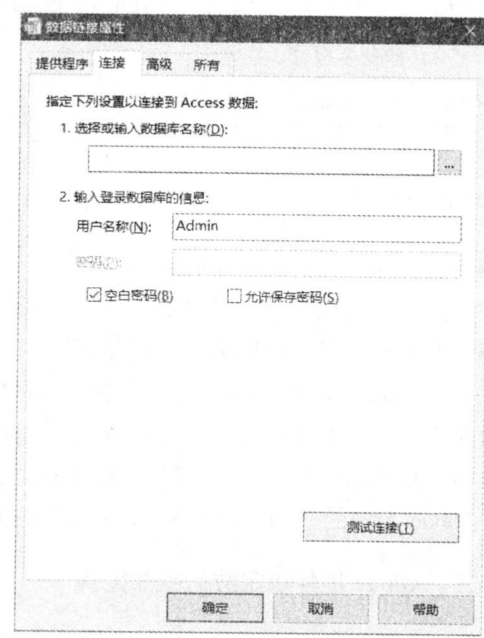

图 8.20　设置“连接”数据库

（2）RecordSource：与数据库正确建立连接后，可通过 RecordSource 属性设置 ADO 数据控件要访问的数据记录来源。RecordSource 属性可以设置为数据库中的某张表，也可以设置为一条 SQL 语句，还可以设置为一个存储的查询过程。单击 RecordSource 属性设置项上的“…”按钮，将打开如图 8.21 所示的记录源“属性页”对话框。首先选择“命令类型”，有多种命令类型可供选择，它们各自的含义见表 8.4。

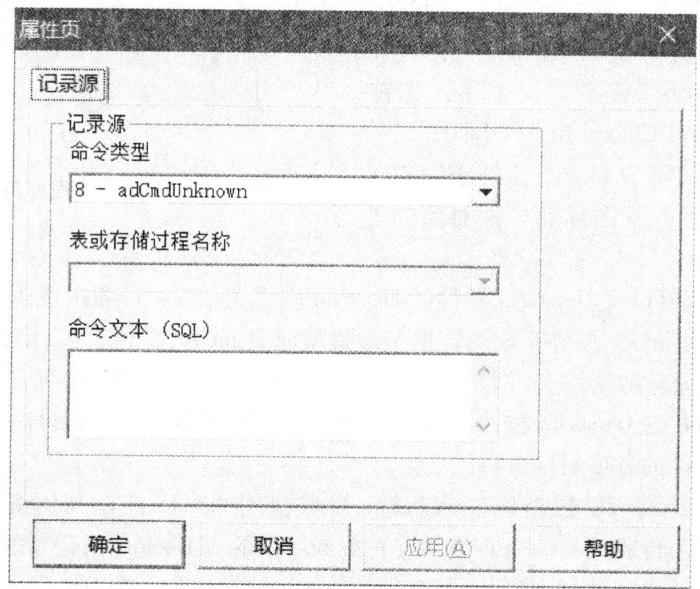

图 8.21　RecordSource“属性页”

表 8.4 数据源命令类型说明

命令类型	说　明
8 - adCmdUnknown	缺省值,说明记录源为 SQL 语句
1 - adCmdText	说明记录源为 SQL 语句
2 - adCmdTable	说明记录源为表
4 - adCmdStoredProc	说明记录源为存储过程

例如,若选择命令类型为"2 - AdCmdTable",接下来就可以在"表和存储过程名称"的下拉列表中选择一张数据库表作为记录源。

(3) ConnectionTimeOut:用于限制与数据库建立连接的时间,单位为秒。如果在规定的时间内不能与数据库成功建立连接就返回超时信息。

(4) MaxRecords:用于设置从查询中返回的最大记录数。

Adodc 控件的常用事件和方法与 Data 控件相同,在此不再赘述。

三、Adodc 控件绑定数据感知控件

Adodc 控件也需要通过绑定数据感知控件来显示和操作数据库中的数据。本章前一节中已经介绍了一些常用的数据感知控件,但这些控件只能显示单条记录中单个字段的值,如果想在一个控件中同时显示多条记录中多个指定字段的值就需要用到一些更为高级的数据感知控件,如 DataGrid、DataList 和 DataCombo 等,其中 DataGrid 是 Adodc 控件最常用的数据绑定控件。DataGrid 称为数据网格控件,该控件可以电子数据表的形式输出 ADO 记录集中多条记录中的多个指定字段值。

DataGrid 控件不是 VB 工具箱的标准控件,使用之前需要先将其添加到工具箱中。在工具箱中空白处单击右键,在弹出菜单中选择"部件"打开"部件"对话框,选中"Microsoft DataGrid Control 6.0(OLEDB)"后单击"确定"按钮,将 DataGrid 控件添加到工具箱。DataGrid 控件的图标和控件对象的外观如图 8.22 所示。

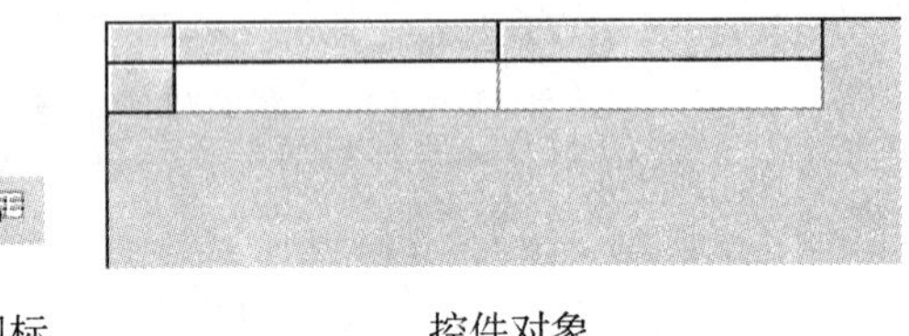

图标　　控件对象

图 8.22　DataGrid 图标与控件对象

接下来,只需要设置 DataGrid 控件的 DataSource 属性为某个 Adodc 控件对象,运行程序后,系统会自动用 Adodc 控件获取的数据记录集填充 DataGrid 控件,并自动设置 DataGrid 控件的列标题为记录集的字段名。如果想对 DataGrid 控件的布局、列宽、列标题等进行设置,可以在设计状态右击 DataGrid 控件,从弹出菜单中选择"属性"打开"属性页"对话框,在其中对 DataGrid 控件的各项属性进行设置。

【例 8.3】　编写 VB 数据库应用程序,要求使用 Adodc 控件与例 8.2 中的数据库 Hospital 建立连接,再通过 DataGrid 控件查看数据库中的表 Doctors 内记录的所有医生信息。

(1) 首先设计程序界面:在窗体上放置 1 个 Adodc 控件和 1 个 DataGrid 控件,由于两控件都不是 VB 工具箱中的标准控件,因此使用前需要先将它们添加到工具箱中,再放置到窗体上。然后调整好两控件的位置、大小和字体。

(2) 按照表8.5设置窗体及两控件的主要属性。

表8.5 例8.3中窗体及各控件的属性设置

对 象	属 性	属性值
Form1	Caption	出诊医生
Adodc1	Caption	选择出诊医生
	ConnectionString	Provider = Microsoft. Jet. OLEDB. 4. 0; Data Source = F: \ DataBase \ Hospital. mdb; Persist Security Info = False
	RecordSource	Doctors
DataGrid1	DataSource	Adodc1

① 先设置 Adodc1 的 ConnectionString 属性,单击“…”按钮,打开 ConnectionString 的“属性页”对话框,选择“使用连接字符串”后单击“生成”按钮,打开“数据链接属性”对话框,先在“提供程序”选项卡中选择“Microsoft Jet 4.0 OLE DB Provider”,单击“下一步”,进入“连接”选项卡,再单击“选择或输入数据库名称”下方的文本框后的“…”按钮,在打开的对话框中选择F盘 DataBase 文件夹下的数据库文件“Hospital. mdb”。然后单击下方的“测试连接”按钮,测试一下是否能够与数据库成功连接。如果测试连接成功,就可以单击“确定”按钮关闭“数据链接属性”对话框回到“属性页”对话框,再单击“确定”按钮,完成对 ConnectionString 属性的设置。

② 然后再设置 Adodc1 的 RecordSource 属性,单击“…”按钮,打开 RecordSource 的“属性页”对话框,选择命令类型为“2-adCmdTable”,再选择“表或存储过程名称”为表“Doctors”。

③ 接下来设置 DataGrid1 的 DataSource 属性为 Adodc1。

(3) 运行程序,可以看到表 Doctors 中的记录自动填满了 DataGrid 控件,控件的第一行被自动设置为表 Doctors 的各字段名称,整张表以电子表格的形式呈现出来,如图8.23所示。

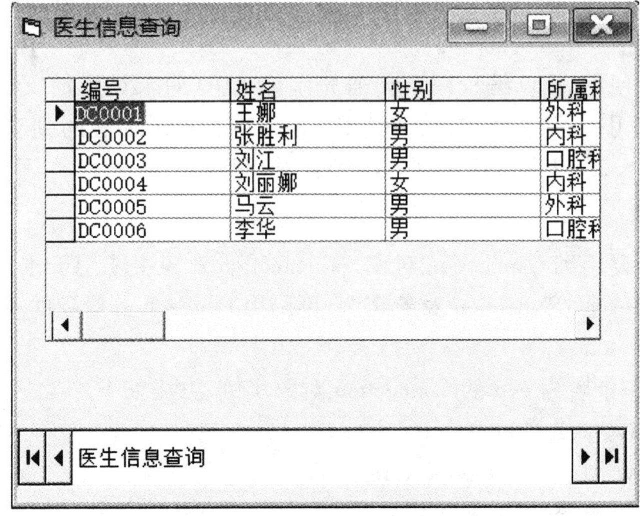

图8.23 例8.3初始运行界面

(4) 从程序的运行效果可以看出:一般情况下,DataGrid 控件的默认外观对于它要显示的表来说并不合适,因此最好对 DataGrid 控件的显示效果再做一些手工调整。例如,如果程序只想查看各位医生的姓名、性别、所属科室、职称和挂号费这些信息,就可以对 DataGrid 控件显示的字段作一些修改。

① 右击 DataGrid 控件,从弹出的菜单中选择“检索字段”命令,此时会弹出一个对话框询问“是否以新的字段定义替换现有的网格布局?”,选择“是”则控件 DataGrid 将显示表 Doctors 的所有字段名称。

② 再右击 DataGrid 控件,从弹出的菜单中选择“编辑”命令,此时从外观上看 DataGrid 的状态没有发生任何变化,但它已进入编辑状态。在“编号”字段上方右击鼠标,从弹出菜单中选择“删除”命令。DataGrid 控件上就只剩姓名、性别、所属科室、职称和挂号费五个字段了。编辑状态下还可以交换字段的位置、调整各字段所在列的宽度等操作。

③ 如果想修改 DataGrid 控件上显示的字段名称,或者对控件的外观和功能作进一步的调整,可以右击 DataGrid 控件选择“属性”打开“属性页”对话框,根据程序需要对相应属性进行设置。

8.4.2 ADO 对象编程模型

ADO 对象提供了 VB 应用程序访问数据库需要的全部属性和方法,因此使用 ADO 对象编程模型可以不用数据控件而直接用程序代码对数据库进行访问。

一个典型的数据库应用程序访问数据库时通常会经过以下几个基本步骤:

(1) 与数据库建立连接;

(2) 打开记录集;

(3) 操作记录集;

(4) 关闭连接。

如何在程序中利用 ADO 对象来实现以上步骤呢? ADO 对象模型中定义了一系列可编程的数据访问对象,其中 Connection、Recordset 和 Command 这三个对象发挥着核心的作用。只要通过程序代码创建这些对象的实例(语法格式与定义变量相似),就能操作这些实例实现对数据库的访问。

需要注意的是使用 ADO 编程模型前需先添加 ADO 对象类库的“引用”,方法是:执行“工程”菜单中的“引用”命令,打开“引用”对话框,在对话框的列表中选中“Microsoft ActiveX Data Objects 2. x Library”后,单击“确定”按钮。

1. 连接数据库

连接数据库需要用到 Connection 对象。Connection 对象主要用于建立与数据源的连接。先用程序代码创建一个 Connection 对象实例,再调用 Connection 对象的 Open 方法即可打开数据库。

例如,要创建一个名为 con 的 Connection 对象实例,方法如下:

```
Dim con As ADODB. Connection
Set con = New ADODB. Connection
```

也可以用下面一条语句实现:

```
Dim con As New ADODB. Connection
```

其中"ADODB"是ADO对象的名称。

调用Connection对象的Open方法的语法为：

```
Connection. Open ConnectionString, UserID, Password, OpenOptions
```

说明：

① 几个参数均为可选项。

② ConnectionString包含建立到数据源的连接信息。

③ UserID指定打开连接时使用的用户名。

④ Password指定建立连接时使用的密码。

⑤ OpenOptions设定如何打开连接。

几个参数中以ConnectionString最为重要，ConnectionString可作为Open方法的参数，也可作为Connection对象的属性来设置，ConnectionString包含的信息中有两个参数通常是必须设置的：

① Provider：指定数据库接口提供者的名称，以识别所连接的数据库的类型。

② Data Source：指定所连接的数据库的名称，要提供数据库文件的名称和保存路径。

例如，要调用Con的Open方法打开数据库文件"F:/DataBase/Hospital. mdb"，方法如下：

```
con. Open "Provider =Microsoft. Jet. OLEDB. 4. 0; " &_
"Data Source =F: \DataBase \Hospital. mdb"
```

2. 打开记录集

记录集是查询数据库后返回的查询结果构成的数据集合。记录集用Recordset对象来表示。通过Recordset对象可以对数据库中的数据记录进行查找、添加、修改或删除等操作。打开记录集可以使用Recordset对象的Open方法。但在执行Open方法前，还是需要先创建Recordset对象的实例。

例如，要创建一个名为rec的Recordset对象实例，方法如下：

```
Dim rec As ADODB. Recordset
Set rec  =  New ADODB.  Recordset
```

也可以用下面一条语句实现：

```
Dim rec As New ADODB. Recordset
```

调用Recordset对象的Open方法的语法为：

```
Recordset. Open Source, ActiveConnection, CursorType, LockType
```

说明：

① 几个参数均为可选项。

② Source指定记录源，可以是数据库中一张表，也可以是SQL查询语句，还可以是一个存储查询过程。

③ ActiveConnection可以是合法的Connect对象实例的名称，也可以是包含ConnectString参数的字符串。

④ CursorType指定打开记录集时使用的游标类型。

⑤ LockType指定打开记录集时使用的锁定类型。

例如，要打开前面已连接上的数据库Hospital. mdb中的表Doctors，游标类型为

AdOpenDynamic(支持在记录集所有方向上移动),锁定类型为 AdLockPessimistic(编辑后立即锁定数据源中的记录,确保对记录的编辑成功),方法如下:

```
rec. Open "Doctors", con, AdOpenDynamic, AdLockPessimistic
```

3. 操作记录集

表对应的记录集打开后,就可以访问并操作记录集中的数据记录了。

(1) 显示记录

可以通过 Recordset 对象的 Field 属性访问记录中的各个字段。

例如:基于上例打开的记录集 rec,要将 Doctors 表中第一条记录中的医生姓名和职称打印到窗体上,可以使用如下代码:

```
Print rec. Fields("姓名"); rec. Fields("职称")
```

(2) 浏览记录

浏览记录集中的记录可以通过以下几种方法来实现:

① MoveNext——将当前记录指针移到下一条记录。

② MovePrevious——将当前记录指针移到上一条记录。

③ MoveFirst——将当前记录指针移到第一条记录。

④ MoveLast——将当前记录指针移到最后一条记录。

⑤ Move [n][,start] ——将当前记录指针向前或向后移动 n 条记录。

(3) 查询记录:查询记录就是找出满足条件的记录集,主要有下面两种方法:

① 使用 Connect 对象的 Execute 方法执行 SQL 语句,返回查询结果记录集。

② 使用 Command 对象的 Execute 方法执行 CommandText 属性中设置的 SQL 语句,返回查询结果记录集。Command 对象通过已建立的连接发出命令,用于对数据源执行指定的操作,如数据的添加、删除、更新或查询。

例如:基于上例打开的记录集 rec,要进一步查询表 Doctors 中的所有外科医生,查询结果仍然放记录集 rec 中,如果用第一种方法可以使用如下代码:

```
Set rec = con. Execute("Select * From Doctors Where 所属科室 =' 内科 '")
```

如果用第二种方法,可以使用下面的代码:

```
Dim com As New Command
com. ActiveConnection = con
com. CommandText = "Select * From Doctors Where 所属科室 =' 内科 '"
Set rec = com. Execute
```

说明:代码中使用的 SQL 语句的含义可参考本章下一节内容。

(4) 添加记录:

添加记录使用 AddNew 方法,语法如下:

```
RecordSet. AddNew FieldList, Values
```

说明:FieldList 为一个字段或多个字段的名称,Values 为赋给字段的值,与 FieldList 提供的字段要一一对应。

需要特别的注意的是:用 AddNew 方法添加的记录必须用 Update 方法保存结果。

例如:基于上面打开的记录集 rec,要往表 Doctors 中增加一个医生记录,可以使用语句:

```
rec. AddNew
```

```
rec. Fields("编号") = "DC009"
rec. Fields("姓名") = "李长江"
rec. Fields("性别") = "男"
rec. Fields("所属科室") = "内科"
rec. Fields("职称") = "主治医师"
rec. Fields("挂号费") = 30
rec. Update
```

(5) 删除记录

删除记录使用 Delete 方法,语法如下:

RecordSet. Delete

该语句可以删除当前记录,如果想删除符合某些条件的一组记录,可以在该语句后跟上对 Filter 属性的设置。

(6) 修改记录

添加记录可以使用 Update 方法直接保存记录修改后的结果,语法如下:

RecordSet. Update FieldList, Values

4. 关闭连接

数据库访问完成后,可以使用 Connection 对象的 Close 方法断开与数据源的连接。但 Close 方法不能把已创建的 Connection 对象实例从内存中清除掉,还需要把它设置为 Nothing,才能彻底从内存中删除。

例如,要彻底的关闭以上使用的数据库连接 con,方法如下:

```
Con. Close
Set con =Nothing
```

8.5 SQL 结构化查询语言

SQL 是 Structure Query Language(结构化查询语言)的缩写,是操作关系数据库的工业标准语言。SQL 具有语言简洁、方便实用、功能齐全等优点。各种数据库管理系统都支持 SQL 或提供 SQL 接口。用户通过 SQL 提出一个查询,数据库就能返回所有与该查询匹配的记录,完全不需去了解 SQL 是如何访问数据库的。用户可以在 VB 的可视化数据管理器的“SQL 语句”窗口或数据库管理软件的 SQL 视图中输入 SQL 语句建立查询,也可以在各种高级语言的程序中嵌入 SQL 语句来实现数据库查询功能。

8.5.1 SQL 语句的基本组成

SQL 由命令、子句、运算符和函数等基本元素构成,这些元素生成的语句可以实现对数据库进行创建、更新、处理等各种操作。

一、SQL 命令

常用的 SQL 命令及功能见表 8.6。

表 8.6 常用的 SQL 命令

命 令	功 能
Create	创建新的数据表、字段和索引
Drop	删除数据库中的表或索引
Alter	修改数据库中表的字段设计
Select	在数据库中查找满足特定条件的记录
Insert	向数据库的指定表中添加一条或多条记录
Update	更新特定记录的字段值
Delete	删除指定表中指定条件的记录

二、SQL 的子句

常用的 SQL 子句及功能见表 8.7。

表 8.7 常用的 SQL 子句

子 句	功 能
From	指出记录来自于哪些数据表
Where	指定所选记录必须满足的条件
Group By	将选定的记录分成特定的组
Having	说明分组需要满足的条件
Order By	按指定的次序将记录排序

三、SQL 的运算符

SQL 语句中常用的运算符有两类:一类是逻辑运算符,一类是比较运算符。

常用逻辑运算符有 And(与)、Or(或)和 Not(非)。And 表示两个表达式之间是“与”的关系,只有两个表达式的值同时为 True,逻辑表达式的值才为 True。Or 表示两个表达式之间是“或”的关系,只要任意一个表达式值为 True,逻辑表达式的值就为 True。Not 表示“非”,取表达式相反的逻辑值。

常用的比较运算符及含义见表 8.8。

表 8.8 常用的 SQL 比较运算符

比较运算符	含 义	比较运算符	含 义
>	大于	<	小于
>=	大于等于	<=	小于等于
=	等于	< >	不等于
Between	指定值的范围	Like	建立模糊查询
In			

四、SQL 的函数

常用的 SQL 函数及功能见表 8.9。

表 8.9 常用的 SQL 函数

函 数	功 能
Avg	返回指定字段中所有值的平均值
Count	返回选定记录的个数
Sum	返回指定字段中所有值的总和
Max	返回指定字段中的最大值
Min	返回指定字段中的最小值

8.5.2 SQL 的常用语句

一、Select 语句

Select 语句是 SQL 语言中最常用也最重要的语句,其主要功能是从数据库中按指定条件获取数据记录。Select 语句中包括较多的选项和子句,这些选项和子句可以帮助 Select 语句完成多种功能。

Select 语句的基本格式为:

Select 字段名列表 From 表名 [Where 查询条件] [Group By 分组字段 [Having 分组条件]] [Order By 排序字段 [Asc | Desc]]

说明:

(1)"字段名列表"用于指定在查询结果中要包含的字段名称,如果为多个字段,各字段名间需用逗号分隔。若查询结果要包含表中所有字段,可用通配符"*"表示。若只是对一张表进行查询,字段列表中就只需指定字段名即可;若字段列表中的字段选自不同的表,则还必须在字段名前加上其所属表名作为前缀。如果查询结果要包含的某字段想使用其他名称,可在该字段后用"As [新名称]"实现。

(2)"From 表名"指定要查询的表的名称。可以是多张表,各表之间用逗号分隔。

(3)"Where 查询条件"用于指定查询记录必须满足的条件。查询条件可以用 VB 的运算表达式或公共函数来表示,也可以用 SQL 特有的运算符来组成表达式。

(4)"Group By 分组字段"用于将查询结果中的记录按指定的分组字段进行分组统计。如果分组后还需要按一定的条件对这些组进行筛选,最终只输出满足指定条件的组,可以使用"Having 分组条件"指定筛选条件。

(5)"Order By 排序字段" 用于指定以哪个字段作为查询结果的排序关键字,排序字段可以是一个,也可以是多个字段的组合。Asc 表示升序排列,Desc 表示降序排列,缺省按升序排列。

示例1:要查询表Doctors内所有的主任医师,查询结果要求显示"姓名""性别""所属科室"三个字段,可以使用语句:

Select 姓名, 性别, 所属科室 From Doctors Where 职称 = "主任医师"

示例2:要统计表Doctors内各个科室的医生人数,查询结果要求显示"所属科室"和"人数"两个字段,可以使用语句:

Select 所属科室, Count(*) As 人数 From Doctors Group By 所属科室

注意:输入SQL语句时各关键字间一定要有空格,否则语句就会因语法错误而不能被正确执行。

二、Insert 语句

Insert语句用于向指定表中添加一条或多条记录,语句基本形式如下:

Insert Into 表名(字段名列表) Values(字段值表)

如果要添加的记录提供了表中所有字段的值,那么字段名列表可以省略。

例如:要往表Patients中添加一个病人的记录,该病人没有医保卡,但留下了其他信息,可以使用语句:

Insert Into Patients(编号, 姓名, 性别, 出生年月, 联系电话)
Values ("PT0011", "刘军", "男", "1985 - 4 - 24", "8824890")

三、Update 语句

Update语句用表达式的值替换指定条件记录的相应字段的值。语句基本形式如下:

Update 表名 Set 字段 = 表达式[, 字段 = 表达式, …] Where 条件

例如:要将Doctors表中所有副主任医师的挂号费提高到45元钱,可以使用语句:

Update Doctors Set 挂号费 = "45" where 职称 = "副主任医师"

四、Delete 语句

Delete语句用于删除指定表中指定条件的记录。语句基本形式如下:

Delete From 表名 Where 条件

例如:Patients表中有位叫"王志"的病人去世了,要从表中删除这位病人的记录,可以使用语句:

Delete From Patients Where 姓名 = "王志"

五、Create 语句

Create语句用于创建数据库、表、视图。

(1) 用Create语句创建数据库的基本形式如下:

Create DataBase <数据库名>

(2) 用 Create 语句创建数据表的基本形式如下：

Create Table <表名>(<字段名 1 > <类型>[Not null], <字段名 2 > <类型> [Not null], …… <字段名 n > <类型> [Not null])

(3) 用 Create 语句创建视图的基本形式如下：

Create View <视图名>[视图字段名表] As [Select 语句]

六、Drop 语句

Drop 语句用于进行表和视图的删除。

(1) Drop 语句删除表的基本形式如下：

Drop Table <表名>

(2) Drop 语句删除视图的基本形式如下：

Drop View <视图名>

回到工作场景

通过本章内容的学习，应该已经掌握了连接数据库，对数据库进行添加、删除等操作的方法，结合以前学习的多窗体设计的方法，此时足以完成挂号管理信息系统的设计。下面我们将回到前面介绍的工作场景中，完成工作任务。

【分析】本问题重点在于如何使用数据库控件和通用对话框。通过 DataGrid 控件绑定数据库控件，通过 ADO 对象编程模型方法实现挂号管理信息系统的设计。

【工作过程一】 创建数据库

本章前例中已经建立了一个数据库 Hospital. mdb，数据库中分别有一个 Doctors 表和一个 Patients 表，可以直接拿来供本例使用。由于挂号的目的是为了在出诊医生和就诊病人间建立起对应关系，因此还需要在数据库中添加一个新的表，表名可以设为 Registration。表结构可按照表 8. 10 设置。

表 8. 10 表 Registration 的字段设置

字段名称	数据类型	字段大小
编号	自动编号	长整型
医生编号	文本	30
病人编号	文本	30

【工作过程二】 设计程序界面

新建一个 VB 工程，在 Form1 上画两个框架，再往第一个框架中加入 6 个标签、6 个文本框和 4 个按钮，往第二个框架中加入 1 个标签、1 个文本框和 1 个按钮。Form1 及各控件的属性可按照表 8. 11 设置。设计完成的 Form1 界面如图 8. 24 所示。

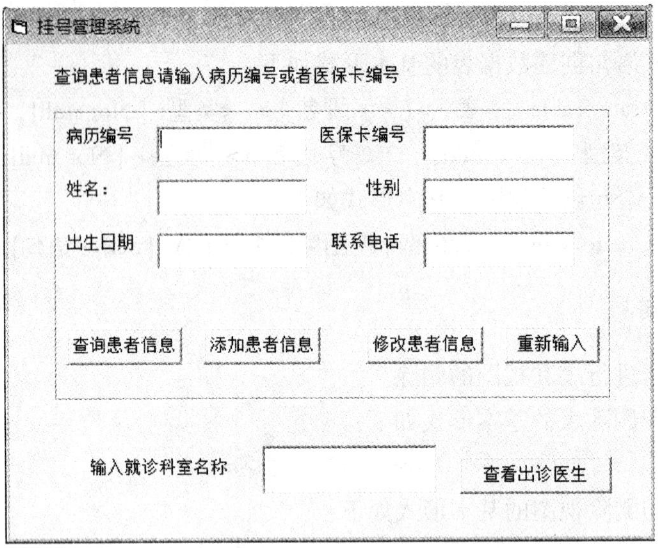

图 8.24　初始界面

表 8.11　窗体 Form1 及其包含各控件的主要属性设置

对　象	属　性	属性值	对　象	属　性	属性值
Form1	Caption	挂号初始界面	Text6	Name	TxtTel
Label1	Caption	病历编号		Text	空
Label2	Caption	医保卡编号	Command1	Name	FindPatient
Label3	Caption	姓名		Caption	查看病人信息
Label4	Caption	性别	Command2	Name	AddPatient
Label5	Caption	出生日期		Caption	添加新病人
Label6	Caption	联系电话	Command3	Name	UpdatePatient
Text1	Name	TxtID		Caption	修改病人信息
	Text	空	Command4	Name	ReInput
Text2	Name	TxtCardID		Caption	重新输入
	Text	空	Label7	Caption	该病人要挂什么科
Text3	Name	TxtName	Text7	Name	TxtSection
	Text	空		Text	空
Text4	Name	TxtSex	Command5	Name	ViewDoctors
	Text	空		Caption	添加新病人
Text5	Name	TxtBirthday	Frame1	Caption	请输入病人的病历编号或医保卡编号
	Text	空	Frame2	Caption	请输入医生科室

再往工程中加入一个窗体 Form2，在 Form2 上画一个框架、两个按钮，再往框架中加入一个数据网格控件和一个 ADO 数据控件。Form2 及各控件的属性可按照表 8.12 设置。设计完成的 Form2 界面如图 8.25 所示。

表8.12 窗体Form2及其包含各控件的主要属性设置

对 象	属 性	属性值	对 象	属 性	属性值
Form2	Caption	查询医生列表	Frame1	Caption	请选择要就诊的医生
Command1	Name	Register	Command2	Name	Return
	Caption	确认挂号		Caption	返回初始界面

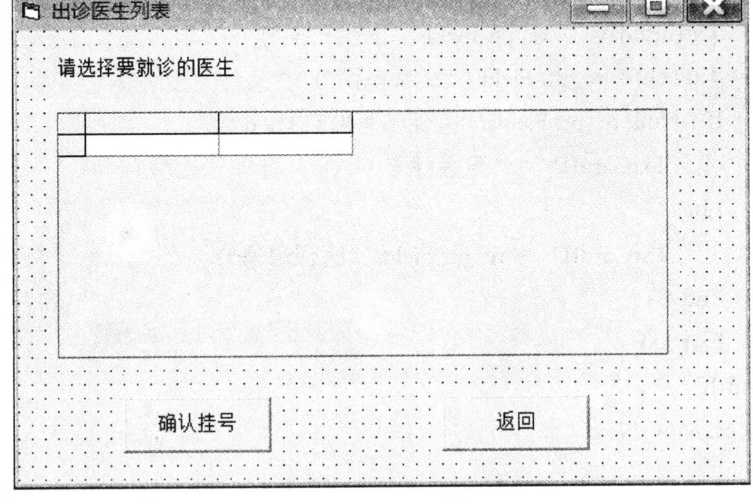

图8.25 出诊医生列表

【工作过程三】 输入程序代码

Form1 的程序代码如下：

```
Option Explicit
Dim cn_pt As ADODB.Connection
Dim rc_pt As ADODB.Recordset
Public patientID As String
Public section As String
'在窗体激活事件里打开数据库连接和记录集，这样在窗体切换时也能被触发执行
Private Sub Form_Activate()
    Set cn_pt = New ADODB.Connection
    Set rc_pt = New ADODB.Recordset
    cn_pt.Open "Provider=Microsoft.Jet.OLEDB.4.0;" &"Data Source=F:\DataBase\Hospital.mdb"
    rc_pt.Open "Patients", cn_pt, adOpenDynamic, adLockPessimistic
End Sub
'根据病历编号或医保卡号查找并显示病人信息
Private Sub FindPatient_Click()
```

```
        rc_pt.MoveFirst
        Do Until rc_pt.EOF
            If rc_pt.Fields("编号") = TxtID Or _
              rc_pt.Fields("医保卡号") = TxtCardID Then
                TxtID = rc_pt.Fields("编号")
                TxtName = rc_pt.Fields("姓名")
                TxtSex = rc_pt.Fields("性别")
                TxtBirthday = rc_pt.Fields("出生日期")
                TxtTel = rc_pt.Fields("联系电话")
                If IsNull(rc_pt.Fields("医保卡号")) Then
                    TxtCardID = "无医保卡"
                Else
                    TxtCardID = rc_pt.Fields("医保卡号")
                End If
                Exit Do
            End If
            rc_pt.MoveNext
        Loop
        If rc_pt.EOF Then
            MsgBox "找不到该病人信息, 如果这是一个新病人," &_"请将他的个人信息添
加到数据库中!"
        End If
    End Sub
    '添加新的病人信息
    Private Sub AddPatient_Click()
        rc_pt.AddNew
            rc_pt.Fields("编号") = TxtID
            rc_pt.Fields("医保卡号") = TxtCardID
            rc_pt.Fields("姓名") = TxtName
            rc_pt.Fields("性别") = TxtSex
            rc_pt.Fields("出生日期") = CDate(TxtBirthday)
            rc_pt.Fields("联系电话") = TxtTel
        rc_pt.Update
        MsgBox "病人资料已入库, 请继续挂号"
    End Sub
    '修改病人信息
    Private Sub UpdatePatient_Click()
```

```
        rc_pt. Fields("编号") = TxtID
        rc_pt. Fields("医保卡号") = TxtCardID
        rc_pt. Fields("姓名") = TxtName
        rc_pt. Fields("性别") = TxtSex
        rc_pt. Fields("出生日期") = CDate(TxtBirthday)
        rc_pt. Fields("联系电话") = TxtTel
        rc_pt. Update
        MsgBox "病人资料已修改,请继续挂号"
End Sub
'清空文本框,准备为下一个病人挂号
Private Sub ReInput_Click()
        TxtID = ""
        TxtCardID = ""
        TxtName = ""
        TxtSex = ""
        TxtBirthday = ""
        TxtTel = ""
        TxtID. SetFocus
End Sub
'切换到出诊医生列表
Private Sub ViewDoctors_Click()
        patientID = TxtID
        section = TxtSection
        Form1. Hide
        Form2. Show
       cn_pt. Close
End Sub
```

Form2 的程序代码如下:

```
Option Explicit
Dim cn_dt As ADODB. Connection
Dim rc_dt As ADODB. Recordset
Dim rc_rg As ADODB. Recordset
'在数据网格控件中给出病人所挂科室对应的所有出诊医生信息
Private Sub Form_Activate()
        Set cn_dt = New ADODB. Connection
        Set rc_dt = New ADODB. Recordset
        Set rc_rg = New ADODB. Recordset
```

```
        Dim str1 As New ADODB.Recordset
        cn_dt.Open "Provider = Microsoft.Jet.OLEDB.4.0; " & _ "Data Source = F:\
DataBase\Hospital.mdb"
        rc_dt.CursorLocation = adUseClient
        rc_dt.Open "Select 编号,姓名,职称,挂号费 from Doctors where 所属科室 ='" &
Form1.section & "'", cn_dt, adOpenDynamic, adLockPessimistic
        Set DataGrid1.DataSource = rc_dt
        rc_rg.Open "Registration", cn_dt, adOpenDynamic, adLockPessimistic
    End Sub
    '确认挂号,在医生和病人间建立起对应关系,并提示挂号费是多少
    Private Sub Register_Click()
        Dim Charge As String
        Dim doctorID As String
        doctorID = DataGrid1.Columns("编号").CellText(DataGrid1.Bookmark)
        rc_rg.AddNew
            rc_rg.Fields("医生编号") = doctorID
            rc_rg.Fields("病人编号") = Form1.patientID
        rc_rg.Update
        Set rc_dt = cn_dt.Execute("Select * From Doctors where 编号 ='" & doctorID & "'")
        Charge = rc_dt.Fields("挂号费")
        MsgBox "挂号成功,请支付挂号费用" & Charge & "元"
    End Sub
    '返回初始界面,为下一个病人挂号
    Private Sub Return_Click()
        Form2.Hide
        Form1.Show
        cn_dt.Close
    End Sub
```

习　题

用 VB 编写一个通讯录,实现个人信息的输入、保存以及查询的功能。程序需要用 Access 建立一个个人信息的数据库,使用 VB 的 Data 控件读取数据库。完成设计后,可实现简单的读取数据库功能。程序窗体如图 8.26 所示。要求:

(1) 单击"添加"按钮,将为数据库添加一条记录。

(2) 单击"删除"按钮,将删除当前的记录。

(3) 在列表框中选择查询的依据，单击“查询”按钮，将按最下面的文本框的内容查询记录。

(4) 单击“上一个”按钮，将显示上一条记录信息。

(5) 单击“下一个”按钮，将显示下一条记录的信息。

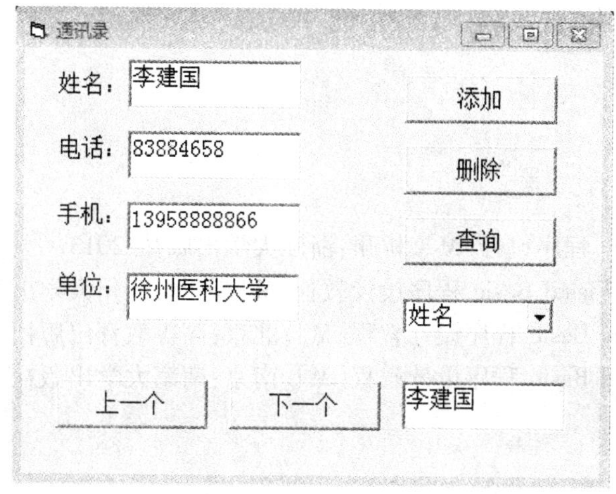

图 8.26 通讯录

【微信扫码】
参考答案 & 相关资源

参考文献

[1] 马凯. Visual Basic 程序设计[M]. 杭州:浙江大学出版社,2013.
[2] 牛又奇,孙建国. Visual Basic 程序设计教程[M]. 苏州:苏州大学出版社,2010.
[3] 海滨,赵宁. Visual Basic 程序设计教程[M]. 北京:高等教育出版社,2011.
[4] 海滨,关媛. Visual Basic 程序设计教程[M]. 南京:南京大学出版社,2014.